海外油田地面工程建设成套技术

中国石油工程建设有限公司北京设计分公司 编

石油工业出版社

内容提要

本书介绍了海外油田地面工程建设核心工艺技术和主要配套技术,包括油田高效开发地面工程建设方案优选技术、油气集输技术、原油处理技术、伴生气增压和预处理技术、采出水处理及注水技术、油田设备专用结构优化技术、孤网电力系统技术、通信和安防信息技术、仪表及自动化控制技术、全生命周期动态腐蚀防护技术、安全风险分析技术、营地设计建造技术、数字化和智能化运维技术、模块化建设技术。本书基于海外油田地域特点和采出原油特性,详细描述了每项技术的内容、特点和应用效果,突出创新与实践相结合,旨在实现严苛的海外项目要求。

本书适合于从事海外油田地面工程建设的企业管理人员和工程师学习使用,也可供投资海外油气项目的企业参考,对国内油气田企业和工程建设单位也具有一定的借鉴意义。

图书在版编目（CIP）数据

海外油田地面工程建设成套技术 / 中国石油工程建设有限公司北京设计分公司编．— 北京：石油工业出版社，2025.2

ISBN 978-7-5183-6444-2

Ⅰ.①海… Ⅱ.①中… Ⅲ.①油田开发 – 地面工程 – 工程技术 Ⅳ.① TE4

中国国家版本馆 CIP 数据核字（2023）第 216881 号

出版发行：石油工业出版社
　　　　（北京安定门外安华里 2 区 1 号　100011）
　　　　网　　址：www.petropub.com
　　　　编辑部：（010）64523553　　图书营销中心：（010）64523633
经　　销：全国新华书店
印　　刷：北京中石油彩色印刷有限责任公司

2025 年 2 月第 1 版　2025 年 2 月第 1 次印刷
787×1092 毫米　开本：1/16　印张：17.5
字数：342 千字

定价：200.00 元
（如出现印装质量问题，我社图书营销中心负责调换）
版权所有，翻印必究

《海外油田地面工程建设成套技术》

编 委 会

主　任：张吉明

副主任：张　红　王　杰　房　昆　马　坤　谢　成

委　员：于　勇　惠晓荣　彭怀忠　邢　明　袁国清　蔡峰峰
　　　　任新华　李冬辰　黄京俊

《海外油田地面工程建设成套技术》

编 写 组

主　编：张　红

副主编：费茹娥　刘建兴　张国强

成　员：纪永波　汤俊杰　胡梅花　张国栋　焦圣华　耿业军
　　　　宗　媛　李　涛　周靖伟　高彦平　宋维妮　徐　屹
　　　　范春焱　刘　畅　宋　楠　刘健侠　庄月昕　郭鸿雁
　　　　刘唯佳　李　庄　王克巍　李金林　连广宁　陶贤文
　　　　付强伟　王　鹏　卢亚萍　孙为森　梅业伟　刘志伟
　　　　赵　瑛　刘朝霞　孟晓龙　张　帅　李雅喆　王雨薇
　　　　刘学敏　崔振宁　樊学华　谷　丰　张莹娜　王　玉
　　　　石　娟　都　阳　孟文霞　孙绍光　张　云　李　健
　　　　齐晶晶　张敏卿　邢　妍　彭梓宸　姜美玉　刘为秀
　　　　谭　蕊　张　硕　魏　颖　耿一臻　吴佳欢　刘卓涛
　　　　陈　艳　蒋志锋　吴　刚　宋江涛　唐健东　柴　红
　　　　王　军　吴玉普

审查人：魏建武　刘冀朋　赵玉华　汪大林　孟凡彬　陈忠喜
　　　　姬忠礼　罗秀清　张　琦　赵建奎　万超美　王书惠
　　　　张　雷　鲁　毅　赵宏展　谭启生　李金光　李时宣
　　　　张伟群

序

随着我国经济的发展，对海外进口原油的依存度呈逐渐上升趋势。为确保国家能源安全，中国石油企业积极响应国家"走出去"发展战略，广泛开展海外油气合作项目，至今已30余年。中国石油在海外开展油气合作时，可供选择的资源只有品位差、开采技术难度大的油气资产，加之海外油田所处地区地缘政治复杂，油气合作项目投资大、风险高。为有效管控风险，"快速上产"成为海外油田地面工程建设的一项重要要求。同时，中国石油企业还面临与国际石油公司同台竞技，要求我们的技术水平和管理水平也不断与国际接轨，甚至有所突破。

以中国石油工程建设有限公司北京设计分公司（以下简称"北京分公司"）为龙头的海外油田地面工程的设计单位，是伴随着中国石油"走出去"的第一批石油工程设计企业，承揽了中国石油90%以上的海外油田地面工程咨询和设计业务。通过与国际知名公司合作和对标，借鉴、消化和吸收西方设计公司先进经验，北京分公司逐步实现了在经营理念、机构设置、管理体制、项目运作模式等方面与国际接轨，并通过技术攻关，攻克了大规模快速建产地面工程关键技术，形成了"$300\times 10^4 t/a$"重质原油处理工艺包及各项极具海外特色的技术系列，为中国石油在海外大型油田的开发提供了强有力的技术保障和支持，对"一带一路"共建国家油气合作具有重要的借鉴作用。

通过总结近30年海外油田地面工程的设计和项目管理经验，北京分公司组织参加海外项目的核心技术成员广泛收集资料，精心编著，几经修改，形成了《海外油田地面工程建设成套技术》一书。本书是国内第一本系统介绍海外油田地面工程技术的专著，凝聚了几代"海外石油人"的心血和智慧，是中国石油从海外"拿回来"的知识财富，形成了行业内读者了解海外油田地面建设工程的一个重要窗口。

本书介绍了海外油田地面工程建设实践中自主研发的数十项技术，

这些技术总体上达到国际先进水平，部分技术国际领先，对国内外油田地面工程建设技术架构进行了补充和完善。书中体现的油田地面工程的设计和建设理念对国内外油田均有不同程度的借鉴意义，适用于国内外行业内工程师和管理人员、科研院所及高校的师生们阅读。希望有机会阅读本书的读者，能够通过书中内容，系统了解到海外油田地面工程建设的历史和今天，能够感受海外"石油人"保障国家能源安全贡献的智慧和汗水，受到他们百折不挠的精神和勇攀科技高峰的意志的感染。对于有志于海外能源建设的单位和个人，一定能够在阅读本书时有所收获，也欢迎你们以新的知识和经验，不断地丰富和完善本书所涉及的技术内容。

前　言

为保障国家能源供给，20世纪90年代，中国石油采取"走出去"发展战略，到海外的原油主产区获取油气资源。时至今日，油气资源仍然是世界能源消费的主力。随着我国经济的不断高速发展，对海外油气资源的依存度仍在上升，在未来数十年内，持续获取海外油气资源仍将是保障我国国家能源安全的重要途径。

油田地面工程建设是海外油田开发的重要组成部分，在油田总投资中占比高于50%。中国石油企业涉足的海外油田主要分布在中东、非洲、中亚、南美等地区，不同国家、不同地区的油田各具特色，彼此之间差异较大，油田所有者大多为当地政府、国际油公司，也有部分油田属于私营企业。油田地面工程建设需严格按照双方签署的合同执行。由于海外油田处于国际化大环境，与世界范围内的技术发展密切相关，同时受当地政治、经济和安全、环保的影响较大，对地面工程建设提出了巨大挑战，要求从事海外油田地面工程设计和建设的工程师们不断进行技术创新和大胆实践，因此也造就了特色鲜明、内涵丰富的海外油田地面工程建设各项技术。

作为海外主力产油区的中东地区，因其所处区域的特殊性，油田地面工程建设的特色尤为明显，以伊拉克、阿拉伯联合酋长国、伊朗境内油田为典型代表。中东地区油田自然条件一般较为恶劣，常年风沙侵袭、气温高达55℃，金属表面直射温度高达85℃。中东地区以油层较厚的碳酸盐岩油藏为主，油田整体产能规模大、单井产量高，原油物性差、腐蚀性介质含量高，伴生气中通常含有H_2S，但外输原油含水、含盐、含H_2S等指标极为严苛。另一方面，除阿拉伯联合酋长国等较为发达的国家（地区）外，中东地区受战争影响，安全形势普遍较差，战后百废待兴，社会依托较差，这又给地面工程建设的工期、质量、安全等各方面都带来极大挑战。由于中东地区油田开发建设常年有欧美国家的深度参与，除伊朗外的油田地面建设一般执行欧美标准，伊朗已形成本国成熟的石油行业标准（IPS）。

中国石油"走出去"最早的落脚点选择了非洲国家，中国石油人在非洲收获了诸多的"第一"。非洲地区油田主要以苏丹、尼日尔、乍得和阿尔及利亚国家境内油田为代表。非洲既有热带草原，也有沙漠腹地，除气候炎热外，还长期存在流行病的影响，瘟疫多发导致社会贫穷，社会依托极差，原材料匮乏。非洲地区地域辽阔，油田内部各区块较为分散，且各区块间原油物性差别极大，其中的高凝、高黏、高含蜡原油给原油集输和处理带来较大困难。另外，由于民族及宗教分歧、贫困、外部干涉等诸多原因，多数非洲国家政局动荡，安全形势较差，成为油田地面工程建设的主要制约因素之一。由于历史原因，非洲国家油田多借鉴和执行西方石油标准。

中亚、南美地区油田也各具特色，除自然环境、人文环境、原油产量和油品物性的不同之外，还存在执行标准的差异，中亚地区有些国家执行苏联标准，有些国家执行当地国家石油公司标准，南美地区如委内瑞拉执行当地的国家石油标准。

面对海外油田自然环境和人文环境复杂、产能规模巨大、油品性质差、产品指标严苛、合同工期严格、安全形势差等多重挑战，以及油田快速上产、尽快回收投资的要求，海外石油人不断加强技术攻关，发挥中国石油整体技术优势，积极推动科技进步与创新，组织实施了一系列针对海外重点、难点的技术攻关和先进技术的集成应用，在20余年的海外油田地面工程建设历程中，为优质、高效开发海外油田提供了强有力的技术保障，在海外主要产油区建成了一座座油田地面工程，绘就了海外油田地面建设的一张张壮丽版图，总体建成产能超过1×10^8t/a。

《海外油田地面工程建设成套技术》是中国石油企业在20余年来海外油田地面工程咨询和设计业务中，不断进行技术创新和工程实践，通过系统总结，形成的成套技术成果。在中国石油天然气集团有限公司的"集团公司20余项重大标志性技术与利器实施研究"课题研究中逐渐成形，由在海外油田地面工程建设领域努力奋斗的技术骨干共同编制而成，凝聚了几代"海外石油人"的智慧与心血，旨在总结海外石油人过去的辉煌成就，同时为已经到来的油气与新能源并存时代，有意开展海外油田地面工程建设业务的企业和个人提供技术支撑，在一定程度上促进海内外油田地面工程建设的技术交流与合作。

  本书包含了海外油田地面工程核心工艺技术和主要配套技术，重点介绍了具备海外特色的技术，对于常规技术不再赘述。本书共分为十四章。第一章论述了在多重影响因素作用下，如何选择和优化地面工程建设方案，以实现海外油田高效开发；第二章和第三章重点介绍了海外油田油气集输和原油处理的关键技术，突出了大规模、高气油比、高凝高含蜡及高含腐蚀性介质的油气集输技术，以及高含腐蚀性介质重质原油、轻质原油的大规模高效处理系列工艺包和中质原油无动力短流程处理工艺包，在经典流程基础上，改进创新，实现突破；第四章介绍了海外油田原油伴生气按照生产需要的不同去向进行增压和预处理的关键技术，贯彻安全环保的绿色发展理念；第五章介绍了海外超大规模、高含腐蚀性介质的采出水在苛刻的处理指标要求下水处理及注水的关键技术；第六章介绍了在特定约束条件下，为提升设备处理效率、提高设备结构承载力，进行设备结构设计优化的技术；第七章介绍了海外油田孤网电力系统技术，该技术体现了海外石油人因地制宜、就地取材的智慧，自力更生地保障了油田生产生活用电可靠，同时减少投资和运营成本；第八章、第九章分别介绍了在海外油田无依托、安全风险等级高等特定条件下通信和安防信息技术、仪表及自动化控制技术；第十章介绍了海外高腐蚀风险条件下油田设备、材料的全生命周期动态腐蚀防护技术；第十一章介绍了多项海外油田常用的定量风险分析技术；第十二章介绍了无依托条件下，同时满足油田建设和生产运行需求海外油田的营地设计建造技术；第十三章介绍了海外油田数字化和智能化运维技术，满足了海外油田少人值守甚至无人值守的特定需求；第十四章介绍了为尽可能规避海外油田地面工程建设大部分风险而采用的模块化建设技术，实现了工厂预制最大化、现场施工最小化。这些技术经过中国石油工程建设有限公司北京设计分公司国内外标准规范对标、国际项目实施、投产运行的多年检验，成熟而可靠，并极具海外特色。这些技术的应用，给中国石油在油气田投资领域"走出去"的发展战略奠定了坚实的技术基础，形成了大规模快速上产的技术原动力，为保障国家能源安全、促进"一带一路"倡议在资源国的推进等起到了不可磨灭的作用。同时，与国际知名工程设计、咨询公司同台竞技，也使得国内的工程设计企业能够秉承"十年一剑"的艰苦卓绝的奋斗精神，一步一个脚印地跟上并赶超最新科技，在当前新能源、新技术遍地开花的"技术大时代"能够勇立潮头，也为未来海外油田的开拓奠定了坚实基础。

本书编写过程中得到从事国内外油气田地面工程建设的同行业专家、教授的指导和支持，在此致以诚挚的感谢！

由于编写内容涉及范围广泛、专业性强，加之海外油田地面工程各具特色，技术影响因素难以尽数，国内外技术发展速度日新月异，受编者经验和水平的局限，书中难免会有错误、疏漏和不妥之处，恳请读者不吝指正。

目 录

| 第一章 | 油田高效开发地面工程建设方案优选技术 …… 1 |

| 第二章 | 油气集输技术 ………………………………… 9 |

    第一节　单井计量技术 ……………………………………… 10
    第二节　油气混输增压技术 ………………………………… 15
    第三节　高气油比管线段塞流预测及捕集技术 …………… 18

| 第三章 | 原油处理技术 …………………………………… 27 |

    第一节　单列单台（100～300）×10^4t/a 重质原油处理技术 ……… 28
    第二节　单列单台 500×10^4t/a 轻质原油短流程处理技术 ……… 31
    第三节　分离脱水一体化技术 ……………………………… 33
    第四节　原油沉降罐脱水技术 ……………………………… 36
    第五节　工艺运行动态仿真技术 …………………………… 38

| 第四章 | 伴生气增压和预处理技术 …………………… 45 |

    第一节　多种压比压缩机站配置技术 ……………………… 46
    第二节　高露点降三甘醇脱水技术 ………………………… 51
    第三节　一体化安全防护和事故放空优化技术 …………… 55

| 第五章 | 采出水处理及注水技术 ……………………… 63 |

    第一节　采出水除油技术 …………………………………… 65
    第二节　采出水除悬浮物过滤技术 ………………………… 73
    第三节　含油污泥处理处置技术 …………………………… 78

第四节	油田注水系统优化技术	81
第五节	注水水源深度脱氧技术	84
第六节	密闭隔氧控制技术	87

第六章　油田设备专用结构优化技术　91

第一节	大型分离器关键部件设计技术	93
第二节	电脱水设备特殊结构设计技术	98
第三节	塔器复杂自然荷载耦合设计技术	102
第四节	常压大型储罐应力分析设计成套技术	104
第五节	低压拱顶集中载荷稳定性分析设计技术	110

第七章　孤网电力系统技术　117

第一节	孤网自备电站技术	118
第二节	输变电技术	126
第三节	智能孤网控制技术	130
第四节	微电网智能融合发电技术	133

第八章　通信和安防信息技术　139

第一节	无线蜂窝网络技术	140
第二节	CCTV和火气系统联动技术	142
第三节	站外接入技术	145
第四节	站场一体化应急广播报警技术	150
第五节	智能视频周界探测技术	153

第九章　仪表及自动化控制技术　157

| 第一节 | 超高压安全保护技术 | 159 |
| 第二节 | 原油在线交接计量及检定技术 | 161 |

第三节　原油在线自动分析技术 ··· 163
第四节　智能化设计方法数据库管理技术 ······························ 167

第十章　全生命周期动态腐蚀防护技术 ······························ 173

第一节　腐蚀风险识别与定量预测技术 ································· 175
第二节　油田地面工程材料选择技术 ···································· 177
第三节　大型站场复杂管网区域阴极保护技术 ························ 184
第四节　腐蚀监测技术 ·· 187
第五节　腐蚀风险评价技术 ·· 191

第十一章　安全风险分析技术 ··· 195

第一节　定量风险分析技术 ·· 197
第二节　火灾风险分析技术 ·· 199
第三节　站内设施布局安全分析技术 ···································· 202
第四节　火气探头布置安全分析技术 ···································· 206
第五节　应急系统保障性分析技术 ······································· 209
第六节　逃生、疏散及救援分析技术 ···································· 210
第七节　领结分析技术 ·· 213

第十二章　营地设计建造技术 ··· 217

第一节　安全防护技术 ·· 219
第二节　装配式建筑建造技术 ··· 222
第三节　钢管桩、钢管螺旋桩技术 ······································· 225

第十三章　数字化和智能化运维技术 ····································· 227

第一节　IntField 油田智能化运维技术 ·································· 228
第二节　数字化交付技术 ··· 233

第三节　可视化生产运行技术 ·· 237

第四节　设备资产管理技术 ·· 243

第五节　仿真培训技术 ·· 247

第十四章　模块化建设技术 ·· 251

第一节　模块布局与划分、拆分与复装技术 ································ 253

第二节　三维设计与工厂加工图交互技术 ···································· 257

第三节　设计建造一体化技术 ··· 259

第四节　管系及结构整体稳定性分析技术 ···································· 260

第五节　模块化价值分析评价技术 ·· 264

参考文献 ··· 266

第一章

油田高效开发地面工程建设方案优选技术

海外油田项目投资环境受到内部、外部多种因素的影响，具有高投入、高风险的特点，决策正确可以获得丰厚的回报，反之则会带来较大损失。主要风险有：政治风险，如国家政权的更迭可能导致合同的流产；政策风险，如资源国实施国有化政策引发股权份额变化；金融风险，如汇率变化引发工程收入和成本变动；油价风险，如国际油价的不可预测性对油田开发经营效益的巨大影响；环境安保风险，如环保条件严苛、抢劫及恐怖袭击等；技术风险，如对油藏地质情况认识的不确定性；经济风险，如合同条款变更导致投资难以回收等。

海外油田地面工程是油田开发的重要组成部分，其建设费用在整个油田开发费用中占比一般超过50%，直接影响油田的开发效率和经济效益。通过对油田地面工程建设方案进行优选，确定技术可靠、经济合理、风险可控的建设路线已成为项目成功的关键。

自2019年开始至2022年，中国原油进口量连续四年超过5×10^8t，对外依存度超70%，其中约40%以上来自中东地区。该地区油田规模大、产量高，单个油田产能高达1.4×10^8t/a，单站一次建设规模高达1000×10^4t/a，世界罕见。中东地区油田技术难点也比较鲜明，主要包括：

（1）原油物性差，处理指标严苛，规模巨大。多为"六高"油田（高密度、高黏度、高气油比、高H_2S、高CO_2、高含盐），密度最高达0.96g/cm³；外输原油含水指标最严小于0.1%，比国内严苛10倍，外输原油中H_2S含量不超过15ppm❶，处理难度大，无从参考。

（2）腐蚀性介质含量高，腐蚀极其严重。原油伴生气中H_2S摩尔分数普遍为0.5%~7.23%，个别油田最高达15.38%，采出水盐含量高达130000~290000ppm，为海水的4~8倍；地下水位高（-0.5~-2m），土壤电阻率低，各种腐蚀介质共存，国内油田无类似工程经验。

（3）业主对风险管理要求极高。海外业主及合作伙伴（如美孚、壳牌、道达尔、阿布扎比石油公司）普遍对可能造成人员、财产、环境及声誉影响的事件极为关注，地面设施安全及防护措施需定量分析。

（4）油田无电网依托。当地柴油品质差且价格昂贵，常规天然气做燃料需建处理厂，投资巨大，经济效益差，如何利用油田伴生气直接作为燃气轮机电站燃料是急需解决的课题。

经过技术攻关和经验积累，逐步形成了高效安全的适合中东地区大型复杂油田的地面工程建设成套技术，一举解决了上述诸多难题，技术应用规模超过1×10^8t/a，获得了广泛赞誉，这些技术主要包括：

（1）大规模原油处理系列工艺包（单列处理规模最高达500×10^4t/a）；

（2）"六高"油田设备、材料优选及评价技术；

---

❶ 本书按照现场使用习惯，使用了非法定计量单位，请读者阅读时注意。

（3）全生命周期过程安全事故场景精准分析技术；
（4）大型孤岛燃气轮机电站高硫湿气直燃发电及自由并网技术。
此处仅介绍中东地区特点，其他地区不再详述。

一、技术描述

油田高效开发地面工程建设方案优选技术是在油田开发方案的基础上，综合项目合同模式、执行标准、流体物性、产品外输指标、当地依托条件及自然、人文、社会和政治等情况，对油田地面工程建设总体技术路线进行优选，对费用进行估算，以满足项目论证要求的技术。油田地面工程建设前期方案优选遵循技术和经济相结合、地上和地下相结合的总体原则，与商务统筹考虑，结合新技术应用，践行绿色低碳和数字化理念，优选以总体布局方案和总体工艺路线等为主的油田地面工程建设总体技术路线，以论证地面工程如何建设为核心，最终实现油田开发效益的最大化。

（一）总体工艺路线

总体工艺主要指油气集输、处理及外输，伴生气收集、处理与利用，采出水无害化处理，油田注水及配套工艺。

选定总体工艺应遵循"地上、地下"一体化优化、可持续发展的原则，满足资源国政策和法规，同时还应考虑资源分布、环境保护、绿色低碳、节能环保、数字化智能化需求、职业卫生、操作用工技术水平、投资水平等，确保油田地面工程建设取得良好的经济效益。

选用的主要处理工艺和设备应坚持技术先进适用、经济高效、安全环保、节能降耗的原则，积极采用国内外成熟适用的新工艺、新技术、新设备、新材料，做到技术配套。

对于中东和非洲地区大部分油田，油气集输多以不加热输送为主，个别高凝油田采用加热集输工艺，而超稠油油田一般采用掺稀输送工艺。海外油田油井大多产量高，多利用井口余压直接进站的集输工艺，单井采用多通阀自动选井、计量分离器配套含水分析仪或多相流量计对油、气、水产量分别进行计量。

海外油田处理规模大，不同地区油品物性各异。中东地区原油普遍高气油比、高含 H_2S 和高含盐，且对原油外输指标要求严苛，如不超过 0.1% 的含水量，不超过 11.43mg/L 的盐含量和不超过 15ppm 的 H_2S 含量，一般采用多级分离、电化学脱水、脱盐、原油稳定和原油脱 H_2S 技术；对于中亚和非洲等地区原油外输指标要求不严苛的油田，一般采用热化学沉降或者一级电脱水技术；一般进行技术经济对比后确定。

由于海外油田所在地区依托条件有限，大多没有成熟的天然气管网，有些还未建设大型天然气处理厂，因此，油田伴生气通常要进行增压和脱水预处理，之后进入油田自备电站，极少数进入当地管网。油田伴生气在事故状态下放空处理。伴生气处理技术主要包括

多种压比压缩机站配置技术、伴生气高露点降三甘醇脱水等工艺技术，以及井口到站场一体化安全防护和事故放空优化技术，以满足不同用户的需求。根据伴生气组分、产气量、气处理指标及产品流向不同，进行经济技术比选后，确定不同的处理工艺；如果处理后的产品不作为商品气，只用于油田自备电站燃料使用，通常采取增压加简易露点控制的处理工艺；如需获得干气、C_3/C_4、轻烃等产品，通常采用增压、脱硫、脱水、凝液处理、硫黄回收等较为复杂的处理工艺。

海外油田所产采出水中除含油、悬浮物及固体颗粒等杂质外，大多还含盐、CO_2 腐蚀性介质，特别是中东地区油田的采出水，高含盐和 H_2S 等腐蚀性介质。为满足处理指标要求，采出水主要采用除油、除悬浮物等技术进行处理；为了减少污泥对周围环境的影响，满足环保要求，还要对含油污泥进行减量化和无害化处理；处理指标中对含氧量有要求的，还需要密闭隔氧。

采用注水开发的油田，通常采用集中或者分散注水工艺，应结合油田总体布局、注水压力、介质腐蚀性综合考虑，具体技术的选用均需进行技术经济对比后确定。

（二）油田建设规模和总体布局

海外油田地面工程建设规模特别是建设分期的确定，应以油田开发设计所确定的生产能力为基础，"地上、地下"紧密结合，相互指导并调整开发及工程建设分步实施计划，以达到最优的收益率预测；同时还要综合考虑资源国的石油合同模式和海外油田项目公司的合作模式。采用服务合同模式的海外油田项目，如有规定最大的初始商业产能，主要遵循"三最"原则，即最短时间以最小的投资实现最大的初始商业产能，在策划油田总体布局时要以滚动开发为主，实行分区分块动用，根据储量集中度划分产能建设工程；对于回购合同，合同中一般对油田产量、建设内容、建设期限和建设费用等有所规定，承包商根据合同要求承担油田勘探开发的全部费用和技术服务，油田投产后才能从油田生产原油的销售收入中回收投资和报酬等费用，需要考虑地面设施一次性快速建成，以实现投资尽快回收。

油田地面工程建设总体布局应根据油田油藏构造形态、开发井的分布及自然条件等情况，以油气集输系统为主体，统筹考虑注水（注气）、采出水处理、给排水及消防、供配电、通信及自控、道路、生产维护及生活设施等配套工程，经技术经济对比确定。

总体布局是指从油井井口至产品输出站的油田范围内全部井、站、线的布局，在总体工艺确定的基础上开展布局的优化。油田地面工程布局优化涉及的站场主要有：集中处理站、转油站、计量站、选井站、井场平台，天然气处理厂、注气站、气举站、采出水处理站、注水站、地表水处理厂、取水站、电站、变配电站、生活营地、机场等。

在综合考虑油田滚动开发和分期建设的基础上，结合当地地形地貌、井位分布、社会依托、产品流向等因素，优化布站级数、输送方式、集输管网、采出水处理、注水、注气和站场选址等，实现油田站场布局合理和降低建设投资的目的。海外油田总体布局应紧扣海外项目特点，统筹考虑资源国油田规划方向、基础设施变化和油价走势情况等，提供具有很强时限性的总体布局方案，助力油田开发效益最大化。

总体布局技术需要综合考虑油田开发部署、建设规模、上产步骤、油品物性、产品指标、产品流向、自然条件、外部依托条件、各站场主要功能等，进行油气集输及处理系统、油气外输系统、供配电系统、场站、营地、道路等的布局，同时结合计算机编程技术，将复杂的集输系统元素（井场、集输站场、集中处理站等）离散化、节点化和数值化，筛选出技术经济最优的总体布局方案。

对于地处自然环境恶劣、基础设施相对较差、人文和政治环境复杂的油田，在确定油田总体布局时，除上述常规因素之外，还需考虑油田站场的安全性、相关基础设施的便利性及国际局势的变化和带来的影响等因素。

海外油田开发项目审批手续复杂，审批时间长，由不同国家石油公司组建的联合公司更是如此，项目管理方、中方公司、外方各家公司、中外方公司的母公司、资源国等均参与审批，这些因素可能会对总体布局方案确定产生一定影响，从而影响项目建设进度。

由于海外油田项目所在地区多处于欠发达和安全形势较差的地区，交通路网匮乏，从资源国城市中心到油田现场往往距离较远，路途安全性差，需要解决油田建设和运维人员的食宿和通勤问题。因此，除了生产设施之外，还需要考虑生产操作运维人员的生活基地或者营地。由于大规模建设铁路和公路耗时长、耗资巨大，路途不安全，综合考虑，一般在油田处理站附近修建营地和小型机场，既提高通勤效率，又提高通勤安全性。

海外油田大多社会依托条件差，当地电网不稳定且能力不足，大多需要自建孤网电力系统，电网电压等级一般在 132kV 及以下。当产能区块较为集中时，一般采用集中建站，用输电线路为站外用电设施供电；当产能区块较为分散且输电距离较远时，自备电站一般采用分散建设方式，电站及其配套输电线路为附近用电设施供电。对于一些偏远的产油区块，很多时候也考虑使用柴油发电的方式供电，特别是近些年随着光伏发电技术的发展，也可以采用光伏＋柴油发电组合的供电模式，提高供电灵活性和绿色低碳水平。

除上述要求之外，海外油田总体布局还应遵循以下原则：

（1）遵守当地法律、法规，贯彻项目所在国家建设方针和建设程序。

（2）根据油田长远发展，主体工程与配套设施均应按总体规划分期实施考虑，以确保地面工程建设效益最大化。

（3）根据油藏构造形态、开发井分布情况及自然地形特点等情况，结合产品流向，合理确定场、站布局。

（4）考虑油田区域自然地形地貌和当地居民分布，合理布局油田生产、生活设施。

（5）根据油田所处地区的泛洪历史和自然环境条件，在符合所在江河流域防洪规划的前提下，结合油田内部道路布置综合确定油田防洪方式，布置防洪堤、排涝泵站、干渠、支渠等。站场的防洪排涝设计应与油田防洪排涝统一考虑，油气集输站场不宜建在泄洪区内。

（6）不同功能的站场宜联合建设，关系较为紧密的站场宜毗邻建设。

（7）集中处理站宜设置在油田主力生产区，当受油品性质、外输流向、自然条件、社会环境等限制时，应通过技术经济比选后确定。

（8）油田原油外输管道的首站宜与集中处理站合建或毗邻建设。

（9）天然气处理厂宜与集中处理站毗邻建设，当有特殊要求时可考虑合建。

（10）地表水取水站宜毗邻油田附近水质良好、水量充沛的河流建设，地表水处理厂宜靠近取水点或用水点建设。

（11）油田采出水处理站宜与原油集中处理站合建。

（12）油田注水站宜与采出水处理站合建；当受介质腐蚀性强、选材困难且经济等因素影响时，可考虑分散建站；集中式和分散式建设需要结合油田开发方案，经技术经济比选后确定。

（13）自备电站宜与油气处理站合建或毗邻建设。

（14）变配电站的数量、规模、位置和分期建设步骤应根据油田生产生活用电总负荷和油田建设投资节奏确定，并同时确定电力线分布和走向。

（15）生活营地位置应考虑当地安全形势和地形条件，通过技术和经济比选后确定。

（16）机场宜与营地毗邻建设。

（17）各种管道、电力线、通信线、数据光缆等宜与道路平行敷设，形成线路走廊带。

二、技术特点

（1）根据不同资源国的石油合同模式特点，快速进行前期方案的优选。

海外油田项目主要有产品分成、矿税制、服务及回购合同等不同石油合同模式，还有在以上合同基础上形成的合资经营及各种混合合同模式，同一国家可能具有不同的合同类型，同一项目不同区块也可能具有不同的合同模式，投资回收和分成比例、投资风险大小各异。应用该技术可以对海外投资项目进行前期方案的快速优选。

（2）利用技术、参数、设备及经济指标数据库，快速筛选出最优的建设方案并进行投资估算。

经过20余年上百个海外大型油田地面工程建设项目的沉淀，油田高效开发地面工程建设方案优选技术集合了常用的总体布局方案、油气集输和原油处理技术，包括油气计量、混输增压、段塞流预测、气液分离、脱水脱盐、分离脱水一体化、原油稳定、原油

脱 H_2S、大规模原油处理系列工艺包等技术。该技术整合了以往项目的设计参数、经验数据和各类油田的评价指标，依托投资指标数据库，采用美国成本工程师协会（AACE）中项目分级及投资估算分级方法，结合项目和资源国实际情况，参考项目所在国家或地区类似油田地面工程投资，充分考虑工艺水平的变化和资源国价格水平，做到投资估算方法合理、依据充分，从而快速优选出技术可靠、投资水平合理的建设方案。

三、应用效果

油田高效开发地面工程建设方案优选技术成功应用于中东、非洲、中亚、美洲等油气合作区的油田开发项目中，通过该技术的实施，成功地为上百个海外油田项目提供了可靠的技术方案和投资估算，为项目决策和开发提供了重要依据。

如 2014 年的中东地区某油田项目，包括四个油田群和外输管道及终端群，共计 11 个油田，既有 21 世纪新开发的高水平智能化油田，也有开发于 20 世纪 60 年代的地面设施陈旧的老油田，原油总产能 $7500×10^4 t/a$，总面积接近 $2×10^4 km^2$，涵盖沙漠、滩海，自然环境苛刻；油田开发方式多样，主要有油井加密、注水、注气、气举、注 CO_2、气水交替注、CO_2 水交替注等；H_2S 含量高达 15% 以上，盐含量高达 205000mg/L，腐蚀性极强；原油外输指标严苛，含水小于 0.1%，含盐小于 28.5mg/L。为实现原油上产及稳产，地面工程需应对含水上升、高气油比、高 H_2S、高矿化度、注 CO_2 导致的腐蚀加剧、老旧设施维护及更换等问题，新工艺和传统工艺并存，新建工程与改扩建工程同步实施，油田地面工程建设面临挑战。

通过采用油田高效开发地面工程建设方案优选技术，形成了安全、可靠的总体技术路线和合理的投资估算，为项目的成功实施提供了强有力的决策支撑，主要包括：围绕油田含水上升，边缘油田及品质差的油藏参与开发的特点，增加两级高效电脱，严格控制原油含水及含盐指标，提高装置运行效率；针对伴生气处理规模大，CO_2 含量变化范围大（10%～80%），杂质、H_2S 及水含量高的特点，通过多方案对比，推荐膜技术预脱（预留）+胺技术精脱集成的 CO_2 捕集提纯工艺技术，提高 CO_2 捕集工艺的适应性，减少 CO_2 外购量，降低采油成本；针对高温、高硫、高 CO_2、高盐工况下的高腐蚀风险，选用集输干线碳钢 +3mm 腐蚀余量 + 内衬合金等选材方案；针对采出水高总矿化度特点，采用缓冲 +气浮 + 过滤等高效一体化处理工艺，满足了严苛的注水指标；针对处于红树林敏感环境保护区内的油田区块，采用高完整性压力保护系统（HIPPS）和智能数字化油田建设，实现生产和管理的可靠性、高效性、安全性。

第二章

油气集输技术

油气集输是将单井原油进行计量,汇集并输送到集中处理站的过程,属于油田地面工程的上游,是油田开发和生产的重要组成部分。油田站场合理布局及采用先进的油气集输技术,是油田安全生产和降低工程投资的重要保障。海外油田,特别是中东地区油田,普遍单井产量大、气油比高,同时,多数油田自然环境和社会条件较差,采用安全可靠和自动化程度高的先进集输技术更为重要。本章结合海外油田的实际情况重点介绍"单井计量技术""油气混输增压技术""高气油比管线段塞流预测及捕集技术"。该技术系列可以为海外油田站外集输系统提供合理的站场布局、可靠的计量手段、优化的混输管网和安全的流动输送保障。

第一节 单井计量技术

单井计量技术是对井流物的油、气、水各相分别进行计量的技术,单井计量是油田开发的重要依据和保障。海外油田单井计量常用的有油气分离计量、油气混相计量和自动选井计量三种技术,各项特色技术结合橇装化安装和信息化手段等可为现场施工和操作提供方便,为油田高效、快速开发提供良好支撑。

一、油气分离计量技术

(一)技术描述

油、气分离计量是将油井采出液分离成液体和气体,然后利用流量计对其分别进行计量,再经过在线含水分析仪或对液相化验分析确定其含水率。系统主要由两相分离器、气体流量计、液体质量流量计、含水分析仪、液位和压力自动控制调节阀等组成,气体流量计和液体质量流量计分别计量油井的产气量和产液量,含水分析仪测量分离出液体的含水率,由此计算出油井的油、气、水产量。

油、气、水计量精度的最大允许误差应在 ±10% 以内;低产井采用软件计量时,最大允许误差宜在 ±15% 以内。每口井每次连续计量时间宜为 4~8h,气产量波动较大或产量较低的井宜为 8~24h。每口井的计量周期宜为 10~15d,低产井的计量周期可为 15~30d。

(二)技术特点

油井井流物进入计量分离器,在计量分离器内实现气液分离,上部出口的气体利用孔板或涡街流量计进行计量,流量计带有温度和压力补偿;下部的油水混合物进入质量流量计进行计量,利用含水在线检测仪表测量原油含水率,计量后的数据可通过光缆远传至中控室。计量分离器的类型包括立式计量分离器和卧式计量分离器,液相计量仪表通常采用质量流量计,气相计量仪表通常采用涡街流量计或孔板流量计。一般分离器设有冲洗除砂功能。

海外油田一般规模大，油井通常达数百口甚至上千口。为了减少人员操作的频次，减少巡检的次数，计量站内的计量分离器通常配合多通阀使用，目前常用为8头式多通阀，计量站管辖井数一般为8~30口，计量站一般根据管辖单井的数量来配置多通阀的台数。

采用油气分离计量技术进行单井计量，精度和稳定性相对较高，操作相对简单，油气水物性和流量变化适应性强，应用范围广，但占用场地面积相对较大，该技术广泛应用于海外油田单井计量。对于油井产量大小差别较大，特别是大小产量比超过20的情况，为保证计量精度，气、液两路需分别设置大小两块计量仪表。对于起泡原油和难以分离的乳化液引起的相分离问题，为保障流体在分离器中气液分离运行平稳，通常需要配合在分离器入口注入化学药品或加大分离器容积。

采用该项技术的计量装置操作简便，受外界条件影响小。

油、气分离的计量由于占地面积相对较大，一般适用于场地不受限的情况。

油气分离计量技术应用如图2-1-1至图2-1-3所示。

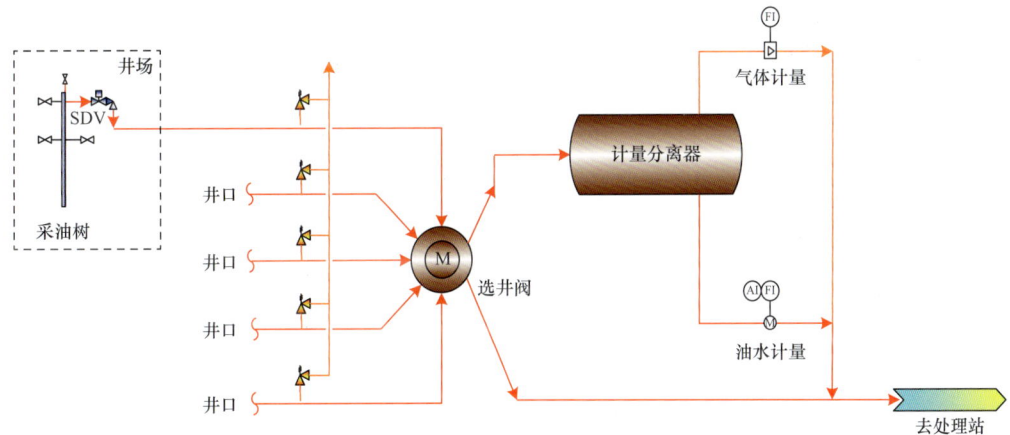

图2-1-1 油气分离计量示意图

图2-1-2 计量分离器现场应用

图 2-1-3 多通阀配合计量分离器现场应用

（三）应用效果

油气分离计量技术在海外油田中得到广泛应用，特别是中东地区油田，油田规模大，社会依托条件差，气候条件恶劣，治安环境相对较差，通过利用该技术，在集中处理站中控室可以实现单井自动选井计量，自动化水平高，大大减少了现场操作工作量，从而降低了人员现场操作风险和劳动强度，实现计量站无人值守。

二、油气混相计量技术

（一）技术描述

传统的油气分离计量技术是通过分离器将油井井流物先进行气液分离，然后再用计量仪表将气、液分别进行计量，从而获取单井的油、气、水产量的单井计量技术。近年来，油气混相计量技术逐步被广泛应用，该计量技术是对油井井流物不分离进行计量的技术。采用该技术可以直接计量油井各相流量，取消油气分离中用的计量分离器，既能连续计量油井的产量，也减少了占地面积。系统主要由多相流量计和数据处理系统组成，测量结果包括含水率、含气率、油气水分相的流量和密度、温度、压力等参数。油气混相计量常用的有两种方法：一种方法是依据油、气、水对γ能量的衰减率不同，当γ射线穿过油、气、水混合物时，混合物中分子的电子和原子引起衰减，通过建立相关方程求得混合物的相分率，从而获得油井油、气、水产量；另一种方法是利用气液相混合物中两相介质的介电常数电导率差别，测量出混合物中的气液相分率，获得油井油、气、水产量。

（二）技术特点

油气混相计量技术能在井流物不分离的情况下实现油、气、水三相计量，相比传统的计量分离器加流量计的计量方式，具有不用相分离、工艺简单、结构紧凑、占地面积较小等特点。

采用该技术的多相流量计对比常规的带分离器的计量测试装备，没有分离器，受起泡和难以分离的乳化液引起的相分离问题影响小。

该技术的多相流量计较适合用地受限和流量变化较小的油田单井计量。

油气混相计量技术应用如图 2-1-4 至图 2-1-6 所示。

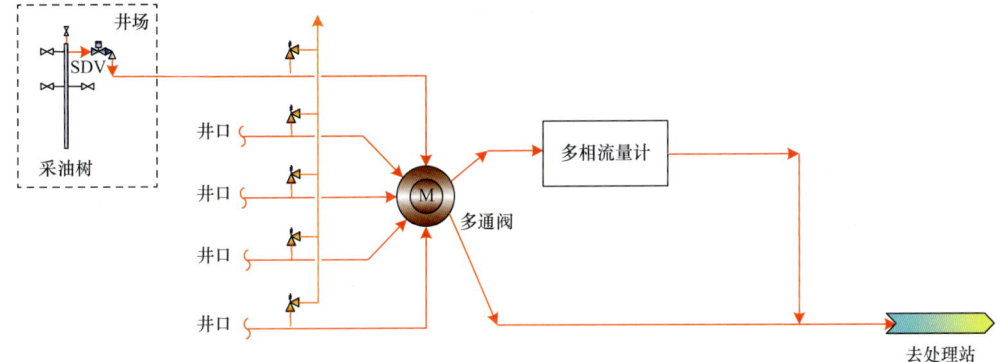

图 2-1-4　混相计量示意图

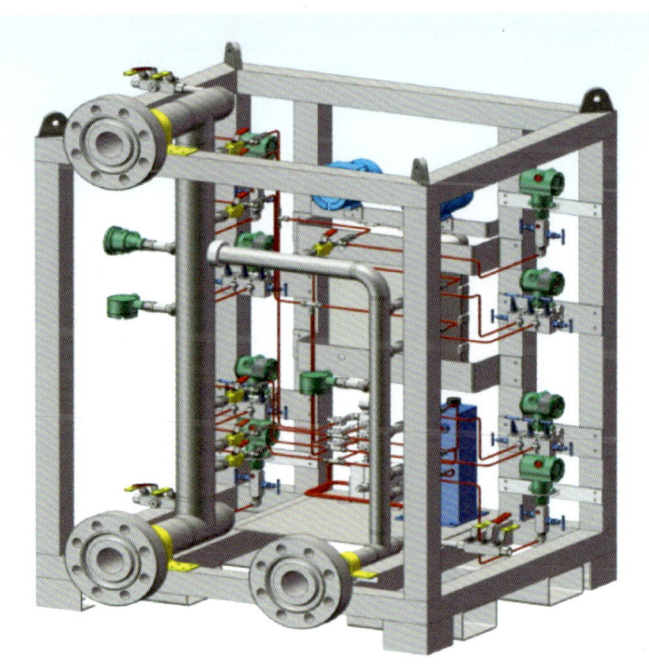

图 2-1-5　多相流量计结构图

图 2-1-6　海外某油田安装的多相流量计

（三）应用效果

油气混相计量技术在海外油田中应用较多，例如，在非洲苏丹某油田和中东伊拉克某油田，广泛采用基于该技术的多相流流量计用于单井计量。采用该技术进行单井计量的设施，既能满足油田生产单井计量的需求，又可以减少占地。

三、自动选井计量技术

（一）技术描述

自动选井计量技术是将自动选井多通阀和计量橇进行整合，实现自动选井计量的技术。

（二）技术特点

（1）自动选井多通阀和计量设施一般利用模块化设计和建造安装，减少现场安装工程量，降低现场安装强度和安全风险。

（2）在中控室就可以进行单井的自动选井计量，无须操作人员到计量站进行计量单井的切换，实现无人值守，减少现场操作人员的劳动强度，特别是在海外自然条件或治安环境较差的油田，可以降低操作人员的安全风险。

自动选井计量技术应用如图 2-1-7 所示。

图 2-1-7　多通阀配合计量分离器自动选井计量现场应用

（三）应用效果

自动选井计量技术已在海外多个油田得到了应用，特别是在气候炎热、自然条件差、治安不稳定的中东地区，不但降低了现场操作人员的安全风险，而且降低了操作人员的劳动强度，获得了较好的应用效果。

第二节　油气混输增压技术

一、技术描述

海外油田油藏普遍压力高，早期多采用自喷采油模式，后期转为机械采油模式，为了实现油气混输安全可靠地运行，设计过程中需要综合考虑这些影响因素。油气混输增压技术是对输送距离远，集输过程中需要通过中间加压才能将原油输送到处理站所采用的技术。

油气混输增压技术的主要设施是油气混输泵。输送距离远的油田、零散分布油田或边际油田等，无法利用油藏压力将井流物输送到处理站，需要采用混输泵作为增压设施，将井流物密闭长距离输送至处理站。该技术可以做到全自动变频控制，实现无人值守。

油气混输泵输送增压适用于油田油气混输管道，正常含气率一般低于95%。

已经成功实现商业应用的混输泵类型主要有以下三种：螺旋轴向混输泵、单螺杆混输泵和双螺杆混输泵。

（一）螺旋轴向混输泵

螺旋轴向混输泵（图 2-2-1）的基本工作原理是，利用叶片剖面呈机翼状的螺旋叶片对油气混合流产生升力而进行增压的，旋转的螺旋形叶片激起的旋转流动，经过静止固定导叶的梳理整流，强迫被输送的油气混合介质沿轴向流动。

螺旋轴向混输泵容许流体内含固量高（大于 100mg/L），压力密封液系统能防止泵送流体进入轴承区和流体外泄。该类型的泵在中大流量、中高气压下更能显出其结构紧凑、重量轻、长期可靠运行且操作简单等优点。

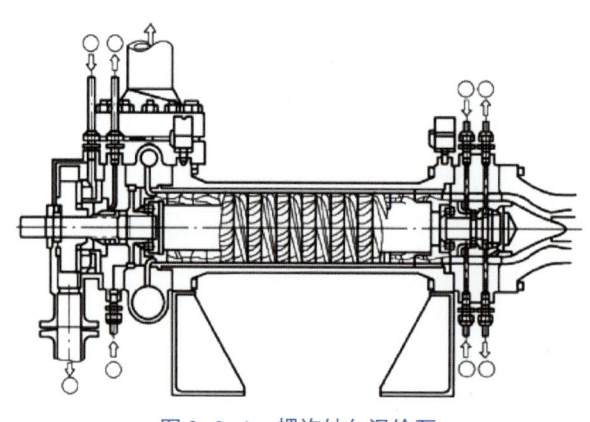

图 2-2-1　螺旋轴向混输泵

（二）单螺杆混输泵

单螺杆混输泵（图 2-2-2）由转子和定子组成，有外螺纹的转子螺杆安装在有内螺纹的定子内，定子由弹性材料制作，以压缩配合与刚性转子啮合。转子为单头螺杆，定子为双头螺杆，转子每转一圈形成两个腔室，吸入端的腔室抽液，排出端的腔室排空流体。转子可为多头螺纹，定子螺纹头数总比转子多一个。转子和定子间一条完整的密封线构成泵的一级，单螺杆泵可以是多级泵。

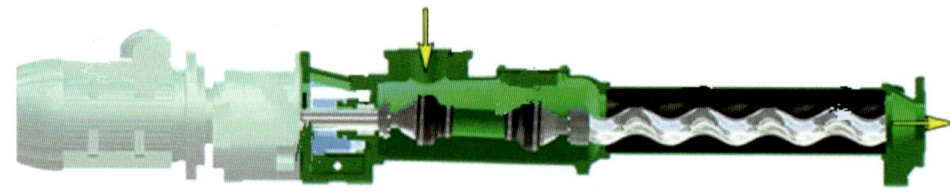

图 2-2-2　单螺杆混输泵

单螺杆混输泵可输送各种含有气体及固体颗粒或纤维的介质，也适用于腐蚀性、高黏度流体；泵的吸入性能较好，可用于储罐油蒸气回收系统；对流体的剪切作用最小、输送油水混合物时能防止乳状液的生成，通常配带补液泵。单螺杆混输泵与其他多相泵相比，投资及运行费用较低，转速较其他混输泵低，使用寿命长。含砂量高的原油推荐使用单螺杆混输泵。

（三）双螺杆混输泵

双螺杆混输泵（图 2-2-3）由定时齿轮带动啮合的双螺杆，两啮合螺杆螺纹间形成密封腔室，在泵入口处流体充满腔室，随螺杆旋转将腔室内流体送至泵的出口端。由于泵在螺杆的中部进料，两端出料，能平衡泵轴承所受的轴向推力。

该类型的多相泵适应范围广，运转平稳可靠，能在宽广的转速范围内保持高效运行，适合变频驱动；在进口参数或扬程发生变化时，流量基本不变，含气率范围广，可达到0~100%，但该类型的泵重量、尺寸较大。

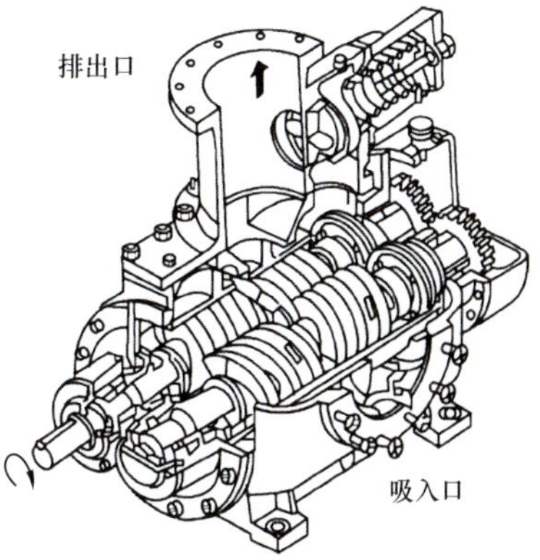

二、技术特点

图 2-2-3　双螺杆混输泵

利用混输泵对油气混合物进行增压，可达到降低井口回压、增加油井产量和延长输送距离的目的。特别是海外输送距离远、输量大、黏度高的油田，以及对井口回压要求低、集输半径大的边缘油田，通过混输泵增压，可以增大集输半径。

油田油气集输过程中的多相流是一种复杂的流动形态，受压力、温度、距离、地势、原油物性等多因素影响。

设计过程中，通常利用多相流专业软件分别开展多相流水力和热力计算，计算出混输管路中运行时的压降和温降，并根据计算结果再合理选择混输泵。

混输泵通常安装在增压站，对所辖井产出的气、液进行增压；对于距离比较远，气液比较大的井，根据集输要求，也可将混输泵安装在井口；另外，也可用混输泵为一个油田区块生产的油气进行增压，多与计量站合建，其功能和作用相当于气液输送的接转站，而相对于气液分输的接转站，混输泵站工艺简单、设施少，更容易实现无人值守。

另外，对地形起伏较大的油田，需要根据段塞流预测及压降情况，综合判断采用混输增压方案或气液分输方案。

三、应用效果

油气混输增压技术在海外多个油田都有成功应用。例如，非洲地区某油田油品性质特殊，倾点高（42℃），气油比大。油田距离集中处理站较远，无法利用油藏压力实现油气混输至集中处理站，通过采用油气混输增压技术，井口→计量站→混输增压站→集中处理站的集输工艺，将油田生产的原油通过混输泵增压顺利输送到集中处理站，也可采用井口→计量增压站→集中处理站的集输工艺。通过油气混输增压技术的应用，增大了集输半径，解决了因距离远无法输送而需要建处理站的问题，实现了无人值守，减少了运维成本和风险。

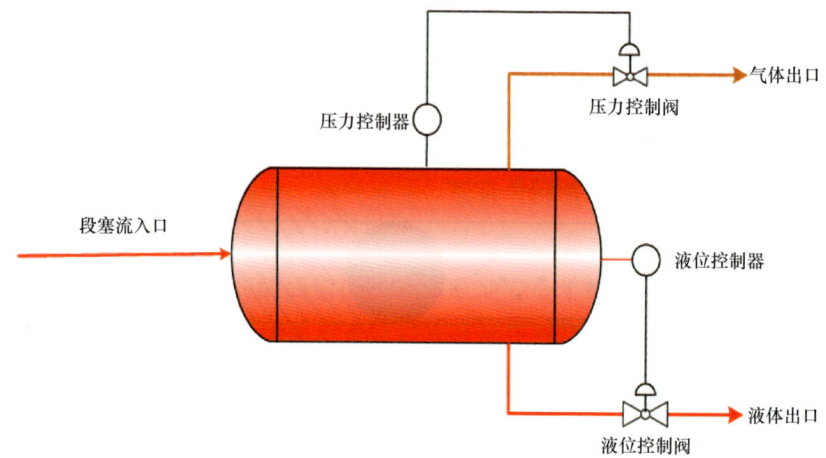

图 2-3-4　容积式段塞流捕集器

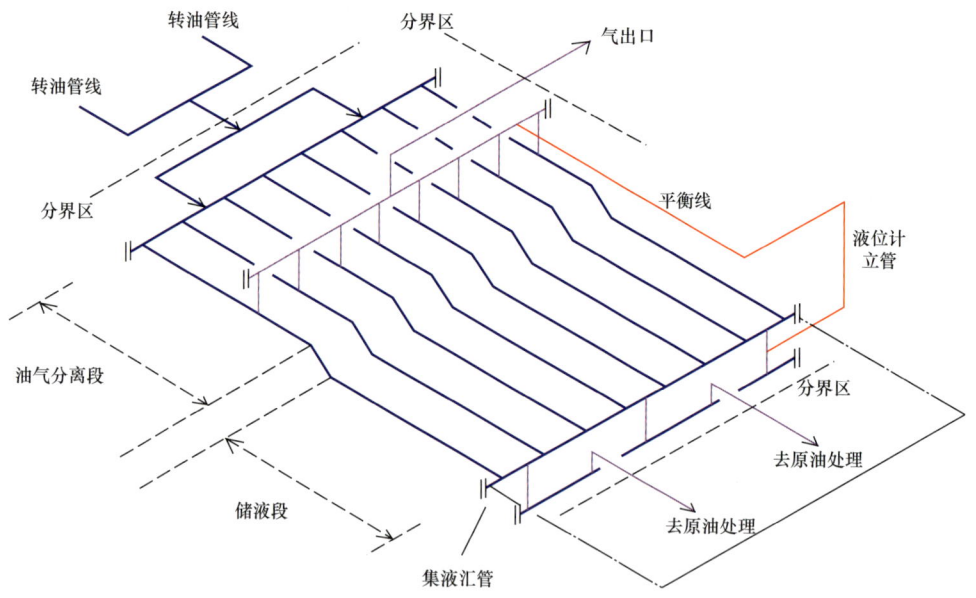

图 2-3-5　单层结构多管式段塞流捕集器

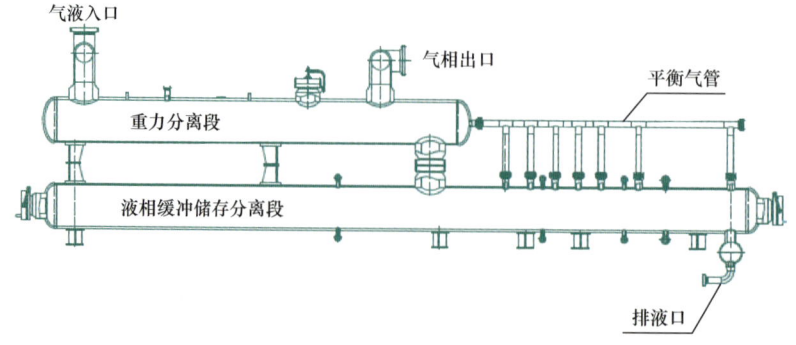

图 2-3-6　双层结构多管式段塞流捕集器

（二）多相流水力和热力计算

高气油比段塞流预测及捕集技术基于准确的多相流水力和热力计算。

1. 多相流水力、热力计算基础

多相流是一种复杂的流态，利用多相流水力和热力模拟计算软件可以计算出混输管路中正常运行时的压降及温降，得到合理的管径及保温措施，也可以利用多相流计算软件校核管道的输送能力。

1）物性定义

物性定义常采用黑油模型或组分模型，黑油模型利用输入的油气水分相密度、脱气油黏度，通过经验公式计算溶解气油比，油气的体积系数，油气比热容，压缩因子，含气油、天然气黏度等关键参数来表征原油。如果原油的化验信息较为充足，可以在模型中对计算的关键参数进行校正。黑油模型没有考虑物质组分随着压力和温度变化的因素，也没有考虑管道压力低于油气的露点时出现的反凝析现象。黑油模型适用于原油和伴生气的计算，以及原油的各种组分不能确切地用组分表征的情形。

一般认为组分模型是可靠、精确的计算方法，在原油 PVT 数据的基础上，利用状态方程与热力学相平衡方程进行泡点、露点和闪蒸计算，利用计算出的气液组分、密度、比热容及黏度等热物性参数来表征原油，采用关键参数（泡点、露点、气油比、密度、黏度）修正以获得良好的模拟结果。

2）水力计算

多相流的稳态水力计算包括多种经验相关式，每种相关式的适用范围不同，在计算同一条管路时，压力、持液率等结果也会不同。对于油田油气混输管道水力计算推荐采用 Beggs & Brill Revised 经验相关式，对于有数据支持的混输管路系统可以进行多个相关式对比，选用符合现场实际的相关式；对于天然气凝析油管线推荐采用 OLGAS 经验相关式，该相关式的预测精度在国际上得到了广泛认可。

3）热力计算

多相流的热力计算可采用经验值全局传热系数或计算的传热系数进行计算。

2. 多相流动态模拟

油气或油气水多相流流态变化多，存在相间传质和能量消耗，流动不稳定。多相流动态模拟包括投产、停输再启动、段塞流跟踪和清管等一系列与多相混输相关的工况。多相流动态模拟利用国际先进的多相流动态模拟软件，使用组分模型精确计算油气水之间的传质和能量交换，求解双流体模型进行流态、压降、持液率、气液流量的计算，实现多相流动态运动过程的预测。

1）输量变化

管道输量变化是混输管路中经常遇到的一种流动状况，新井接入、油井产量等变化都会引起混输管路内流动波动，并随着时间的推移，管路系统内到达新的平衡流动状态。该变化过程会引起下游气液流量和上游压力的瞬时波动，管道内的持液量也发生变化：在提产时会在管道内形成提产液塞，引起管道入口压力升高，液塞到达出口时对下游设备造成影响，因而需要控制提产速度，实现平稳过渡；在减产时由于气液流速降低，管道内温降增加，有蜡析出和水合物产生的风险。这些工况均需要利用动态模拟寻找最安全的操作策略，例如控制提产速度，设置保温层，加入蜡、水合物抑制剂等。某项目管道内输量变化引起的管道持液量变化如图 2-3-7 所示。

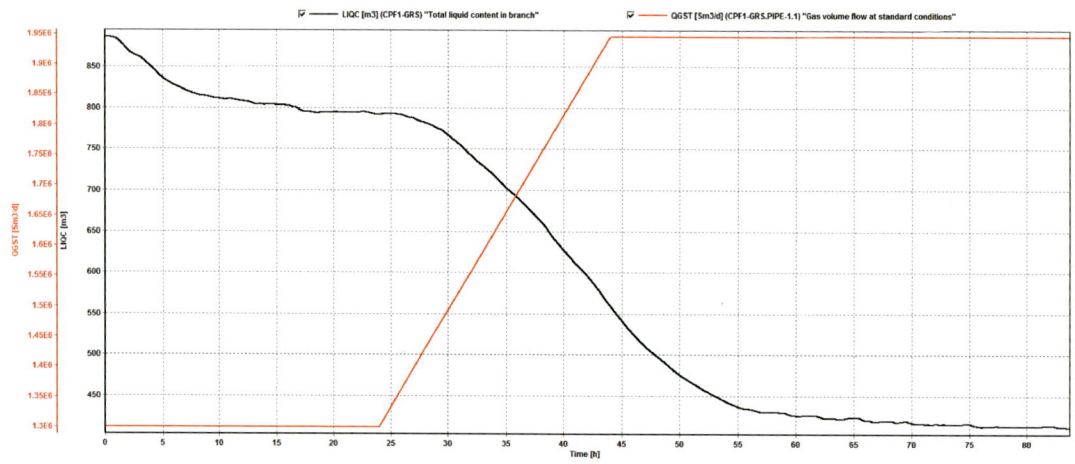

图 2-3-7　某项目管道内输量变化引起的管道持液量变化

2）停输再启动

管道停输再启动过程是管道输量变化的一种特殊工况，其产生的后果往往比输量变化更为严重，例如，停滞原油由于温度降低，黏度不断增大，造成启动压力剧增；地形起伏大的管道中产生的启动液塞会对下游处理设施造成严重影响。预测停输过程中管路内油气性质变化，模拟再启动过程中产生的风险对指导现场操作意义重大。某项目停输再启动输量变化曲线如图 2-3-8 所示。

3）段塞流跟踪

段塞流是多相流混输经常遇到的一种流型，分为水动力段塞流、强烈段塞流和地形起伏段塞流。段塞流是一种变化比较剧烈的流动，段塞流动态模拟主要是利用软件预测段塞流的关键参数，如长度、速度和频率等，在此基础上可以指导下游处理设备的设计和操作；另外，选择合适的管径避免段塞流流动区域或利用合理的配管消除段塞流也是段塞流动态模拟的两个关键内容。某项目段塞流引起的管道出口液量变化如图 2-3-9 所示。

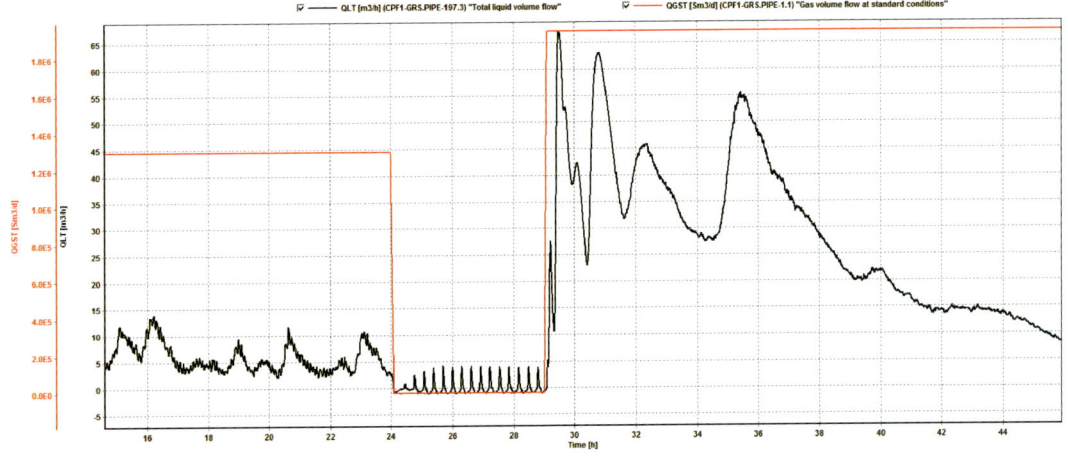

图 2-3-8　某项目停输再启动输量变化曲线

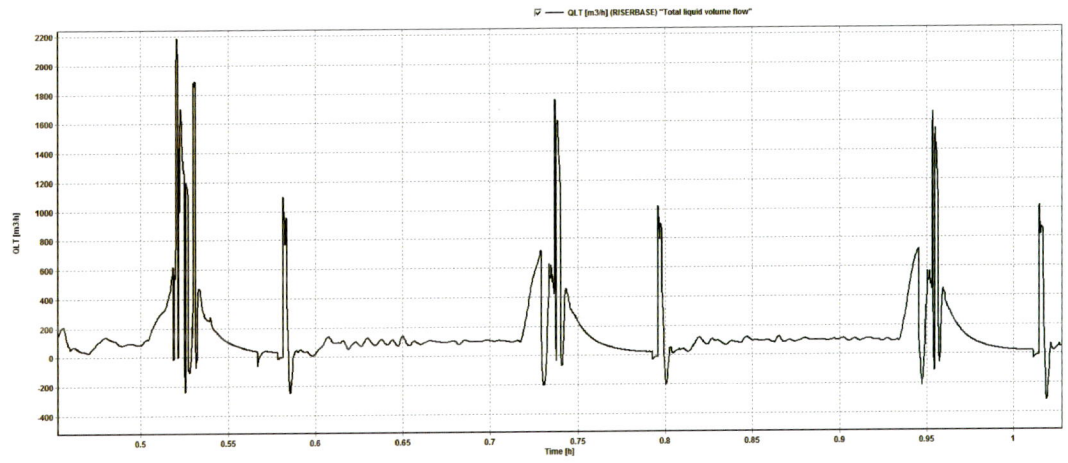

图 2-3-9　某项目段塞流引起的管道出口液量变化

4）清管

清管用来清除多相流混输管道内的杂质、积液和蜡沉积层，实现减轻管内腐蚀、增加流通面积的目的。多相流清管时通常会在清管器前段形成较大的清管液塞，基于动态模拟可计算清管液塞的体积及到达管道末端的时间，辅助设计站内段塞流捕集器及指导实际清管操作。对于在地形起伏严重的管道中出现的清管器倒退、卡堵等现象，动态模拟可预测追踪清管器在管道中的运行，分析可能出现卡堵的位置，避免操作事故。某项目清管液塞总量变化曲线如图 2-3-10 所示。

5）瞬态工况的评估

瞬态分析是一项复杂的工作，首先需要确定现场操作可能出现的工况，然后通过模拟找到对生产系统影响最严重的工况。

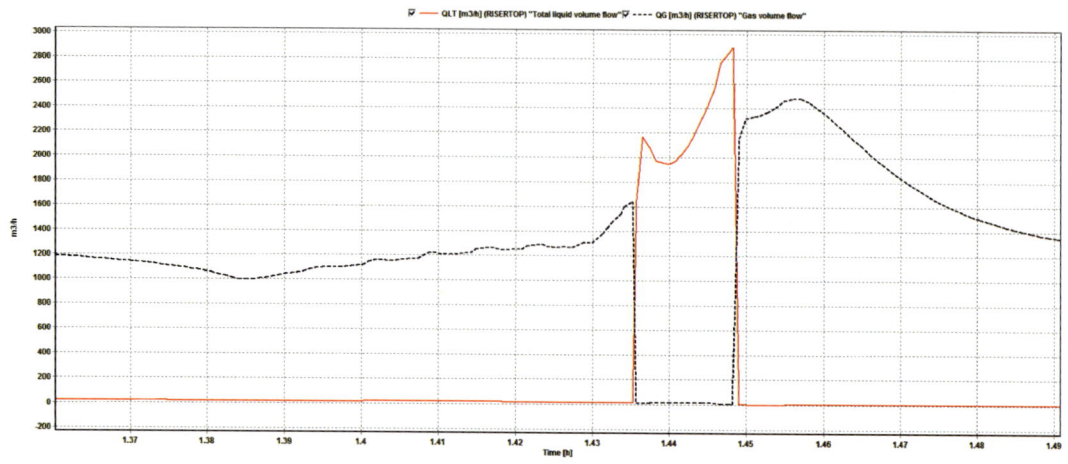

图 2-3-10　某项目清管液塞总量变化曲线

输量增加通常会产生液塞，对下游分离器产生影响。

管道停输再启动时，如果启动的流量低于停输前的流量，一般不会产生液塞；如果启动的流量高于停输前的流量，下游分离器会受影响。

流量变化或停输再启动时通常会引起管道入口压力增加。

水动力段塞流长度通常会随着管道长度和管径增加而增加，而高流速段塞流对配管和设备的冲击十分明显，因此应尽量避免高流速下的水动力段塞流。

对于多相流管道，清管通常会产生清管液塞，液塞体积与管道内持液量和清管速度成正比关系。

二、技术特点

高气油比管线段塞流预测及捕集技术主要针对高产量、高气油比、地形复杂的原油集输系统中形成的段塞流动进行动态追踪模拟计算，获得其随时间变化的水力学参数，根据这些参数合理选择输送工艺及下游处理工艺，以削弱或消除高气油比段塞流的影响。

该技术适用于油田油气混输管道、天然气凝析油输送管道。

（1）对混输管道段塞流进行预测。

采用动态模拟软件，针对混输工艺的正常输送、清管、停输再启动等各个工况进行仿真模拟，结合静态模拟，可以合理选择管径、预测段塞流。

（2）合理设置段塞流捕集器，确保处理装置平稳运行。

段塞流捕集器作为多相流管道的终端设备，用于捕集多相流管道流出的液塞，为来液量波动提供缓冲容积，并为下游处理设备提供稳定的气体和液体流量，一般设置在集中处理站或接转站。在海外油田，特别是中东地区油田中，由于输量大、管径大、气油比高，通常在油气混输的终端设置段塞流捕集器。

三、应用效果

容积式段塞流捕集器和多管式段塞流捕集器在海外油田中都有成功的应用。

中东地区某油田单井产量高、气油比高，原油集输采用单井→计量站→接转站→集中处理站的三级布站方式。油田位于沙漠地区，集输管线沿路随沙丘进行起伏，集输管网利用静态模拟软件进行优化，集输干线经过动态模拟计算，模拟出段塞量，根据段塞流大小，设置进站段塞流捕集器吸收因段塞流引起的段塞量，从而保证一级分离器的正常平稳运行。

中亚地区某海上油田原油通过海底管道混输至陆上集中处理站进行处理，由于原油输量大、气油比高、管径大、地势起伏大，一级分离器前设置了多管式段塞流捕集器，保证了后面油气处理的平稳运行。

中东地区某油田单井产量高、气油比高，原油集输采用单井→计量站→集中处理站的两级布站方式。集输管网利用静态模拟软件进行优化，集输干线经过动态模拟计算，模拟出段塞量，根据段塞流大小，可以利用一级分离器吸收因段塞流引起的段塞量，从而保证一级分离器的正常平稳运行，一级分离器也起到了段塞流捕集器的作用。

第三章
原油处理技术

油气水混合物集输至集中处理站后,需要进一步处理至合格。"原油处理技术"是保障处理后原油能否商业交付的关键。海外油田油气水处理普遍规模大,集中处理站年处理规模从数百万吨到数千万吨不等。不同国家和地区油品物性差异较大,对轻质油品、中质油品和重质油品处理指标也不尽相同。

在众多海外油田中,最具代表性的是中东地区的油田。中东油气区位于油气资源最丰富的波斯湾盆地,该地区油田含油层位大都为海相地层,受地层水性质影响,采出水含盐量普遍较高,个别油田甚至超过290000mg/L,Cl^-含量超过140000mg/L;原油伴生气中H_2S含量也较高,通常超过1%(摩尔分数),个别油田甚至达到15%(摩尔分数)以上;气油比高达2000m^3/m^3以上。中东地区的外输原油指标通常包含含水率、含盐量、雷德蒸气压和原油中的H_2S含量,与国内各油田相比,原油处理指标要求严苛,例如,某些项目对重质原油要求含水率不超过0.1%(体积分数),含盐量不超过11.43mg/L,雷德蒸气压(绝压)不超过46.8kPa(6.8psi),含H_2S不超过15ppm,超过国际通行指标。

中亚和非洲地区油气资源也比较丰富,原油性质多样,从轻质到重质原油都有发现,以乍得和尼日尔油田为代表,所产原油以中质原油为主,多含胶质、沥青质、凝点较高;伴生气中不含H_2S,含有CO_2;非洲地区原油采出水中盐含量一般低于10000mg/L,中亚地区采出水中盐含量通常较高(>100000mg/L);原油处理指标高于国内要求,含水率一般不超过0.5%。

结合不同国家、不同项目的原油物性、原油外输指标要求,进行了深入研究和探索,通过多年实战和工程经验,最后形成了海外油田原油处理特色技术,主要包括"单列单台(100~300)×10^4t/a 重质原油处理技术""单列单台500×10^4t/a 轻质原油短流程处理技术""分离脱水一体化技术""原油沉降罐脱水技术""工艺运行动态仿真技术"。

上述技术已成功应用于中东、非洲、中亚、美洲等多个海外油田建设项目中,建设项目总产能近2×10^8t/a;单个油田最大产量近1×10^8t/a,一次建站单体规模超过1000×10^4t/a。

第一节 单列单台(100~300)×10^4t/a 重质原油处理技术

一、技术描述

海外油田,尤其是中东地区油田,一次建站规模大,如果采用常规处理技术,设备台数有时会多达几十台,这将导致站场占地面积大、投资高、建设周期长,因此需要研发高效处理技术,最大限度增加单列单台处理能力。另外,中东地区原油多属于"六高"原油(高密度、高黏度、高气油比、高H_2S、高CO_2、高含盐),其密度最高可达0.96g/cm^3;

原油处理指标严苛，商品原油含水指标最严达 0.1%（比国内严苛 5~10 倍），商品原油中 H_2S 指标不超过 15ppm，处理难度极大。加之中东地区复杂的政治、安全和自然环境，对地面工程高效建设提出重大挑战。

针对中东地区重质原油特点，研发应用了针对"六高"原油的单列单台（100~300）$\times 10^4$t/a 重质原油处理系列工艺包。它涵盖了油田地面工程建设中的油气分离、换热、脱水、脱盐、原油稳定、储存等系统，将大型油气水三相高效分离技术、重质原油智能响应多梯度电脱盐技术、高硫原油稳定及脱 H_2S 处理工艺技术、高精度气动调节罐顶密封及多点载荷带肋球壳罐顶有限元分析等多项技术组合，形成"六高"重质原油处理技术，确保了商品原油含水、含盐、含 H_2S 和雷德蒸气压的指标要求。

二、技术特点

（一）大型油气水三相高效分离技术

传统三相分离器仅依托于重力沉降，分离效率低，大型站场需要设备台数多，出口油中含水率高，中高含水期无法适应下游电脱水设备正常运行要求，为了使进入电脱水器的油水混合物含水率降到最低，需要尽量提高三相分离器分离效率。为此，在传统三相分离器基础上开发了下孔箱式入口构件，优化了平行板强化重力分离技术，并研发出了适合重质原油的高效破乳剂产品。通过引入氟硅元素优化破乳剂结构，降低了界面膜强度；通过封端处理技术，增强破乳剂聚结能力。该技术使三相分离器脱水率整体提升 15% 以上，在入口含水 50% 工况下，实现了分离后重质油含水小于 5%，水中含油小于 200mg/L。同时，针对气相出口液滴夹带量要求苛刻的情况，采用叶片与丝网组合式高效捕雾技术，实现了分离后气相液滴直径小于 5μm（国内同类技术为液滴直径小于 10μm）。

（二）重质原油智能响应多梯度电脱盐技术

为解决重质原油脱水、脱盐指标要求严苛的问题，针对重质原油在油水界面处生成的高导电率顽固乳化层，提出了油水界位处设置智能响应高压电场、上部设置具有较强电动力的交直流高压电场，组成智能响应多梯度电脱盐技术。该技术解决了传统的必须对现场变压器断电后再进行电压调整的难题，可根据罐体内乳化状况，通过 PLC 智能计算控制器远端在线调整电压，实现了重质原油处理后含水不超过 0.1%（国内通常 1% 达标），远超国内外同类商品原油指标要求。同时使用级内自循环掺水工艺，在实现含盐指标不超过 11.43mg/L（国内通常要求小于 100mg/L）的前提下，大幅提高了洗盐水利用效率，节水率高达 50%。

（三）高硫原油稳定及脱 H_2S 处理工艺技术

在中东地区油田的原油伴生气中，H_2S 含量普遍为 0.5%～7.23%（摩尔分数）。由于国内无成熟可借鉴的高含 H_2S 原油稳定处理工艺，且中东地区对商品原油 H_2S 含量指标要求严苛，因此，开发出"中东地区含硫原油稳定及脱 H_2S 处理工艺包"。该技术确定了含硫重质原油稳定工艺，掌握了稳定脱硫工艺边界条件，应用集成气提功能的气液穿流式筛孔塔板稳定塔，有效降低了集中处理站内的能耗。含硫原油使用该技术处理后，H_2S 含量不大于 15ppm，远低于国内 50ppm 的达标要求。同时，该技术将 O′Connel（奥康奈尔）法引入计算塔板效率中，改变了高黏原油气提塔塔板效率查表的传统方法，并结合该方法开发了气提塔计算软件。

（四）高精度气动调节罐顶密封及多点载荷带肋球壳罐顶有限元分析技术

中东地区原油多含 H_2S，经过处理后原油中的 H_2S 含量尽管已达标，但在原油储存过程中由于大小呼吸作用，仍可能导致含硫气体由呼吸阀直接排至大气，造成人员伤害并引发环保风险。为此，通常需要使用甜气对罐顶进行密封并在罐顶增设调节阀组。在罐顶增加密封系统，大量的管阀配件会导致罐顶受力过大，尤其是在面临海外油田用低压储罐提升设计内压、大型化的需求下，更需要罐顶载荷均布技术。该技术具有如下特点：

（1）采用编程分析方法，加载多种工况下的集中载荷，充分计入因地震、风产生的集中力和弯矩。

（2）对刚接拱顶实施全模型有限元分析，满足结构非对称、载荷非对称的设计计算需要。

（3）罐顶平台和结构的承载计算和应力再分布计算，使罐顶和平台联合分析成为了可能。

（4）拱顶非线性后屈曲分析，可以获得几何非线性稳定性极限载荷值。实现了所有载荷组合工况极限分析，可实现横向对比判别最危险工况，评估安全裕度。

为实现全站全流程密闭，减少站场呼吸损耗及含硫伴生气挥发，在含硫、重组分湿气环境下，应用了由角式节流阀和偏心旋转阀混搭结构组成的高精度气动调节罐顶密封系统，实现了全站呼吸损耗最低，消除了含 H_2S 油田罐顶湿气密封凝液析出导致的密封系统失灵的安全隐患，实现站场无味、环保。该技术应用有限元分析技术，将多点载荷下带肋球壳罐顶承压能力较常规提高 10 倍以上。

三、应用效果

截至 2022 年底，单列单台（100～300）×10^4t/a 重质原油处理技术已成功应用于中东地区多个大型油田地面工程建设中。以伊拉克某项目为例，针对建设规模巨大、"六高"原油处理难度大等特点,通过采用单列单台(100~300)×10^4t/a重质原油处理技术,成功将站内处理设施由国际同类传统流程的140台设备优化为28台,实现了一次建站1000×10^4t/a,为世界同类最大。

伊朗某油田原油相对密度高、黏度大[相对密度为0.9518(水=1),黏度大于500cP],产品指标非常苛刻,采用多级梯度智能响应深度电脱盐技术,结合三级交直流复合电脱水工艺,实现单列单台规模重质原油处理后含水小于0.1%,含盐小于28.5mg/L,采用高硫原油稳定及脱H_2S处理工艺技术,处理后合格原油含H_2S不大于15ppm。

依托单列单台(100~300)×10^4t/a重质原油处理技术,节省了大量建设投资和运维成本,在海外建立了良好的口碑,赢得了更为广阔的海外市场,陆续与多个国际油公司和国家石油公司签订技术服务合同,有效推动国家"一带一路"倡议在海外油田生根开花!

第二节　单列单台500×10^4t/a轻质原油短流程处理技术

一、技术描述

中东地区油田大且分布集中,除出产重质原油之外,还盛产轻质原油,以阿拉伯联合酋长国油田为典型代表,其所产原油品质好,原油密度小,更易于脱水,但建设规模巨大,以千万吨级规模油田为主;如果按照常规处理工艺,设备处理列数和台数会很多,导致占地面积大、投资高、建设周期长;同时,由于轻组分更多,不适合较高的脱水温度,否则轻组分损失过多会降低原油收率;为达到严苛的脱水指标(0.1%),若仅靠增加设备尺寸,又容易带来运输尺寸超限的问题。另外,油田伴生气中H_2S含量高,最高达15.5%,而原油脱硫指标为50ppm,原油脱H_2S挑战大。因此,对增加分离脱水、原油稳定和脱硫设施的效率,提高单列原油处理规模,优化工艺流程,提出了更高的要求。

针对这类油田特点,通过开发高效分离器,开发具有脱硫、原油稳定和洗盐等多功能耦合的新型气提塔,形成"单列单台500×10^4t/a轻质原油短流程处理技术"及相应的工艺包,处理规模是国内5倍,和国外同类技术相比,在保证商品原油指标要求的同时,做到了流程更为简洁。

二、技术特点

(一)大型分离器高效分离技术

针对轻质原油大规模处理,对高效分离器内件配置的需求,引入计算流体力学CFD技术,使用颗粒跟踪方法,对不同粒径的液滴颗粒进行跟踪,实现了分离器内件分离效率的提前验证，大幅提升内件筛选化效率。

通过开发高效分离器内件，包括采用平行浅池斜板式聚结内件、进口分布器、组合式整流板、组合叶片包式捕雾器，提升了设备处理效率和单台处理能力；研制的大型高效分离器，分离器出口油中含水指标不超过 0.5%，接近了电脱水设施的脱水能力，为单列单台 500×10^4 t/a 短流程原油处理工艺奠定基础。

（二）集脱盐、脱硫、原油稳定于一体的多功能新型气提技术

针对轻质原油高含 H_2S，上游分离器脱水效果较好的特点，选用气提脱硫方案，采用大提液量高效梯形双溢流塔盘，并在气提塔进口管线注入洗盐水进行洗盐，应用具有原油脱硫、原油稳定和洗盐等多功能耦合的新型气提塔，将电脱水、电脱盐的功能由高效分离器、多功能气提塔、大罐沉底水进行分担，在工艺流程中优化掉专门的电脱设施，大大缩短轻质原油处理流程。

三、应用效果

单列单台 500×10^4 t/a 轻质原油短流程处理技术在阿布扎比巴布油田综合设施项目（以下简称"巴布项目"）中得到首次应用，通过了设施的性能测试，各项原油处理指标均合格，外输原油含水不超过 0.1%，H_2S 不超过 50ppm，实现项目顺利移交。

通过应用单列单台 500×10^4 t/a 轻质原油短流程处理工艺技术，优化电脱水、电脱盐等设施，单列原油处理设备由 9 台减少到 5 台，与国际同类处理工艺相比，减少处理设备 40% 以上，节省大量投资，也降低了运行维护成本，取得了巨大的经济和社会效益，得到业主高度认可。

巴布项目是中国石油与阿布扎比国家石油公司（ADNOC）签署《阿布扎比陆上油田开发合作协议》后的第一个超大型项目，是中国石油中东油气合作区重要组成部分，对中国石油优化海外业务及中东地区布局有着重要意义，也是国家海外能源战略的关键布局，备受中阿两国高度重视，为中国"一带一路"倡议与阿拉伯联合酋长国发展规划深度融合提供了契机。

巴布项目建成后油田处理能力达 2200×10^4 t/a。2021 年 6 月，中心处理站（图 3-2-1）一次性投产成功，成为 2019—2022 年阿布扎比陆上石油公司唯一按期投产的项目，现场进行了特殊的庆典仪式，如图 3-2-2 所示。中国石油企业通过本项目在阿布扎比高端油气市场的表现，展现了中国石油雄厚技术实力和国际化管理水平，也为阿布扎比经济稳定增长做出巨大贡献，获得业主"世界一流"的高度评价，使巴布项目成为中国石油在阿布扎比的"标志性工程"，提升了中国企业在世界石油行列的美誉度。

图 3-2-1　中心处理站（CDS）单列处理设施及管廊

图 3-2-2　中心处理站投产庆典

第三节　分离脱水一体化技术

一、技术描述

分离脱水一体化技术是将原油处理中的分离器和脱水器两个核心设备一体化集成，形成一体化装置的原油处理技术。

在常规的电脱水过程中，不允许电脱水器内上部出现气体，一旦产生气泡，将会影响水滴沉降，脱水效果变差。同时，气体会使电极板之间产生电弧，使电流表读数不稳定。而且这些气体易燃易爆，如果集聚过多，将使原油液面下降到高压电极棒与极板的连接处，高压电引入出现火花将发生爆炸事故。分离脱水一体化技术是将传统分离器和电脱水器以上下组合的方式组合排布，含气和水的原油从设备的顶部进入，在上部的气液分离器中将气体脱除，液体通过连通管进入下部的电脱水器，在电脱水器内进行油水分离。

该技术主要利用液位差的原理使上部分离器中的液位"压制"住下部电脱水器内的液体，电脱水器内的液体所处的压强略高于上部分离器内液体压强，减少湍流扰动，防止气液相平衡发生偏移，解决了微量气体从电脱水器中逸出的问题。具体需要通过模拟计算确定原油的临界状态，合理设置上部分离器和下部电脱水器之间的位置和内部构件的排布，以达到抑制气体逸出的目的。分离脱水一体化装置现场如图 3-3-1 所示。

图 3-3-1 分离脱水一体化装置现场

二、技术特点

分离脱水一体化技术打破了传统的原油电脱水处理工艺。常规原油处理流程为：进站汇管→三相分离器→增压泵→加热炉→电脱水→稳定塔→储罐。分离脱水一体化技术结合气液分离和原油脱水特点，采用分离器和脱水器上下布置的布局方案，将传统的串联布置的分离器和电脱水器，在主体电脱水器上设置气液两相分离器，在不受泡点压力限制的情况下，达到气液分离、深度脱水二合一的原油处理效果；采用该技术后，电脱水器上游无需设置增压设备，工艺流程缩短为：进站汇管→三相分离器→加热炉→分离—脱水一体化装置→稳定塔→储罐。实现了利用地层压力、中间不加泵的电脱水工艺。

该技术优化了脱气脱水流程，突破了传统的电脱水器设计，充分利用上游能量，降低了能耗，简化了原油脱水工艺流程，缩短了原油处理流程，减少了相应投资和运维成本，方便了现场操作。

三、应用效果

分离脱水一体化技术已经在乍得油田得到应用,采用分离脱水一体化原油处理工艺,降低了投资、减少了操作维护人员,降低了安全风险。目前现场运行良好,脱后原油含水不超过0.3%,完全满足指标要求。

乍得油田项目是中国石油在乍得投资的第一个规模化油田产能建设项目。乍得油田的建成,结束了乍得成品油全部依赖进口的历史,对乍得政局稳定及经济发展做出重要贡献,获得乍得总统的高度评价,在整个非洲地区和行业内产生了重要影响。油田区域地处热带草原,植被覆盖较好,当地政府对环保和安全要求极高。当地雨季时间长达6个月,严重影响现场正常施工。各设备皆由海运至邻国喀麦隆的杜阿拉港口,之后再经1900多千米长距离公路运输至乍得油田现场,由于当地经济落后,乍得境内公路路况较差,当地运输能力受限,给设备物资的运输带来很大制约,项目建设难度极大;乍得经济落后,国内局势动荡不安,绑架事件频发,属于极高Ⅰ级风险,每次施工和巡检都需要配备大量驻军,安保难度大、成本高。乍得油田总规模为 $600 \times 10^4 t/a$,油田断块多,区块比较分散,油田集输难度大;各区块油品物性差异大,原油凝点最高达37.6℃,原油黏度最高达1793cP(50℃),原油含蜡量最高达28.3%(质量分数),属于高凝、高黏原油。针对油品特点,一期采用一级分离、一级加热、一级大罐沉降技术,二期采用一级分离、一级加热、一级分离脱水一体化等中质原油无动力短流程处理技术,在满足原油处理指标要求的基础上,减少了人员操作工作量,缩短了建设周期、节省了投资和后续运行成本。乍得油田一期Ronier CPF俯瞰和乍得油田二期Daniela CPF俯瞰如图3-3-2和图3-3-3所示。

图3-3-2 乍得油田一期Ronier CPF俯瞰

图 3-3-3　乍得油田二期 Daniela CPF 俯瞰

第四节　原油沉降罐脱水技术

一、技术描述

在油田开采过程中，从井口产出的原油通常含有大量水和杂质，受处理温度和容器尺寸所限，经气液分离技术处理后的原油依然存在一定的游离水、较多的乳化水及融在水中的盐分。针对常规轻质、中质原油，采用原油热化学沉降脱水技术可以进一步有效降低原油中的水分和盐分含量，满足下游原油销售的指标要求。

原油沉降罐脱水技术是在传统的气液分离技术基础上，将重力沉降与化学药剂相结合，参考油品分析化验和脱水实验数据，确定沉降脱水温度和沉降时间，筛选最优破乳剂，优化脱水工艺，使沉降脱水与站场整体工艺要求匹配，处理后原油含水通常不超过 0.5%（体积分数）。针对较大型油田及中质、重质原油处理，沉降罐是热化学沉降脱水技术的典型处理设备，其关键部件有集油槽、集水管和进液分配管，沉降罐内部的布置及结构型式是影响脱水效果的重要因素，典型的沉降罐结构如图 3-4-1 所示。

轻质原油沉降时间一般需要 1~5h，重质原油沉降时间需要 6h 以上。

该技术对沉降罐内部件进行了优化设计，优化后的内件布局更为合理，流体流动扰动更小，油相出口含水率和水相出口的含油量能够很好地满足指标要求。

二、技术特点

针对海外油田原油物性和产品指标的特点，结合油品分析化验和脱水实验，选择原油沉降罐脱水技术能够满足不同规模脱水处理要求。该技术具有以下特点：

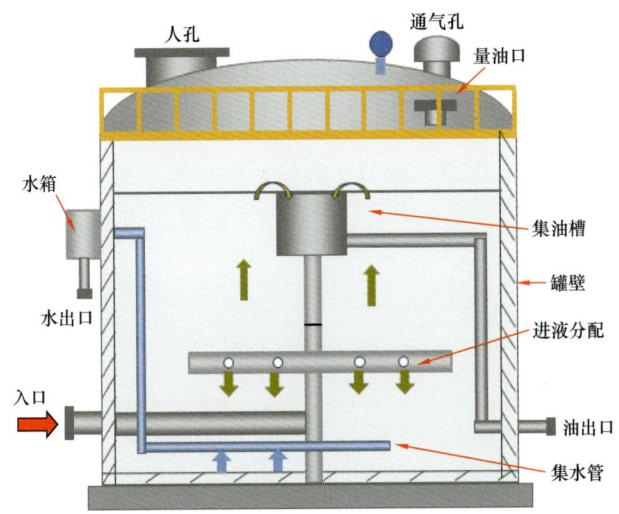

图 3-4-1 典型沉降罐结构示意图

（1）技术成熟，应用广泛。

针对原油性质较好的乳状液，比如低密度、低黏度原油，通常采用热化学沉降脱水脱盐流程，采用高效三相分离器或高效重力沉降罐进行热化学脱水，该技术工艺简单、成本低廉、效果显著，在海外得到了广泛应用，可实现脱后原油含水不超过 0.5%。原油热化学沉降脱水技术适用于各种类型的原油，包括轻质和重质原油。它还可以应对原油中的不同杂质，如固体颗粒、沥青质和溶解性盐类。

（2）能耗低、操作简便。

相对于其他脱水方法，这项技术通常能够以较低的能源消耗实现脱水过程，有助于降低生产成本，并减少环境影响。该技术采用设备均为罐类设备，无须耗电，缓冲时间长，操作相对简单，不需要复杂的设备和高度专业化的技术人员，大大降低了技术人员的操作难度。

三、应用效果

原油沉降罐脱水技术在非洲和中亚地区应用较为普遍，通过应用该技术，处理后原油含水不超过 0.5%，很好地满足了脱水指标要求，缩短了原油处理流程，降低了能源消耗，提高了原油处理效率，取得了良好的经济和社会效益。

尼日尔阿贾德姆（AGADEM）油田原油属于中质油品［相对密度 0.83（水 =1）］，油田原油物性复杂，高含蜡，倾点高（42℃），黏度大，伴生气中不含 H_2S，采出水中含盐较低（2400ppm），原油外输指标含水要求不超过 0.5%。油田高度分散，南北长度约 200km，东西宽约 80km。油田地处撒哈拉沙漠腹地，运输和建设具有很大的难度，通常货物需通过海运、陆上运输和沙漠运输才能够到达现场，货物运输能力和尺寸受限，允许的运输重量和最大设备尺寸都很小,如按常规采用大型电脱等设备,会受到运输条件的限制,难以完成建设任务,结合油品特点和油田地理环境,最终采用一级分离、一级加热、一级大罐沉降脱水的短流程处理工艺,处理后原油含水不超过 0.4%,很好地满足了原油处理指标要求,降低了运维工作量,降低了大量运输成本和工作量,节省了投资及运行成本。尼日尔 AGADEM 油田一期油气处理站(CPF)俯瞰如图 3-4-2 所示。

图 3-4-2　尼日尔 AGADEM 油田一期油气处理站(CPF)俯瞰

尼日尔 AGADEM 油田工程是该国第一个油田项目,是两国最高领导人签署的具有战略合作意义的工程,开启了尼日尔石油工业发展的大门,是中国石油在非洲保持 2000×10^4 t/a 以上产能的重要支撑,为中国石油在海外业务的拓展开辟了新的天地。该项目的建成不仅帮助尼日尔实现了能源自给自足,也使尼日尔从成品油进口国变为了出口国,对巩固中尼关系起到了"压舱石"作用,为中尼友谊做出了重要贡献,是实施"一带一路"倡议在西非国家的重要体现,也是实施中国石油在海外发展规划、完善在非洲整体能源布局的战略性重点项目,获得了当地政府的赞誉。

第五节　工艺运行动态仿真技术

一、技术描述

工艺运行动态仿真技术以油田油气集输、处理系统为基础,基于工艺、设备和控制模型模拟工艺和设备运行机理,表达输入变量和输出变量之间的关联关系,构建油气集输和处理系统的油、气、水生产工艺全流程实时动态仿真模型,并一体化集成自控系统,读取实时和历史生产数据,进行模型动态校准,实现工艺生产的在线实时监控和离线历史数据分析、动态模拟、预测和优化。进而,基于实时动态仿真模型,针对生产业务需求实施各类智能化专家系统功能,科学判断工艺系统实际生产运行情况,辅助制订投产、减增产和停输、启动方案,优化生产。

工艺运行动态仿真技术具有以下功能。

(一)油田运行监测

通过感知层的各类生产监控系统实时采集并监控油田各生产站场、集输管网、井口生产及运行信息,并基于实时动态仿真模型,根据假设输入条件模拟计算出理论运行数据,在线比对工艺生产的实际状况和同等条件下的模拟工况,分析预判生产变化的趋势,优化调整生产目标。分离器的压力理论值与实测值对比示例如图 3-5-1 所示。

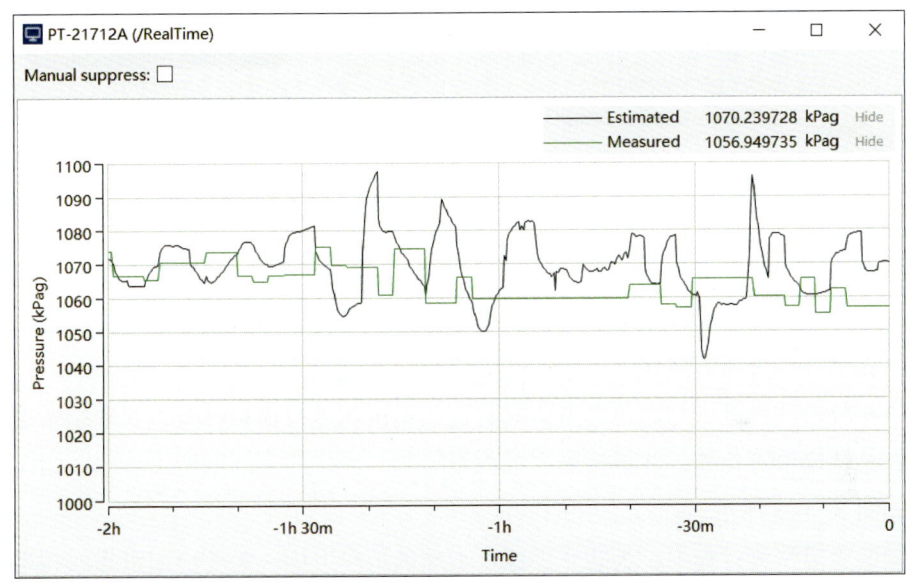

图 3-5-1 分离器压力理论值与实测值对比示例

(二)生产预测

截取某一时刻的油田实时生产参数,建立预测模型,进行模拟运行计算,预测未来的生产运行情况,分析停输启动、操作调整等对整个生产工艺系统的影响,方便生产人员及时动态调整整个生产系统网络,提前制订生产调度方案,避免生产操作对正常生产造成影响。通过控制分离器入口管线的阀门开度,调节分离器的压力波动,如图 3-5-2 所示。

(三)蜡沉积分析与清管仿真

含蜡原油管道在运行一段时间后会产生蜡沉积现象。从安全角度来说,一定结蜡厚度会存在风险,比如会使管径变小,在管线停输或输量下降的情况下,因其原油携带的热量减少,其降温的速度快,导致了停输时间变短,并且启动管线重新运输造成困难。因此,

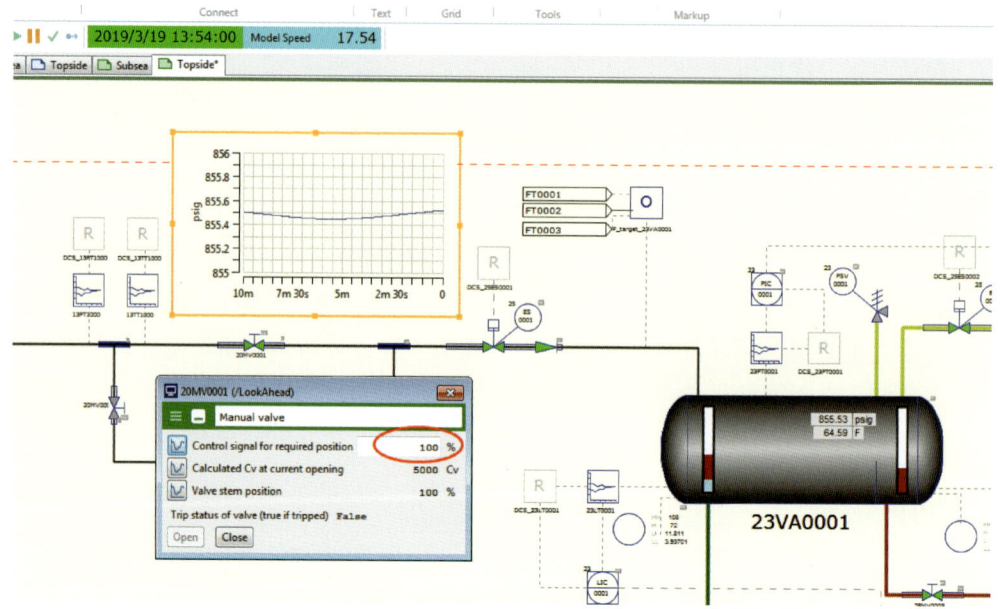

图 3-5-2　分离器入口管线压力调节预测示意图

在结蜡厚度达到一定程度后，要进行清管工作。在实际清蜡中，综合考虑蜡沉积厚度、系统压差、流量大小、环境温度等因素，给出清蜡周期范围，同时在系统中可以进行虚拟清管模拟，提供有针对性的指导。

蜡沉积分析功能基于动态仿真模型对管道的蜡沉积进行模拟计算，获取结蜡速率、结蜡厚度、总结蜡量等参数，并根据最大沉积量限制，提供清管周期解决方案。蜡沉积分析示意图如图 3-5-3 所示。

在油气管道清管过程中，为防止丢球、卡球的情况发生，需要应用可靠的技术手段对清管器跟踪定位，以便确定清管器到达管道沿线各点的时间，并根据清管器所在位置确定开始执行收球流程切换的时间。清管仿真功能通过采集管道实时的运行工况，如管道内流体组分信息，管道运行温度、压力流量，外部环境温度等因素，实时计算出清管液量、清管速度、清管器位置、清管时长等参数。清管仿真示意图如图 3-5-4 所示。

清管仿真主要包括如下功能：

（1）基于高精度模型计算的管线杂质沉积情况，根据预设清管周期、最大沉积量限制进行预测，当达到清管条件后，系统自动提示当前管道运行状况和清管建议，辅助生产人员进行清管作业，避免清管过度或滞后情况的发生。

（2）当达到清管作业条件，现场计划进行清管时，基于高精度机理模型同步发球筒的发球时间，实时计算出清管引起的段塞流体积，清管球随时间和管道走向所到达的位置，清管球运行速度和到达时间，以及当前压力是否满足清管正常进行的条件，为现场的操作人员提供运行辅助。

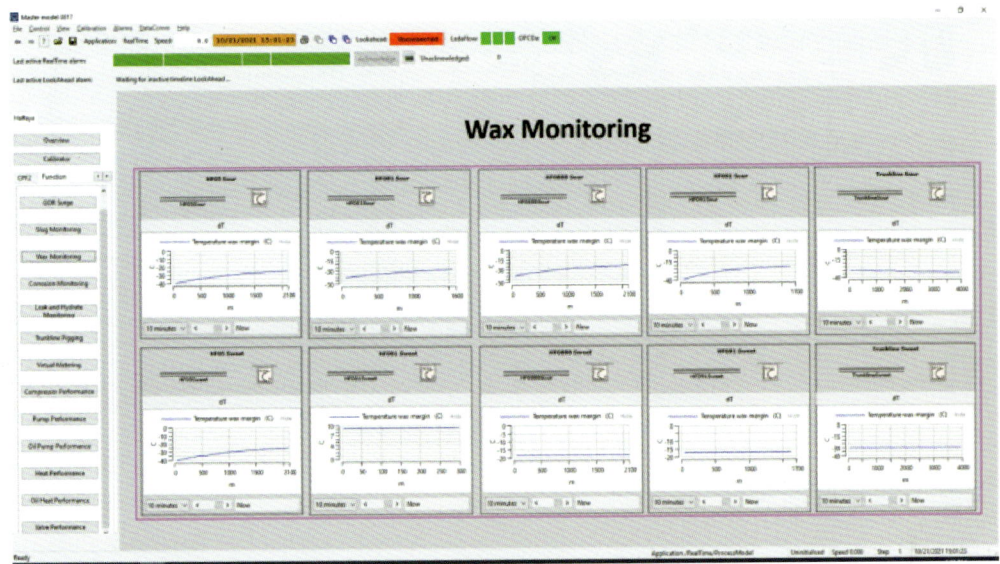

图 3-5-3　蜡沉积分析示意图

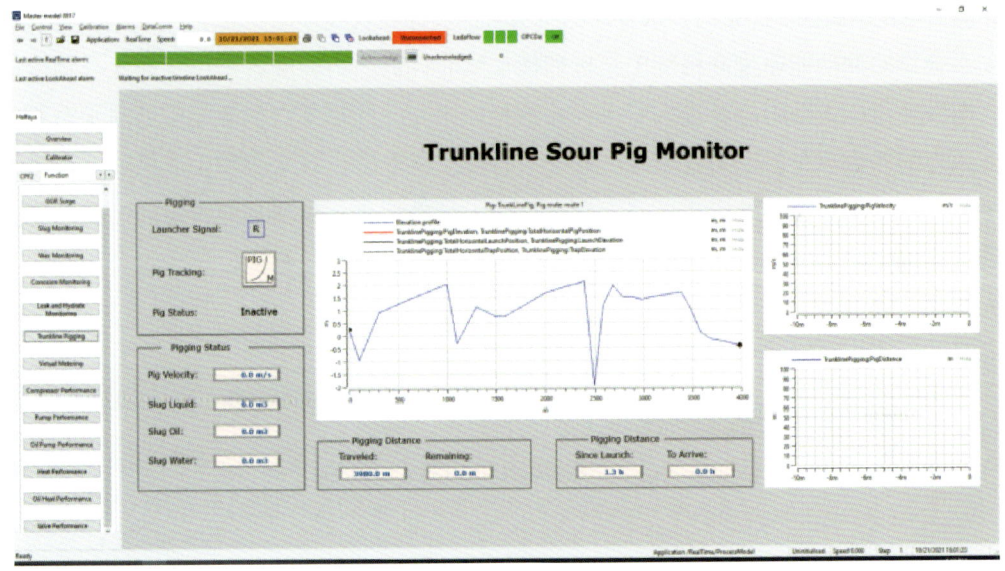

图 3-5-4　清管仿真示意图

（四）段塞流分析

段塞流会产生大量的冲击能量，高速流动的液体流入分离器或段塞捕集器，可能会损坏设施设备，造成分离器溢流，腐蚀抑制剂失效，同时会产生高回压降低产量等问题。段塞流分析功能模拟、预测、跟踪由于流量变化、地形、启动、水力学和清管引起的段塞流动工况，跟踪段塞流在管线里变化的全过程，计算出段塞的长度、段塞液量、持液率、持续时间等，同时对段塞流的控制进行模拟分析。段塞流分析示意图如图 3-5-5 所示。

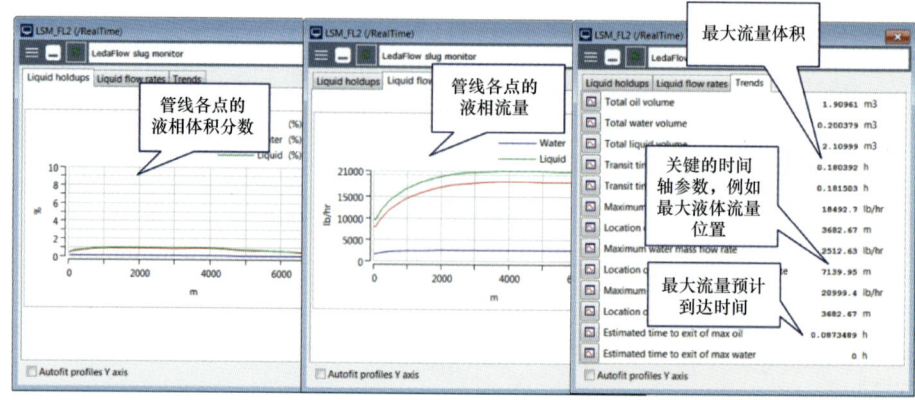

图 3-5-5　段塞流分析示意图

（五）水合物监测

在管道的运行过程当中，水合物生成会堵塞管道。并且，在结晶过程当中，由于大量的水从液态转变为固态，改变了流体性质，溶解于流体中的盐类物质可能会析出，附着在管道内壁，加快电化学腐蚀。严重时，水合物的生成可能会导致管线停输，甚至引发灾难性的后果。

水合物监测功能通过高精度工艺机理模型实时计算运行管线各个位置的水合物生成风险。即温度与压力是否已经进入了水合物的生成区间，计算各点的温度压力与水合物生成温度压力的差值，正值说明有温度已低于水合物生成温度，有水合物生成风险。当管线运行工况已趋近于水合物的生成区间，会自动弹出预警信息，包括当前管道的运行温度、水合物生成条件的预设温度、温度差值大小，可能形成水合物的管道位置。水合物监测示意图如图 3-5-6 所示。

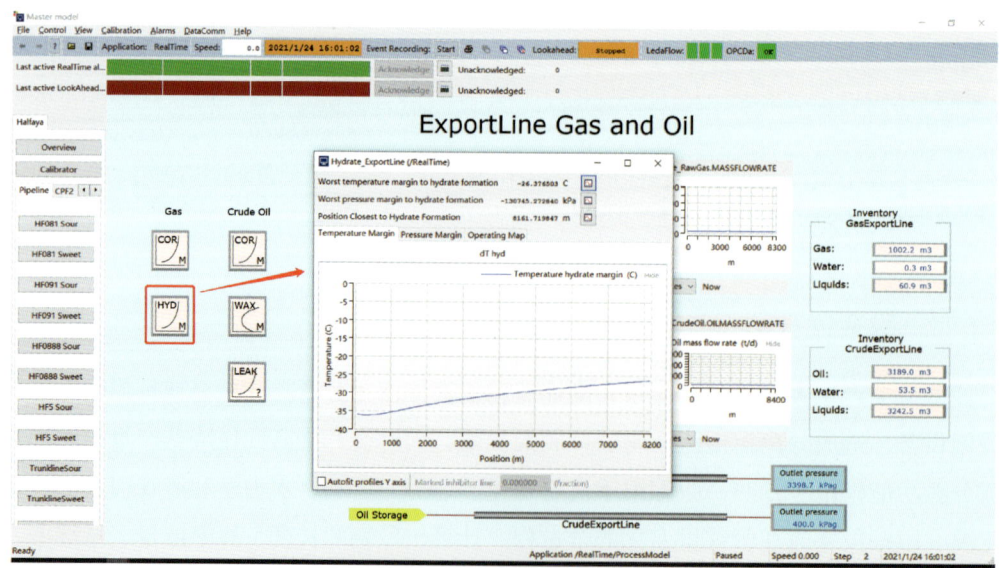

图 3-5-6　水合物监测示意图

（六）CO_2 腐蚀速率监测

管道的腐蚀程度直接关系到输送安全，通过传感器的方式无法对内壁均匀腐蚀进行全面监测。CO_2 腐蚀速率监测功能基于工艺机理模型实时计算出管道各点的由于 CO_2 引起的腐蚀速率与累计腐蚀量，为管道完整性管理提供关键的数据。腐蚀模型能够计算油气管内由于压力、温度、流速及流态变化而引起的 CO_2 腐蚀速率的变化。CO_2 腐蚀速率监测示意图如图 3-5-7 所示。

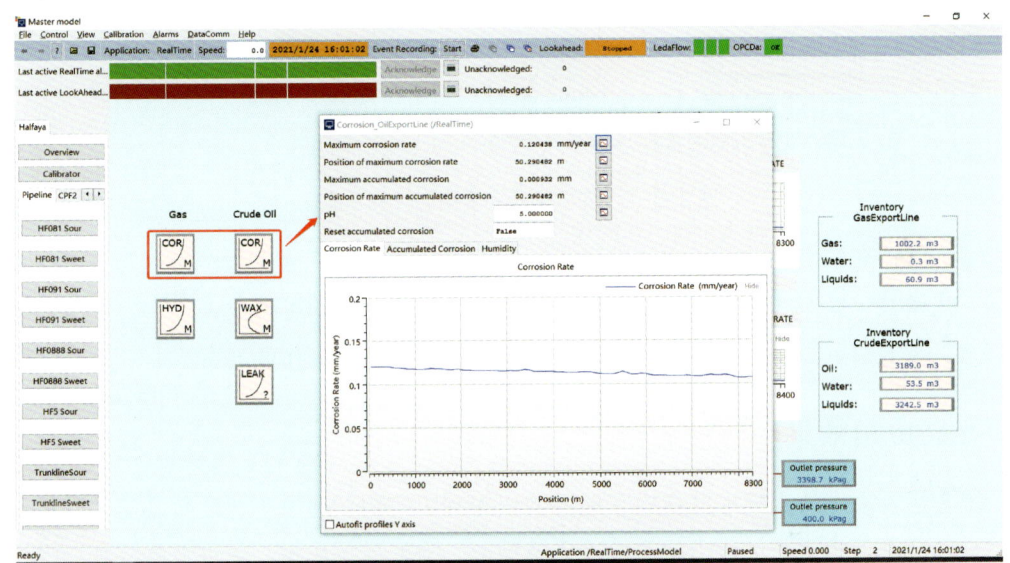

图 3-5-7　CO_2 腐蚀速率监测示意图

（七）虚拟仪表

基于自控系统采集的实时生产数据，对工艺流程进行仿真模拟，在没有物理仪表检测的位置提供实时的工艺运行参数。此外，根据实测生产数据，进行工艺动态计算，得到工艺管道中流体的组分、气相摩尔分数、密度、含水率等物理仪表无法在线测量的结果，解决现场操作人员对实验室数据的依赖度，将深层次的工艺流体信息在线化、实时化，如图 3-5-8 所示。

二、技术特点

工艺运行动态仿真技术具有以下特点：

（1）科学判断工艺系统生产情况，分析生产瓶颈、能耗、安全风险等，及时预警，反馈异常信息。

（2）模拟油田工艺运行极端工况，辅助制订应急方案。

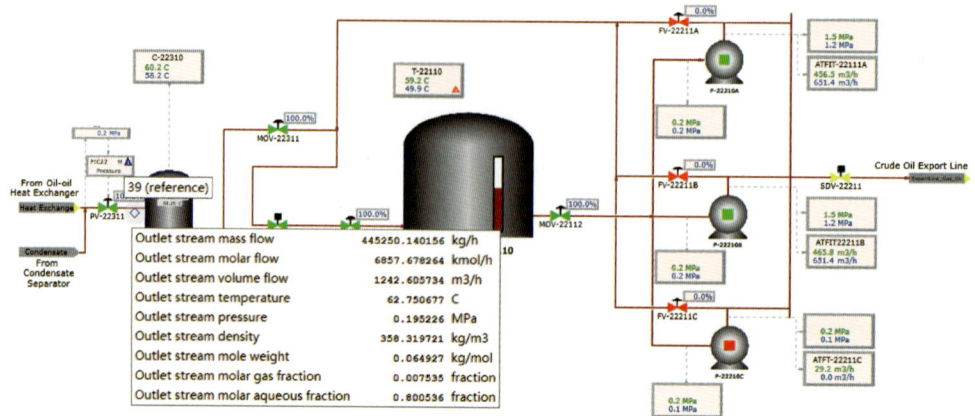

图 3-5-8 虚拟仪表变量实时计算示意图

（3）支持在油田滚动开发中研究和模拟工艺系统新建和扩建的投产试运行方案，直观展示工艺调整、操作的动态过程，并通过科学手段验证方案的可行性。

（4）掌握蜡沉积规律，科学判断清管周期，辅助制订清管作业方案。

三、应用效果

工艺运行动态仿真技术已在中东地区油田得到了应用。通过工艺运行动态仿真技术辅助制订经济合理的生产优化措施，保障高效稳产，降低运行成本，促进节能降耗，保证生产的正常、平稳运行。

第四章
伴生气增压和预处理技术

海外油田地质情况复杂，不同地层原油性质差异大，气油比波动范围大，所产伴生气具有以下特点：

（1）酸气含量高：含硫原油分离出的油田伴生气H_2S含量相对较高，通常会达到1%～15%（体积分数）以上。

（2）重烃含量高：原油伴生气中C_3、C_4含量高，普遍在10%～15%（体积分数），C_5以上重烃含量达到1.5%（体积分数）以上，远高于气田所产天然气重烃含量。

（3）伴生气气量大：由于原油产量大，气油比相对较高，原油集中处理站伴生气产量有的高达$1000\times10^4 m^3/d$以上。

随着海外油田对环保要求越来越高，非洲及中东两伊地区油田伴生气放空烧掉的状况正在改变，天然气放空受到严格控制，伴生气的回收、利用也越来越受到重视。针对伴生气的不同去向，伴生气在原油集中处理站往往需要进行增压、脱水预处理等工艺过程以满足用户的不同需求：伴生气在集中处理站先增压至4～5MPa（表压），进行脱水后，输至下游的伴生气处理厂进一步净化处理或继续增压至12～14MPa（表压），输至各油井进行气举；脱水后的伴生气也可用作天然气发电站的燃料气。本章主要选取伴生气增压和预处理中涉及的几个关键技术进行描述，包括"多种压比压缩机站配置技术""高露点降三甘醇脱水技术""一体化安全防护和事故放空优化技术"。

第一节　多种压比压缩机站配置技术

一、技术描述

油田伴生气根据原油处理工艺的不同，会分离出高、中、低压或负压伴生气，采用压缩机增压是油田伴生气提升压力的常规方式，根据开发方案对应的伴生气量变化、原油处理工艺对应的各级伴生气压力及外输压力等因素，会采用不同排量、不同类型的压缩机。中东地区尤其是两伊地区，气油比相对较高，伴生气产量大，需要进行技术突破，实现伴生气增压处理能力的有效提高。

多种压比压缩机站配置技术是在油田滚动开发和分期建设的基础上，结合油田集中处理站原油处理多级分离的工艺特点，综合考虑各级伴生气物性、分离压力、气量等因素，优化压缩机选型、压缩级数、台数配置及分期建设等，实现压缩机选型配置合理、生产安全可靠并降低建设投资。

多种压比压缩机站配置技术涉及压缩机选型边界条件及配置优化、压缩凝液循环回收：

（1）合理设计分级和梯级增压，优化不同类型压缩机的适应边界条件，指导压缩机选型和压缩机站配置。

（2）通过建立合理的循环流程，将压缩机凝液返回至原油处理系统，解决凝液出路，提高原油收率。

针对不同原油类型和指标要求，原油分离和稳定工艺也不相同，压缩机站配置需要考虑不同气源特点。通过仿真模拟，将增压级制和压力进行组合，以适应不同压力、温度条件下原油分离产生的伴生气；形成含多级多类多种压比的压缩机站配置，包括进出口分离器、级间分离器、压缩机、空冷器、润滑油系统、控制系统和辅助系统等。

对于原油三级分离工艺，原油稳定塔顶低压伴生气经稳定气压缩机增压至二级分离压力，增压后与二级原油分离出的中压伴生气汇合，进中压压缩机增压至一级分离压力，并与一级原油分离出的高压伴生气混合经高压压缩机增压，进行伴生气预处理后外输或供给油田用户。同时，根据压力级制将各级增压凝液分级循环至原油处理设施。有些油田采用原油四级分离工艺，伴生气增压回收流程与三级分离工艺类似，采用逐级串级增压，以减小单级增压压比，便于压缩机选型。

伴生气增压产生的凝液通常输送至下游天然气处理厂进一步处理，无处理厂依托时，通常采用简单常温常压闪蒸，闪蒸气放空，这种方式既不经济也会影响环境，而凝液循环流程可实现多次气液平衡，提高总体分离效率，解决油田开发初期无天然气深度处理装置，凝液无出路的问题，并能提高原油收率。

油田伴生气多压比增压系统典型流程如图 4-1-1 所示。

油田伴生气增压常用机型为离心压缩机、往复压缩机和螺杆压缩机三种类型，其特点如下：

（1）离心压缩机：流量适应范围较宽，具有运行可靠性高和维护工作量小的特点，无润滑油（或密封油）污染，压缩机单机处理量大，机组数量少，体积小，重量轻，安装占地面积小，相比于其他类型压缩机噪声相对较小。在依托条件好的情况下，一般不考虑设置备机。但离心压缩机在低流量负荷时会发生喘振，容易受到转子动力学问题的影响，对气体相对分子质量变化及气流携带的液体都比较敏感。

离心压缩机单级叶轮压比最高可达 1.7，单段多级叶轮压比可达 3~5。图 4-1-2 为离心压缩机典型机械结构图。

（2）往复压缩机：压比适应范围宽，单级压比高，配合回流、余隙调节后流量适应范围宽，具有效率高、操作灵活的特点，对进气压力的变化适应性强，流量变化对机组效率影响小。但往复压缩机对气流携带的液体敏感，会因为流体脉动引起振动问题，存在不平衡力，需要较大重量的基础，噪声较大，与离心压缩机相比，维护成本高，一般需考虑备机。由于单机排量较小，相同处理量时采用往复压缩机台数较多，占地面积相对较大。

往复压缩机压比一般为 3~5。图 4-1-3 为往复压缩机典型机械结构图。

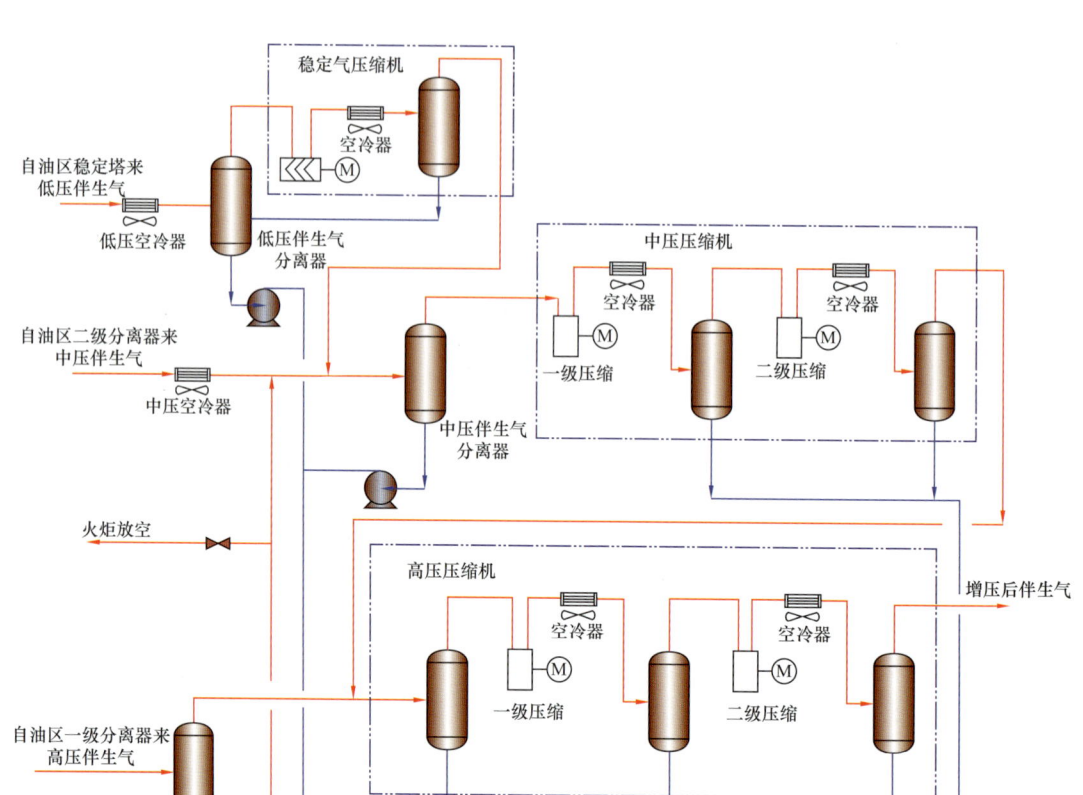

图 4-1-1　油田伴生气多压比增压系统典型流程

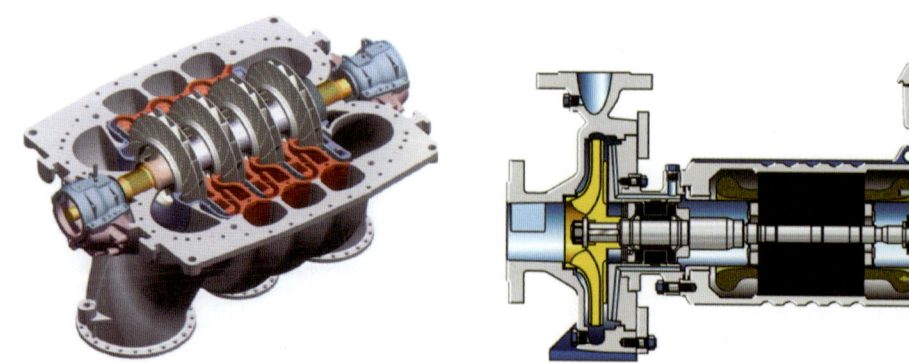

图 4-1-2　离心压缩机典型机械结构图　　　图 4-1-3　往复压缩机典型机械结构图

（3）螺杆压缩机：喷油螺杆压缩机效率高、压比高，无油螺杆压缩机对气体组分的变化及气流携带的液体不敏感，能处理脏污气体；螺杆压缩机采用变频流量调节，适应范围可达30%～100%，配合滑阀调节流量，适应范围可达0～100%；与上面两种类型压缩机相比，体积小、占地面积小、无不平衡力。螺杆压缩机操作可靠性高，维护工作量小。但螺杆压缩机处理量低、出口压力低，噪声较大。同时喷油螺杆压缩机不能处理高含重烃、腐蚀性或脏污气体。螺杆压缩机压比最高可达15。图4-1-4为双螺杆压缩机典型机械结构图。

伴生气压缩机选型通常在确定工作条件的基础上，参考GPSA压缩机选型图谱进行初选，在此基础上结合厂商具体机型确定选型方案。图4-1-5为GPSA压缩机选型图谱。

图4-1-4 双螺杆压缩机典型机械结构图

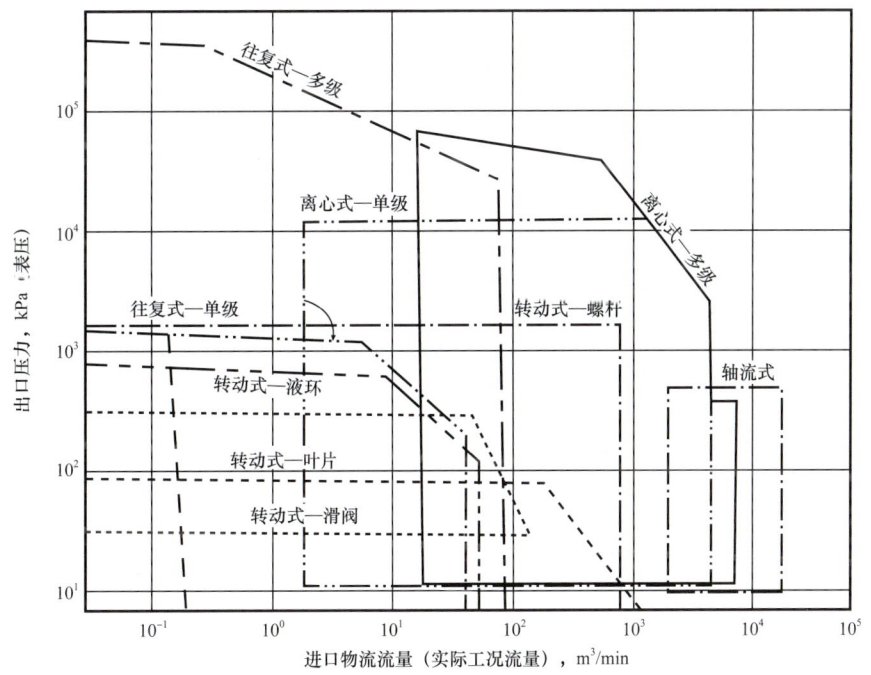

图4-1-5 GPSA压缩机选型图谱

随着油田滚动开发，伴生气产量变化较大，低峰产量有可能仅为高峰产量的10%～20%；海外油田，特别是中东地区油田伴生气中H_2S和CO_2含量大，重烃含量高，并且组分随生产年份波动范围宽，这些因素的组合给压缩机选型带来困难。结合国内外压缩机厂商生产制造能力，优化不同类型压缩机的适应边界条件，指导压缩机选型和压缩机站配置。

结合压缩机特性及运行工况特点，总结压缩机选型及配置原则如下。

（1）各级伴生气增压压缩机选型原则：

① 油田大规模集中开发的原油一级分离伴生气增压，由于排量大、压比适中，通常采用单轴离心压缩机。

② 对于油田滚动开发的原油一级、二级分离伴生气的增压、气举和注气，通常采用排量适中、压比较高的往复压缩机。

③ 螺杆压缩机适用于排量小、压力低的工况，对于原油三级、四级分离或原油稳定所产低压或负压伴生气回收通常采用螺杆压缩机，二级分离伴生气气量较少时也可采用螺杆压缩机。

（2）各级伴生气增压压缩机的配置原则：

① 结合油田开发上产节奏及站场整体布局，确定各站场伴生气分散增压或集中增压。

② 各级增压压力级制的选择应与原油各级分离压力匹配。

③ 不同建设期、不同站场的同类别压缩机，统一规划、分步实施，压缩机型号应尽量统一，以减少维护工作量及备品备件类型和数量。

二、技术特点

（1）优化多种压比增压流程模拟和压缩机站配置，实现增压工艺整体优化。

采用国际先进的仿真模拟软件，搭建不同工况对应的伴生气增压工艺模型，将各级压缩机串联设置，设定相关参数关联逻辑，结合工程实际参数进行调试，实现大规模伴生气多级制增压站工艺优化，降低投资，节省运营费用。其优化配置涵盖油田地面建设工程中对原油三级分离或四级分离后伴生气增压的方案对比分析、工艺模拟计算及压缩机工艺参数确认。

（2）优化压缩机选型边界条件，适应伴生气增压需求。

在优化增压流程的基础上，针对不同类型压缩机的特点优化边界条件，结合国内外压缩机厂商生产制造能力及压缩机匹配原则，指导压缩机选型。优化边界条件后，对于气量波动大的伴生气增压工况适应性更强。

（3）优化稳定气压缩机流程及控制，提高流量适应范围。

原油稳定气增压通常具有入口压力低、气体携液量大、气量范围波动大的特点，推荐采用无油喷液螺杆压缩机，可适应伴生气含液比5‰（实际体积）的工况，压缩机入口不需要设置缓冲分离设施，从而减小入口压降、缩短流程、降低能耗、节省投资。压缩机进口少量喷液来自压缩分离后的冷凝液，可降低压缩机螺杆温度和出口排气温度，降低能耗。同时，与喷冷却水工艺相比，能减缓 H_2S 水溶液引发的腐蚀问题，具有更强的适应性。

无油喷液螺杆压缩机采用变频和回流双控制，气量范围可适应到 0～100%，最大程度降低压缩机能耗。

三、应用效果

多种压比压缩机站配置技术的应用可实现油气多级循环闪蒸气的回收、降低回收能耗，通过设备选型的优化减少设备数量进而减少装置占地。

在中东地区某油田中，该技术结合原油处理三级分离流程及压缩机厂家产品类型，通过国际知名软件仿真模拟，实现了三级伴生气多压比压缩机选型，优化了压缩机站整体配置，应用大排量高压比大功率往复压缩机对一级伴生气进行增压，同时采用无油喷液型负压闪蒸气压缩机回收原油稳定气，降低能耗约35%。

第二节 高露点降三甘醇脱水技术

一、技术描述

水是天然气或伴生气从采出至用户的各个处理或加工步骤中最常见的杂质组分，一般认为所含水分只有当其以液态存在时才是有害的，因而工程上常以水露点来表示天然气含水情况。游离水的出现，会降低管道输气量，并增加不必要的动力消耗；同时液相水与 CO_2 和/或 H_2S 接触后会生成具有腐蚀性的酸性介质，气体中酸气含量愈高，腐蚀性也愈强；另外湿天然气在一定条件下形成固体水合物，导致输气管道或其他处理设备堵塞，给储运和加工造成很大困难。油田地面工程建设中，原油集中处理站的伴生气有时需要直接增压输送至下游天然气处理厂集中处理，或者输至油井做气举气，用以提高原油产量。为减轻伴生气中所含水分对管输过程的危害，油田伴生气设有预处理装置对伴生气进行集中脱水预处理，使之达到规定的指标后才进行输送。

预处理后的伴生气进行输送，一般脱水深度要求如下：

（1）对于脱水后直接输送至下游天然气处理厂集中处理的伴生气，在交接点压力下，水露点应比输送条件下最低环境温度低 3～5℃。

（2）对于脱水后输送至油井用作气举气的伴生气，在气举压力波动范围内，水露点比最低气举压力下的操作温度低 3～5℃。

三甘醇脱水工艺是目前油田常用的预处理脱水方式，该工艺为非深度脱水，一般水露点降可达到 30～50℃。海外天气炎热，水资源匮乏，油田伴生气增压通常采用的是空冷冷却的方式，夏季冷却后的伴生气温度有时高达 60℃ 以上。因此，单一三甘醇脱水工艺难以满足伴生气脱水水露点降要求，结合海外油田环境夏季高温干燥、湿球温度低的特点，采用表面蒸发空冷和三甘醇脱水工艺的组合设置，可提高天然气水露点降，满足伴生气外输要求。

三甘醇脱水工艺为吸收法脱水，通过亲水的三甘醇与天然气在吸收塔内逆流接触，天然气中的水分被三甘醇吸收而达到脱水目的，三甘醇则通过加热进行再生循环利用。该脱水工艺与分子筛脱水工艺比较起来，具有能耗小、投资低、操作费用低的优点，缺点是水露点降较小，适应性稍差。

三甘醇脱水装置主要由吸收系统和再生系统两部分构成，工艺过程的核心设备是吸收塔。天然气脱水过程在吸收塔内完成，再生塔完成三甘醇富液的再生操作。

三甘醇脱水装置的气源为原油集中处理站压缩空冷后的伴生气，伴生气经过滤或聚结分离后从吸收塔底部进入，与从顶部进入的三甘醇贫液在塔内逆流接触，脱水后的天然气从吸收塔顶部离开，三甘醇富液从塔底流出经减压后进入再生塔上部换热盘管加热后进入闪蒸罐，闪蒸气进入燃料系统；闪蒸后的富液通过机械过滤器和活性炭过滤器去除其中的机械杂质和降解产物，过滤后的富液进入甘醇贫/富液换热器与贫三甘醇换热后，进入三甘醇再生塔，与来自重沸器的蒸气逆流接触而得到部分提浓。在重沸器内，富液被加热，除去其中绝大部分水分。随后，三甘醇溶液经贫液精馏柱进入缓冲罐，与自下而上的气提气逆流接触而使三甘醇进一步提浓。再生后的三甘醇经过甘醇贫富液换热器冷却后，经甘醇循环泵进入吸收塔顶部循环使用，再生塔顶部的尾气进尾气分液罐，分出的尾气进入收集系统或直接放空，分离出的水送至闭排系统。典型的三甘醇脱水工艺流程如图 4-2-1 所示。

三甘醇脱水工艺要求天然气进吸收塔温度为 15～48℃。若温度太低，三甘醇会变得黏稠，导致塔盘效率降低；若进气温度过高，则会增加吸收塔的脱水负荷，三甘醇气化损失增加，同时较高的进气温度也会使天然气中重烃含量增加，提高三甘醇的发泡风险。因此，伴生气进塔温度应保持在适宜范围，有利于吸收塔的稳定操作。

原油集中处理站的油田伴生气在进入三甘醇脱水装置之前，一般需要集中增压、风冷冷却，由于昼夜温度变化范围较大，空冷器通常会设置变频电机，将伴生气进吸收塔温度控制在恒定数值，但受干空冷器设备本身限制，在夏季工况下，冷却后的伴生气温度会接近 60℃，需在吸收塔前增设预冷设施，降低伴生气进塔温度至适宜范围。

三甘醇脱水的预冷工艺有表面蒸发空冷、外加冷源和冷却循环水预冷工艺。

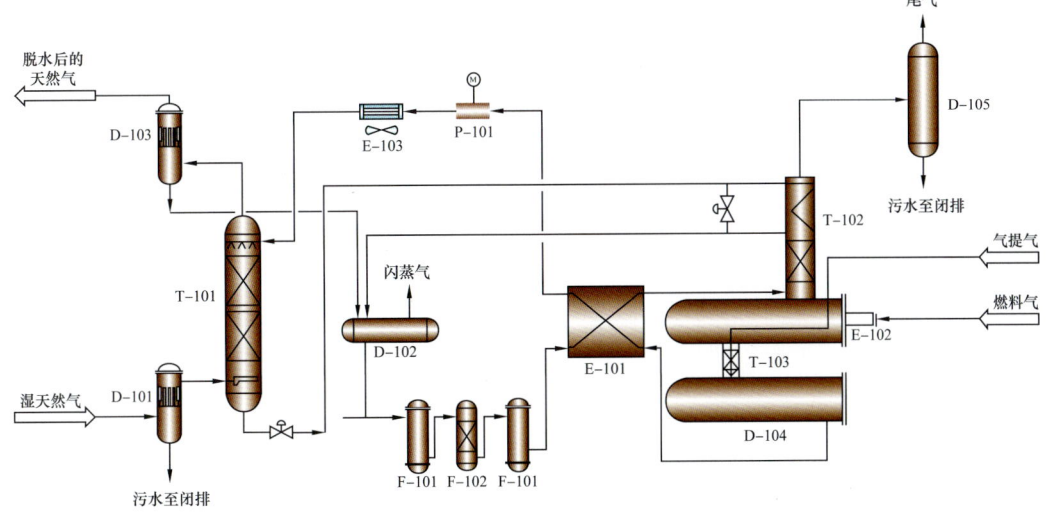

图 4-2-1　三甘醇脱水工艺流程简图

注：D-101 为原料气过滤分离器；D-102 为三甘醇闪蒸罐；D-103 为干气过滤分离器；D-104 为甘醇缓冲罐；D-105 为尾气分液罐；E-101 为甘醇贫富液换热器；E-102 为再生塔重沸器；E-103 为甘醇贫液冷却器；F-101 为机械滤芯过滤器；F-102 为活性炭过滤器；T-101 为吸收塔；T-102 为再生塔；T-103 为气提段；P-101 为甘醇循环泵

（1）表面蒸发空冷预冷工艺采用表面蒸发式空冷器，适用于海外高温、干燥的气候环境，可将天然气冷却至接近湿球温度，具有投资低、换热效率高的优点。

（2）外加冷源的预冷工艺借助丙烷、氟利昂等冷剂，通过制冷压缩机、冷凝器、蒸发器等辅助设施将天然气冷却至设定温度，具有运行可靠、受环境制约小的优点，缺点是系统复杂、投资高。

（3）冷却循环水预冷工艺通过冷却塔、循环水泵、冷却管网等设施，将天然气冷却到 40～45℃，该工艺受环境影响较小，但冷却温位相对较高，系统较复杂，投资较高。

基于原油集中处理站一般无循环水利用的现状，结合夏天干燥高温的环境特点，在三甘醇吸收塔前端设置表面蒸发式空冷器作为预冷设施。

表面蒸发空冷器结构如图 4-2-2 所示。

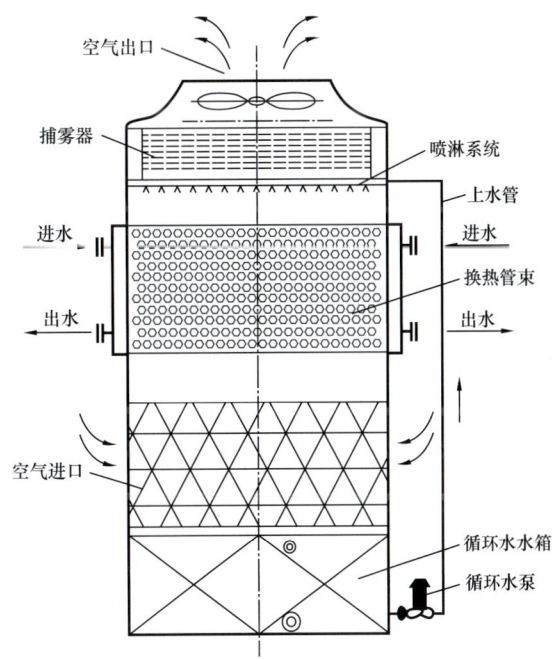

图 4-2-2　表面蒸发空冷器结构简图

表面蒸发空冷器的工作原理是通过传热管管外水膜的蒸发强化其管外传热。其工作过程是将水箱中的循环冷却水由泵输送到喷淋装置，由喷淋装置将冷却水喷淋到传热管（光管）表面，将连续均匀的薄水膜覆盖在传热管外表面；空气由轴流风机从设备下部向上吸入，掠过水平放置的光管管束，从而增大管外传热。通过表面蒸发空冷器后，伴生气温度可降至接近当地湿球温度。

表面蒸发空冷器作为三甘醇脱水的预冷设施，可将压缩机出口干空冷器后的伴生气温度稳定在40℃以下进三甘醇吸收塔，克服了干空冷器在夏季极端气温下的性能瓶颈，加强了三甘醇脱水装置的运行稳定性。

二、技术特点

（1）采用表面蒸发式空冷器有利于提高换热效率，改善脱水效果。

蒸发式空冷器将水冷与空冷、传热融为一体，具有冷却效果好、占地面积小和节能节水的优点，特别是针对海外油田环境气温高热、水源缺乏的特点，采用蒸发式空冷，能够提高换热效率、节约装置投资。

（2）采取有效措施，提高脱水系统运行的安全可靠性。

①改善蒸发空冷器管程结垢、腐蚀，提高设备使用寿命。

由于各地气温、水质、介质温度及各装置周围空气中的杂质成分不同，表面蒸发空冷器运行一段时间后，在光管管束的换热管表面会产生不同程度的结垢和腐蚀。为防止管束腐蚀、结垢和形成黏泥，应对水质定期检验，并采取加药、换水等有效措施，减缓腐蚀结垢，提高设备使用寿命。

②注入消泡剂、缓释剂防止脱水系统发泡、腐蚀。

由于原油伴生气重烃含量较高，三甘醇吸收塔发泡趋势较严重，伴生气中 H_2S 的存在也会污染三甘醇，增加三甘醇损耗和系统腐蚀。在三甘醇回收系统中注入消泡剂、缓蚀剂能提高脱水系统操作稳定性。

三、应用效果

表面蒸发空冷与三甘醇脱水组合控制天然气水露点工艺在海外油田伴生气外输、气举气输送前的脱水装置中应用效果良好。海外某油田气举项目中，夏季最高气温达55℃，湿球温度29℃，通过采用该组合工艺，三甘醇脱水后干气的压力水露点达到 -20℃，整体天然气露点降达到70℃以上，满足气举气外输要求并且降低了极端工况下水化物形成的风险。图4-2-3为海外某油田伴生气表面蒸发空冷和三甘醇脱水工艺装置。

图 4-2-3　海外某油田伴生气表面蒸发空冷和三甘醇脱水工艺装置

第三节　一体化安全防护和事故放空优化技术

一、技术描述

油田集输及站场放空主要有投产时的放空、设施检修维护时的放空、定压系统的超压放空及意外事故情况下的泄压放空等。不同的放空目的，泄放气量差距很大，设施检修维护时的放空气量可以人为控制在较小的规模，而意外事故的泄压放空则必须在规定的时间内满足泄放压力和泄放量的要求。

目前已建或正在开发的海外油田大多含有 H_2S，排放气体都属于易燃、易爆、有毒和有害气体。为了防止事故发生，保证设备和人身安全，油田站场主要依靠放空火炬系统来实现安全泄放。油田地面工程安全放空系统通常采用全量事故放空设计放空系统，放空管网和火炬设计规模较大。一体化安全防护和事故放空优化技术根据油田地面工程不同处理工艺，在满足法律法规和规范的前提下，通过优化组合，遵循"严把源头""设计优化""错峰削量"等原则，最大限度地减小火炬设计规模，进而降低工程投资。

放空系统主要包括四个部分：放空系统源头、放空收集系统、分离系统和火炬系统。

（1）放空系统源头包括压力安全（泄放）阀、爆破片、紧急自动泄压阀、人工泄压阀、检维修放空、定压放空阀。

（2）放空收集系统由主汇管和支管组成，它们收集各个来源并将合并的气体送往分离系统和火炬系统。

（3）分离系统的作用是去除排放到火炬收集系统中的液体。火炬分液罐是火炬系统的重要组成部分，每根火炬排放总管都应设分液罐，以分离气体夹带的液滴或可能发生的两相流中的液相。

（4）火炬系统的用途在于把可燃、有毒、腐蚀性的泄放气体通过燃烧转化为危害较小的产物后排放。海外油田多含有 H_2S，需考虑火炬熄灭时有毒气体扩散及可燃气体爆炸极限的问题，因此通常采用的都是高架火炬。

一体化安全防护和事故放空优化技术旨在对站场所有泄放源的各种放空工况进行梳理、整合归纳后，研究不同放空工况下泄放压力、温度、速率的变化趋势，采取可靠的措施控制放空速率，确保安全、有效放空。

按照泄放压力等级、泄放温度设置相应放空系统，高低温介质错峰排放，最大程度上消除冷热气体相混可能产生的冻堵问题；同时与站场紧急关断系统（ESD）紧密相连，采用"先关断再放空"的设计原则，与站场紧急关断系统等级（ESD Level）相辅相成，分别模拟稳态条件和动态条件下站场放空的过程，对各层级的放空工况进行全面深入的分析和计算，依次确定各层级最大放空气量，逐级研究削峰可能性；在防火分区的基础上，进行分区泄放，可避免全量事故放空，从而优化放空管网和火炬规模。

二、技术特点

（一）结合全场紧急关断等级，逐级进行安全放空分析

目前，油气处理站场紧急关断系统（ESD）一般按照四级或五级关断来设计，其中零级和一级关断是针对特殊工况采取的安全措施，紧急关断阀主动关断隔离并自动联锁紧急泄压阀打开放空泄压，而二级、三级、四级关断是针对异常工况采取的安全措施，常规做法是紧急关断阀主动关断隔离，实现停产保压。

油田场站事故基本有：地震洪灾等自然灾害；火灾、燃气大面积泄漏，外输系统意外关闭（下游压缩机停机、外输管线破裂、出口阀门意外关闭），公用系统故障（仪表风故障、全厂停电），超压（高低压调节阀故障、换热器管破裂），压缩机等重要设备停机（机械故障）等工况。

不同事故同时发生的概率较小，不能以不同事故的放空进行叠加，应整体按照全场关断等级，逐级进行分析，最大化优化放空系统的设计能力。

结合 ESD 关断层级，不同层级下事故工况对应的放空系统分析如下。

1. ESD-0

ESD-0 代表最高装置保护级别，即弃厂，也可以将其定义为全厂紧急关断。如果发生战争、地震、空袭、洪水和恐怖袭击中的任何一种情况，则只能手动激活 ESD-0 级关断。ESD-0 系统会启动相应声光报警和公共广播报警，整个工厂将被关断泄压后废弃。

（1）除储罐密封气和火炬吹扫气外，其余设施关停。保留密封气系统正常运行以防止空气进入储罐。

（2）关闭所有紧急切断阀。

（3）关停除火炬系统外的所有动设备。

（4）关停所有明火设备。

（5）主动打开紧急泄压阀放空泄压。

2. ESD-1

ESD-1 为关断层级的第二高级别，也可以将其定义为工艺紧急关断或者确认的火灾、火气探测报警引发的关断。该级紧急关断会关停整个工厂、公用系统（仪表风系统、氮气系统、消防系统、应急电源和柴油系统）和生活系统（新鲜水系统）正常运行。ESD-1 关断也可以是 ESD-0 的级联关断。

如果出现以下任一情况，将触发 ESD-1 关断。

1）手动启动

确认火灾、火气探测报警、确认工艺控制系统故障等。

（1）关闭所有紧急切断阀。

（2）关停除火炬、仪表风氮气、电站系统外的所有动设备。

（3）关停所有明火设备。

（4）选择性主动打开紧急泄压阀放空。

（5）ESD-1 系统会启动相应声光报警和公共广播报警。

在确定火灾或气体泄漏事故发生时，应该根据现场装置布局，从多个保护系统中估算可能产生最大泄放量的火灾区域，可以用火圈来确定最大的泄放量：对于每个火圈，总放空负荷等于火圈全部覆盖或部分覆盖的所有受保护系统的紧急泄压阀泄放流量加和，或安全阀火灾工况的泄放量加和，以较大者为准。

2）自动启动

ESD-0 的级联关断、仪表风压力低低、火炬分液罐液位高高、电站关停、蒸汽系统故障、冷却水系统故障等。

（1）关闭所有紧急切断阀。

（2）关停除火炬、仪表风氮气、电站系统外的所有动设备。

（3）关停所有明火设备。

（4）ESD-1 系统会启动相应声光报警和公共广播报警。

以下为 ESD-1 关断层级中导致工艺关断的几个原因：

（1）仪表风故障：全厂仪表风故障产生的总放空量是连接至火炬的所有受保护系统的仪表风故障泄放负荷加上所有可能的控制阀泄放负荷的总和。仪表风故障不应该导致火炬系统的最大泄放负荷。如果产生了较大的负荷，则应质疑泄放负荷最大来源装置的失效位置，或以其他方式改变其泄放负荷。为避免多个紧急泄压阀同时发生故障打开，以及产生超过放空容量的负荷，应考虑设置就地仪表空气储罐或气瓶。

（2）失电：由于失电引发冷却水系统失效或仪表风系统故障，应确定因电力故障而打开的控制阀排放至火炬可能导致的放空负荷。例如，由关闭电动压缩机引起的压力控制阀自动泄放。全厂电力故障产生的放空总负荷是连接至火炬的所有受保护系统的电力故障泄放负荷加上所有可能的控制阀泄放的负荷总和。

（3）蒸汽系统故障：全厂蒸汽故障产生的放空总负荷是连接至火炬的所有受保护系统的蒸汽故障泄放负荷加上所有可能的控制阀泄放的负荷总和。

（4）冷却水系统故障：冷却水系统故障导致的最大放空负荷通常是由电力故障、蒸汽故障或电力和蒸汽故障同时引起的，并且已经包含在这些故障的分析中。

3. ESD-2

ESD-2 关断对应处理列级别，处理列入口压力高高、处理列入口液位高高等。ESD-2 也有可能是 ESD-1 的级联关断。

（1）打开该列所对应的紧急切断阀。

（2）关停该列所对应的所有动设备。

（3）根据后果，选择性将气体系统泄压。

（4）ESD-2 系统会启动相应声光报警和公共广播报警，并触发 ESD-3 关断。

ESD-2 的最大放空负荷通常是由以下三种工况下的最大量决定：单列的全量定压放空阀、列关断时紧急泄压阀的放空量加和或者某个原因引起的安全阀泄放，计算时需要结合上下游的配置对此工况进行分析。

4. ESD-3

ESD-3 关断对应处理单元级别，有可能是 ESD-2 的级联关断。

自动启动：ESD-2 的级联关断、处理单元入口压力高高、处理单元入口液位高高等。

ESD-3 系统会启动相应声光报警和公共广播报警，并触发 ESD-4 关断。

ESD-3 的最大放空负荷通常是由以下三种工况下的最大量决定：单元的全量定压放空阀、单元关断时紧急放空阀的放空量加和或者某个原因引起的安全阀泄放，需要结合上下游的配置对此工况进行分析。

5. ESD-4

ESD-4 等级是最低关断等级，只关停某一设备。它可以由设备保护系统自动触发，或由操作人员通过按钮手动触发。

可触发 ESD-4 关断的因素有：泵吸入压力低低、振动保护、过载保护等。

ESD-4 系统会启动相应声光报警和公共广播报警。

ESD-4 的最大放空负荷通常是由某一设备的全量定压放空阀的放空量，或者某个原因引起的安全阀泄放，需要结合上下游的配置对此工况进行逐一分析。

（二）引用"火圈"概念，合理划分火区，错峰泄放，降低站场总放空量

火情出现时，启动一级关断，关断全厂的进出管线，放空在厂内进行。由于放空为瞬间动作，压力的降低意味着放空气量减少，初期量较大，末期量较少，所以放空时不能同时打开厂内所有紧急减压阀，可采取一定的措施来降低初期瞬时放空量，避免造成泄压阀最大放空气量的叠加。

本技术采取以下措施：

（1）较为精确模拟各管系的放空时间，在满足泄放时间及泄放压力的条件下尽量选用较小的放空阀。

（2）根据定量风险分析报告（QRA）和火灾安全分析报告（FSA），将站场划分为若干火区。火区划分宗旨在于限制可信事件的后果，在火灾、可燃气体泄漏或爆炸事故情景下能保证其自身完整性且不影响其他区域，但并非旨在避免可信事件的发生。根据各单元装置处理物料的属性，建立泄漏、火灾爆炸事故的情景模型，核算池火、喷射火等火灾事故时热辐射影响半径、爆炸冲击波超压等高线影响范围，根据业主可接受安全阈值，划分的确定火区内外可能影响的范围和程度。在 API Std 521《泄压和减压系统》中只规定了火圈范围为 230~460m^2，需要根据不同的火圈辨识出单个火区最大泄放量。

（3）以火区划分结果作为输入依据，根据火灾影响的严重程度，放空顺序按照以下原则：着火区域及辐射热影响区域第一时间泄放，压力高、介质危害性强的区域次之，最后是低温区域泄放，做到"着火区域先放，影响区域一起放，高低温尽量互不影响"。错峰放空的顺序可能会因为发生事故设备不同而异；处于同一防火分区的紧急泄压阀同时打开，一般不允许阶梯泄放。图 4-3-1 为火区和火圈划分简图。

对于新建站场，顺序泄放可有效减小放空规模和火炬系统尺寸；对于已建站场，该技术通常用于在现有放空和火炬系统能力范围内合并其他新建紧急泄放量。

（三）借助仿真模拟软件，进行事故动态放空模拟和敏感性分析，优化放空能力

采用仿真模拟软件进行动态模拟，对单个泄放源的泄放进行动态分析，从根本上优化泄放源的泄放量；在此基础上，对整个管网系统合理划分防火分区，采用顺序泄放和动态模拟，最大程度上降低放空系统处理量，优化设计，节省投资。图 4-3-2 为仿真软件模拟图。

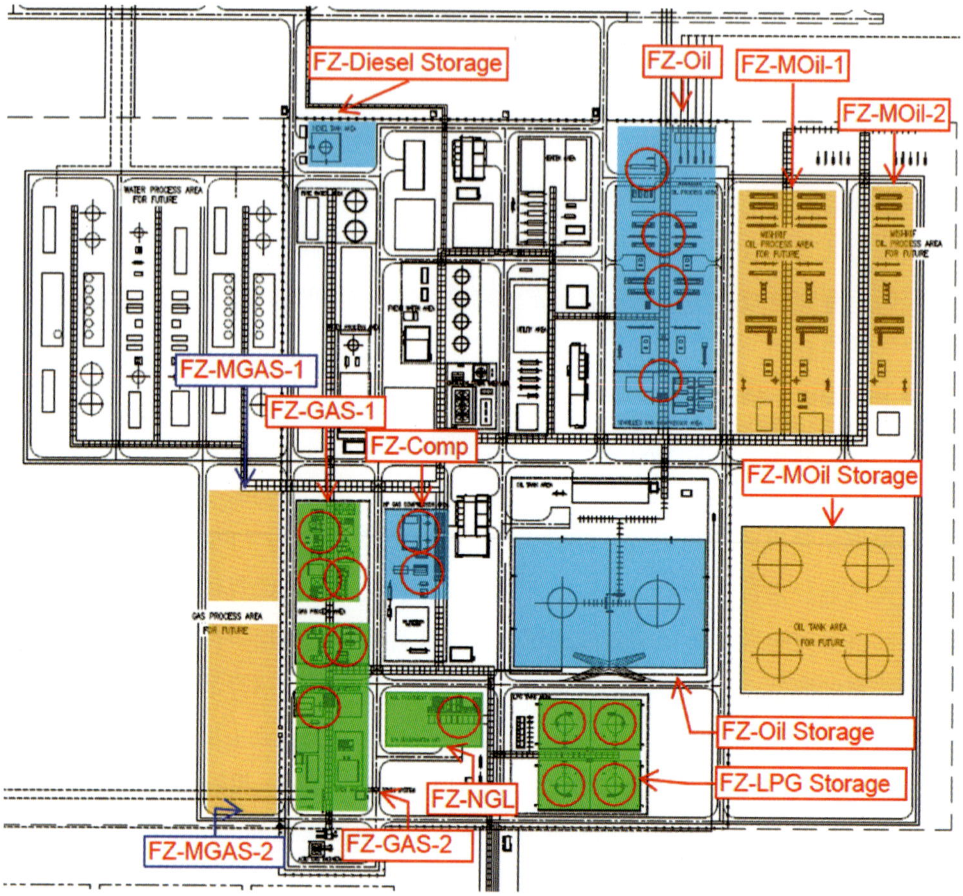

图 4-3-1　火区和火圈划分简图

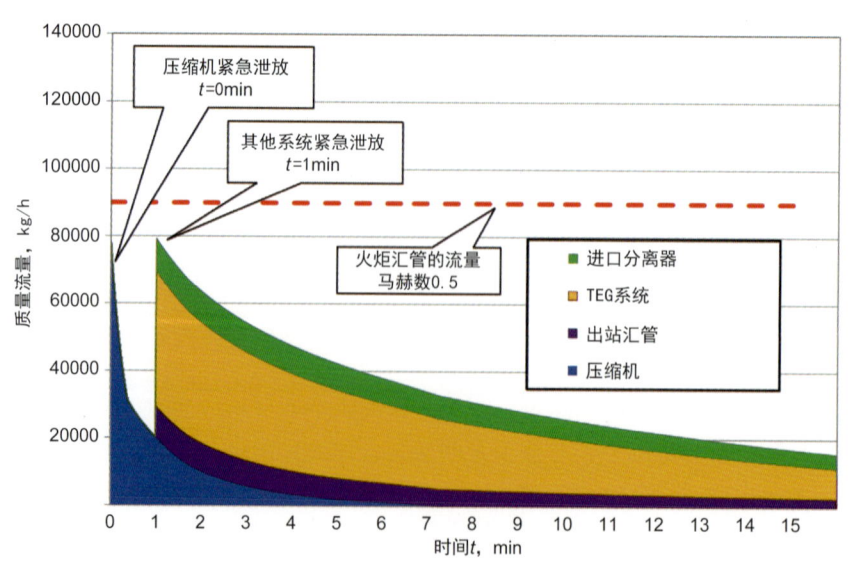

图 4-3-2　仿真软件模拟图

三、应用效果

一体化安全防护和事故放空优化技术适用于油田从井口到站场全流程安全防护。油气联合建站后直接导致整个放空系统所担负的排放装置多、排放量大、放空介质物性复杂等，如海外油田某项目泄放到放空系统中的介质温度和压力波动变化大，泄放温度从 $-120℃$ 到 $180℃$，压力从 3kPa 到 8600kPa，紧急泄压阀（BDV）数量众多。若考虑全场紧急泄压阀同时泄放，泄放量将达到 $1820×10^4 m^3/d$，放空系统规模非常大。同时冷热放空介质同时排放，火炬管网存在冰堵损坏的风险。采用本技术后，根据定量风险分析报告（QRA）和火灾安全分析报告（FSA），将站场划分为若干火区，采取分区依次错峰放空。根据泄放流体的特性，分级设置高、低压、低温放空系统，结合全场关断等级，在保证本质安全的前提下，进行合理的减量、削峰，最终火炬泄放量优化为 $700×10^4 m^3/d$，降低了系统投资。

第五章

采出水处理及注水技术

油田采出水主要来源于油气分离器分离水、电脱水/电脱盐洗盐水及系统中回收的含油废水。随着国际社会对环保及对水资源再生利用的日益重视，采出水未经达标处理不允许排放。海外油田往往要求将采出水进行一定处理，并回注至地下，用于稳定油藏地层压力，维持油田的稳产高产。因此，对采出水进行必要的处理，使之满足对应地层注水的要求是采出水处理的主要目的。

为了满足不同油藏地层的注水要求，需要对采出水水质进行大量的数据采集及分析，针对不同的水质组分，遴选合理的处理方式。海外油田为了进行有效的注水，稳定地层压力，主要的注水水质控制指标包括含油量、悬浮固体含量、悬浮物固体粒径。由于回注水回注至的是油藏地层，需要确保不堵塞油藏地层喉道以保证油藏正常生产。一旦高含量的油或者大颗粒的悬浮物被携带回注地下，极有可能对油田的开发产生不可逆转的损害。因此，除油、除悬浮物、控制悬浮物固体粒径是油田注水水质最重要的控制指标，其余指标例如含硫、腐生菌及硫酸盐还原菌等都是对确保上述三个指标的辅助指标。海外部分油田注水指标严苛，颗粒粒径2μm及以上的悬浮物去除率要达到80%，在国内外同类水处理中属于苛刻要求。

海外油田采出水不仅含有原油，而且还溶解了地层中的各种盐类和气体，例如在中东地区的部分油藏中就发现，有些采出水含有大量的CO_2，有些采出水含有H_2S；油层中携带出的悬浮固体及原油处理和采出水上游投加的各类化学药剂也是采出水中常见的杂质。海外油田分布广泛，不同地区地质条件差异较大，采出水成分多样且复杂，尤其是中东地区采出水一般具有高矿化度、高含Cl^-的特点，对金属腐蚀有一定的影响，特别是水中含氧对腐蚀具有明显的促进作用，一旦产生大规模的腐蚀，不但会发生管道穿孔泄漏事故，还会发生因为金属腐蚀产生的悬浮物堵塞油藏地层喉道的恶性事件，这导致部分油田要求含氧量低于0.02mg/L，因此隔氧、除氧是海外油田采出水处理中需要重点考虑的技术因素。

海外油田采出水处理另外一个特点是规模大。油田原油产量高、采出水处理规模较大，结合运输、占地及投资的因素，提高单台设备的处理能力可有效降低设备数量及工程投资。因此，大型高效的水处理设备及高效的水处理药剂也是海外采出水处理技术的重点关注方向。在海外油田应用的单列单台气浮处理量高达2300m³/h，单列单台立式过滤处理量高达460m³/h。

在海外某些地区，海水经处理后作为注水补水水源。注海水工程一般除了控制悬浮物含量和粒径之外，还有对硫酸根含量的要求。在海水高矿化度、高含盐的环境下，高含氧量的海水会对注水管道及设备产生严重腐蚀，因此海水注水水源往往需要进行深度脱氧。

根据采出水污染特性及出路，采出水处理主要采用除油、除悬浮物等技术手段，以及对含油污泥进行减量化和无害化处理，以减少污泥对周围环境的影响，满足环保要求；并通过注水技术提高油田原油采收率,维持地层压力从而维持油田稳产。本章主要讲述海外油田采出水处理及注水中常用的"采出水除油技术""采出水除悬浮物过滤技术""含油污泥处理处置技术""油田注水系统优化技术""注水水源深度脱氧技术""密闭隔离控制技术"。

第一节 采出水除油技术

采出水除油是通过油水分离技术将采出水中的游离油、浮油、分散油、部分乳化油等去除的工艺过程,包括混凝沉降除油、斜板(管)除油、聚结除油(粗粒化)等重力除油技术,以及浮选除油处理技术。采出水除油技术的最主要应用目的是通过采出水除油技术将采出水处理到可以排放或注水的水质要求。

一、沉降分离技术

(一)技术描述

沉降分离技术属于物理法除油,是一种重力分离技术,利用油水密度的不同,在重力作用下,一定直径以上的油珠上浮,而相对密度较大的水下沉,从而达到油水分离的目的,以较为简单的方式去除水中的油,这种方法比较成熟,在海外油田中被广泛应用。但是值得注意的是,采出水中的含油分为油珠粒径大于100μm的浮油、粒径为10~100μm的分散油、0.001~10μm的乳化油及粒径更小的溶解油;同时常含有大量稳定的胶体、乳化状态的杂质。浮油及分散油在足够的停留时间内,可通过重力进行分离;但是乳化油及胶体杂质不易通过重力进行静止分离,通常需要通过投加化学药剂对其进行脱稳或破乳形成絮凝体,然后再利用油和水的密度差使油珠上浮,悬浮物沉降,达到污油和悬浮物与水分离的目的,这个过程称混凝沉降。溶解油一般不作为油田采出水的主要处理对象。

沉降分离技术中常用的分离装置是沉降罐。沉降罐按照是否加药可分为自然沉降罐和混凝沉降罐,常用形式为立式罐。混凝沉降罐的主要原理是利用油、悬浮固体和水的密度差,依靠重力进行分离;在其进水管上投加水质净化剂,帮助实现分离过程。自然沉降罐和混凝沉降罐示意图如图5-1-1和图5-1-2所示。沉降罐重力除油工艺一般分为两级,第一级采用自然沉降罐,去除浮油、悬浮物中较大的固体颗粒,同时还具有均衡水质和水量的作用,罐内设有浮动收油设施,及时回收污油;第二级的混凝沉降罐主要去除对象是油田采出水中的微小颗粒浮油、乳化油、分散油等,通过投加水质净化剂形成絮凝体,在重力作用下使油珠从水中分离。

混凝剂具有破坏胶体稳定性并促进胶体颗粒相互黏结絮凝的功能。混凝剂可分为无机

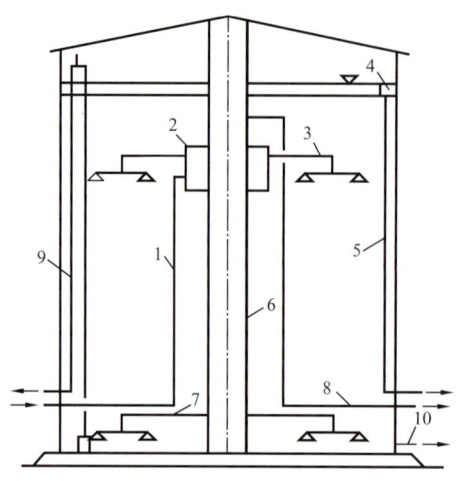

图 5-1-1 自然沉降罐示意图
1—进水管；2—配水室；3—配水管；4—集油槽；
5—出油管；6—中心柱管；7—集水管；8—出水管；
9—溢流管；10—排污管

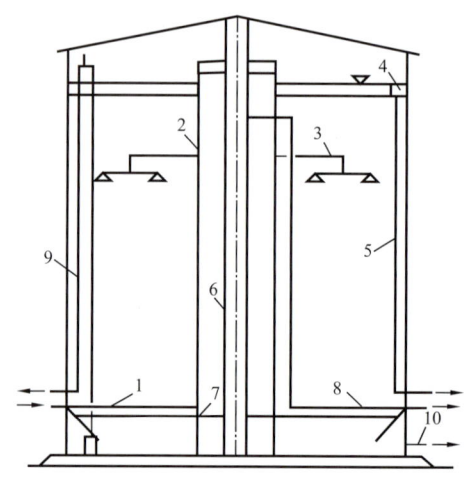

图 5-1-2 混凝沉降罐示意图
1—进水管；2—中心反应筒；3—配水管；4—集油槽；
5—出油管；6—中心柱管；7—集水管；8—出水管；
9—溢流管；10—排污管

和有机两大类。常用的混凝剂是铝盐、铁盐及高分子絮凝剂。在海外项目中，因高分子絮凝剂具有絮凝能力强、投量少、絮凝沉淀速度快等优点，应用较为普遍。在此过程中，通常辅以投加助凝剂以提高混凝效果。助凝剂本身不起凝聚作用，但是可以提高絮凝体的强度，增加其密度，促进沉降。混凝剂在混凝沉降技术中扮演着重要的角色，是混凝沉降技术区别于自然沉降技术的重要不同点。传统意义上的混凝剂分为无机混凝剂及有机高分子絮凝剂两种。无机混凝剂按照其中的阳离子类型分为铝盐系列和铁盐系列。铝盐混凝剂中应用比较广泛的是硫酸铝和氯化铝，随着技术的逐步完善，目前开发的铝盐无机高分子混凝剂多采用聚合氯化铝。铝盐混凝剂形成的混凝絮体较大，但结构松散，沉降分离速度较慢；铁盐系列形成的絮体密实，但是絮体较小，吸附作用较差。有机高分子絮凝剂目前应用最为广泛的是聚丙烯酰胺类化合物。

中东地区采出水含盐高、水温高、Cl^- 含量高，例如两伊地区、科威特及阿拉伯联合酋长国多数油田矿化度高达 200000mg/L 以上，并含有 H_2S、CO_2 等腐蚀性气体和硫酸盐还原菌等，在含氧的条件下，腐蚀情况十分严重。对油田采出水进行密闭隔氧也是保证油田采出水系统长期安全生产的重要措施。

（二）技术特点

沉降分离技术在陆上油田应用较为普遍，介质在立式除油罐内停留时间较长，一般为 3～4h，罐容积可在 300～3000m³，立式罐直径较大，占地面积较大，一般施工周期较长。立式除油罐设置常规液位显示与报警，可通过内部机械构造实现液位维持在一定高度，控制要求较低，自动化水平低。因介质停留时间长，对原水含油量变化适应性较强，抗冲击能力强,运行平稳,处理效果稳定,运行费用低。内构件固定在罐内,维修、更换较为复杂。为适应高矿化度采出水水质特点,内部的集水、布水系统宜采用玻璃钢等非金属管材。该技术广泛应用于采出水处理系统中的第一级处理阶段。

(三)应用效果

沉降分离技术及产品广泛应用于中东伊拉克、伊朗,非洲乍得、尼日尔、利比亚等国家的油田中,不同的油田采出水中入口含油量差别较大,采用此技术运行稳定且大大减少现场操作工作量,出口含油量及悬浮物含量去除效果明显。该技术主要用于去除水中大于50μm的油滴,在进口含油为800~1000mg/L,悬浮物含量为200~400mg/L的情况下,出水含油一般小于100~200mg/L,悬浮物为100~200mg/L;油的去除率一般为80%,悬浮物的去除率一般为50%以上。图5-1-3为中东地区某油田除油罐区。

图5-1-3 中东地区某油田除油罐区

二、斜板(管)除油技术

(一)技术描述

斜板(管)除油的基本理论是"浅池理论",该理论认为在沉淀池有效容积一定的条件下,重力分离除油设备的除油效率是其水平横断面面积的函数,而不是水深的函数。因而从原理上讲,沉淀池宜采用大的表面积及较浅的水深;减小除油设备的分离高度,可以提高除油效率。在其他条件相同时,除油设备的分离高度越小,油珠颗粒上浮到表面所需要的时间就越短。因此在油水分离设备中加设斜板或斜管,增加分离设备的工作面积,缩小分离高度,可提高油珠颗粒的去除效率。斜板材质要求采用在污水中长期浸泡不软化、不变形、耐油、耐腐蚀的材料。

斜板(管)除油技术应用比较广泛的是斜板除油器(CPI),该技术主要应用在容器内沿水流方向安装的倾斜平行板或波纹倾斜板所构成,容器内波纹斜板呈45°安装,这些斜板可有效地缩短油珠垂直上升距离，使油珠在斜板下表面聚集成较大的油滴，不仅增加了有效分离面积，而且也提高了整流效果。进入斜板除油器的采出水通过配水堰、布水栅后均匀而缓慢地从上而下经过斜板区，油、水、泥在斜板中进行分离，油珠颗粒沿斜板组的上层斜板面向上浮升滑出斜板到水面，通过收油槽收集到污油罐，再送去脱水；泥砂则沿斜板组的下层斜板面滑向集泥区落到池底，定期排除；分离后的水从下部分离区进入上部的出水槽，污水进入下一步工序处理，CPI示意图如图5-1-4所示。

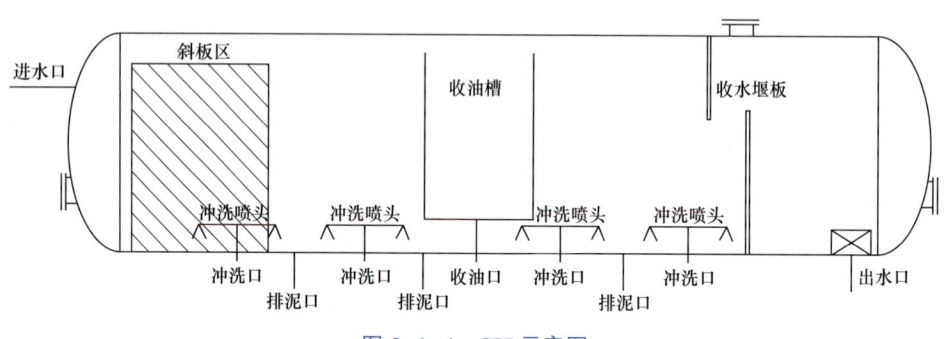

图5-1-4　CPI示意图

（二）技术特点

斜板（管）除油技术充分利用浅池原理，分离高度小，停留时间短，一般小于30min，油水分离效果好，除油效率较高，去除率可达85%以上。同等处理规模的容器尺寸小，占地面积小，投资费用较低；易于实现橇装化分列建设，缩短施工周期。进水设混合反应装置，投药效果好；收油、排泥容易，利用刮油、刮泥方式和泵抽油、抽泥方式收油排泥彻底；斜板一般具有冲洗功能，有效降低斜板污染；因停留时间短，抗冲击能力较差，一般和调节水罐联合使用。斜板除油技术自动控制水平高，可通过设置机械调节堰或是液位计联锁调节阀的方式控制一定的油水分离液位，实现稳定收油功能。斜板除油技术是海外油田广泛采用的一级除油技术，其单台处理能力较强，可以做成压力除油器。

（三）应用效果

斜板（管）除油技术处理效果好，占地面积小，海外油田应用广泛。非洲地区某油田采出水系统中应用调节罐和CPI除油装置作为一级处理方式，减少占地面积，处理效果好，大大降低采出水后续处理设施运行负荷。中东地区某油田应用CPI压力除油器的特点，接收上游油水分离器的采出水，后续设置注水泵从CPI内水腔直接吸水，设置污油泵从CPI油腔内直接吸污油，工艺流程短，设备数量少。同时考虑到系统缓冲时间短，对水量适应性较差的特点，设置系统跨越联锁流程及紧急关断装置，提高系统对瞬时流量变化的适应能力及安全防护能力。该技术主要用于去除水中大于 50μm 的油滴，其去除率可达 85%，在进口含油为 800~1000mg/L 的情况下，出水含油一般小于 100~200mg/L；悬浮物的去除率一般为 50% 以上，在进口悬浮物含量为 200~400mg/L 的情况下，出水悬浮物为 100~200mg/L。

三、聚结（粗粒化）除油技术

（一）技术描述

聚结除油又称粗粒化除油，处理的对象主要是水中的分散油，就是使油田采出水通过一个装有填充物（即粗粒化材料）的装置，在污水流经填充物时，使油珠由小变大的过程。经过粗粒化后的污水，其含油量及污油性质并不发生变化，只是更容易用重力分离法将油去除。

粗粒化的机理一般有两种认识，即润湿聚结理论和碰撞聚结理论。润湿聚结理论建立在亲油性粗粒化材料的基础上。油田采出水中的分散油珠在材料上润湿附着，几乎包围全部粗粒化材料，这样再流来的油珠也更容易润湿附在上面，并不断聚结扩大，形成油膜。由于浮力和反向水流冲击作用，油膜开始脱落，于是材料表面得到一定更新。脱落的油膜到水相中仍形成油珠，该油珠粒径比聚结前的油珠粒径要大，从而达到粗粒化的目的。碰撞聚结理论建立在疏油材料的基础上。无论由粒状的或是纤维状的粗粒化材料组成的粗粒化床，其空隙均构成互相连接的通道，犹如无数根直径很小弯曲交错的微管。当油田采出水流经该粗粒化床时，由于粗粒化材料是疏油的，两个或多个油珠有可能同时与管壁碰撞或相互之间碰撞，其冲量足以使它们合并为一个较大的油珠，从而达到粗粒化的目的。

无论是亲油还是疏油的材料，两种聚结都是同时存在的，只是前者以浸润聚结为主，也有碰撞聚结，原因是污水流经粗粒化床时，油珠之间也有碰撞。后者以碰撞聚结为主，也有润湿聚结，原因是当疏油材料表面沉积油泥时，该材料便有亲油性，自然有润湿聚结现象。因此，无论是亲油材料或是疏油材料，只要粒径合适，都有比较好的粗粒化效果。聚结（粗粒化）除油器示意图如图 5-1-5 所示。

聚结除油技术利用粗粒化原理，采用耐腐蚀性的聚结材料合理级配，有利于油珠长大。分离区可促进细小油珠和固体小颗粒的去除，整套设备采用压力式密闭运行，安全可靠，收油排污方便，自动化控制程度高，水中的固体物质在聚结填料作用下，聚集在一起很快沉积下来，从而使水中的悬浮物大大下降。水流向下移动通过粗粒化材料过滤从而使大部分的油不能通过，聚结在粗粒化材料的表面，随着油滴的增大而上浮。水流继续由下向上通过聚结模块使细小的油粒继续上浮，去除污水中的细微油粒。

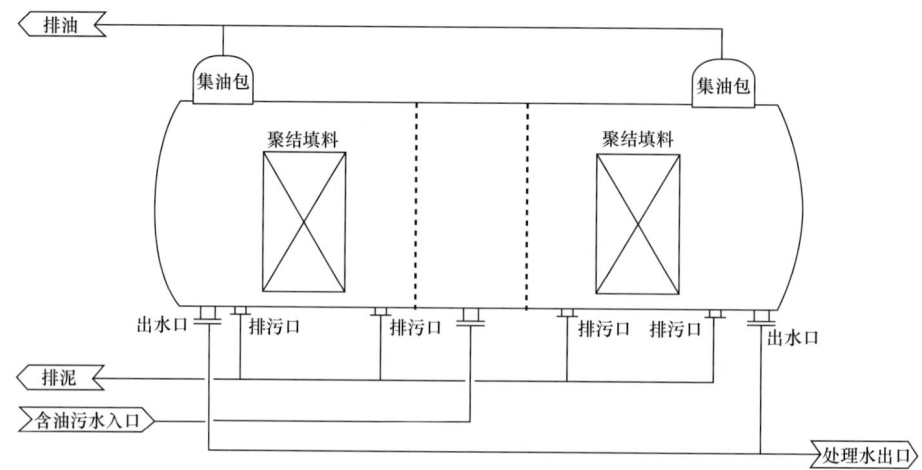

图 5-1-5 聚结（粗粒化）除油器示意图

（二）技术特点

传统的自然沉降除油及混凝沉降除油技术，水力停留时间长，设备大，占地面积广，随着海外油田采出水处理规模的逐步扩大，聚结除油技术利用粗粒化原理，较好地促进了采出水中的油珠聚结，大幅缩减了水力停留时间，提升了除油设备除油效率，有效减小了除油设备的体积。聚结除油工艺设备处理效率高，停留时间短（常规分离设备的1/3），占地面积小。采用压力式密闭运行，运行平稳、安全可靠、无曝氧点、收油排泥方便，便于实现自动化控制、橇装化，有利于保证设备质量及缩短施工周期。

（三）应用效果

高效聚结除油适用于压力除油流程，该除油器处理效率高，含油量去除率可达85%以上，悬浮物去除率达到50%以上。通过对比传统的除油工艺，增加了高效聚结除油装置的工艺，在同等处理量、同等来水含油量的前提下，高效聚结工艺缩减了水力停留时间约60%，且出水含油指标一般优于传统工艺。

四、浮选除油技术

（一）技术描述

浮选除油技术是利用高度分散的微小气泡作为载体去黏附水中的浮油，使其密度小于水而上浮到水面，以实现油水分离的技术。实现气浮法分离的必要条件有两个：第一，提供足够数量的微细气泡，气泡理想尺寸为10~30μm；第二，使分离物质呈悬浮状态或具有疏水性质，从而附着于气泡上浮。

浮选除油技术是在油田采出水中通入空气（氮气或天然气）设法使水中产生气泡，使污水中颗粒为 0.001~100μm 的乳化油和分散油或水中悬浮颗粒黏附在气泡上，随气泡一起上浮到水面并加以回收，从而达到油田采出水除油除悬浮物的目的。气浮工艺包括三个过程，即气泡产生过程，气泡与油珠、悬浮固体的黏结过程，以及浮油分离和浮渣的去除过程。许多气体都可用来产生气泡，海外大部分油田采出水的矿化度高，具有较强的腐蚀性，如果采用空气作为气浮气源，会将空气中的氧气注入采出水中，加速电化学腐蚀。因此，油田产生的伴生气或制氮装置产生的氮气是气浮处理的较好气源。

气浮法成败的关键在于气泡与颗粒的黏结过程，只有被气泡黏结的颗粒才有被分离的可能。而采出水中颗粒的疏水性和大小适宜的气泡是黏结的关键，而向水中投加极性和非极性分子的表面活性剂或浮选剂让亲水性的颗粒疏水化，也有助于提高气浮效果。采用气浮助剂及混凝剂等可以大大提高气浮法处理油田采出水的效率。气浮助剂一方面具有破乳作用和起泡作用，另一方面还有吸附架桥作用，可以使胶体粒子聚集随气泡一起上浮。在气浮处理过程中，可根据水质情况，投加适宜的浮选剂。

气水比是浮选技术的重要技术参数。气水比越大，处理效果越好。气泡数量越多，与油珠接触的机会越多，油珠附着在气泡上的机会随之增加，处理效果就会提高。但并不是气水比越大越好，就溶气气浮而言，溶于水中的气体量受温度、压力等条件限制，一般情况下，水温高于 40℃时气体在水中的溶解度降低较多。另外，溶气量与气体压强成正比，提高气体压力，可以提高气水比，但过高的压力会增大运行费用。增加停留时间也可提高气水比，但这种方法降低了设备的使用效率。

气泡大小不同产生的浮力不同，它们黏附油滴的能力也不相同。小气泡浮升速度慢，容易捕捉油滴（特别是小油滴）；大气泡上升速度快，导致其不容易黏附油滴，而且容易破裂，除油效果不好。

根据制取微细气泡的方法不同，气浮主要包括叶轮气浮、射流气浮和溶气气浮等。因叶轮式气浮效果较差，目前在油田采出水处理中应用较多的是射流气浮和溶气气浮。

1. 叶轮气浮

叶轮气浮（机械式气浮）利用高速旋转的叶轮，将吸入水中的空气剪切成微细气泡，从而使气泡和被去除物质的结合体迅速上升与水分离，该种气浮方式产生的气泡直径大，效果较差。

2. 射流气浮

射流气浮是以水带气的方式向污水中混入气体进行气浮的方法。高压水泵压力一般为 0.6~0.7MPa（表压）。高压水泵将水流带入射流器，其喷嘴射出的高速水流使射流器内形成真空，从而使吸气管吸入气体。气水混合物在喉管内进行激烈的能量交换，气体被粉碎成细小的气泡，气泡粒径一般为 30~50μm。进入扩散段后，动能转化成势能，进一步压缩气泡，增大了气体在水中的溶解度，随后进入气浮分离器。气体在分离腔内停留时间为

4～5min。分离出来的浮油通过集油槽收集到油腔内，通过污油泵定期自动打入原油处理系统回收。射流气浮示意图如图 5-1-6 所示。

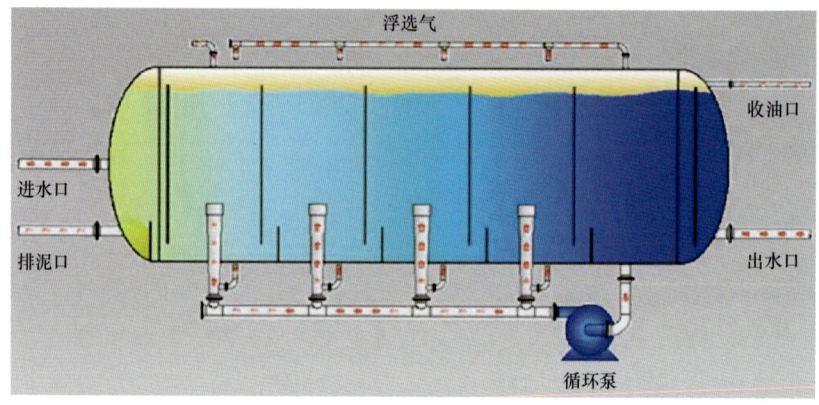

图 5-1-6　射流气浮示意图

3. 溶气气浮

溶气气浮是使气体在一定的压力作用下溶解于水中，并使其达到指定压力状态下的饱和值，然后再突然使溶气水通过高效释放器在常压下将气体以微细气泡的形式从水中逸出，这些数量众多的微气泡与污水中呈悬浮状态的颗粒形成黏附作用，通过上浮进而去除悬浮物。溶气气浮形成的气泡细小，可做到 5～10μm。而且在操作过程中，还可以控制气泡和污水接触的时间，容易形成较好的分离效果。

加压溶气气浮是目前常用的溶气气浮。加压溶气气浮工艺装置由溶气罐、气体释放设备和气浮罐等组成。其基本工艺流程有全溶气流程、部分溶气流程和回流加压溶气流程三种。溶气气浮示意图如图 5-1-7 所示。

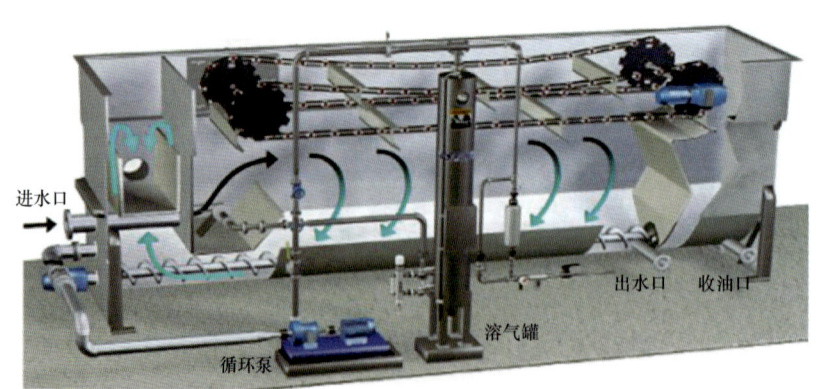

图 5-1-7　溶气气浮示意图

（二）技术特点

浮选除油技术除油效率高、停留时间短，对于一些密度接近水的油品，采用自然重力沉降法很难从水中去除，采用气浮法则十分有效，因此浮选是海外油田采出水处理重要的处理单元之一。溶气气浮较射流气浮处理效果好，但单台的处理能力较射流气浮低，工程造价偏高。

（三）应用效果

在中东地区某项目中，单台射流气浮除油装置的处理能力达 2200m³/h，内部应用专利的除油部件，并通过三维流体仿真工具进行模拟，确保除油效果。目前经过现场实际运行测试，在进口含油 250mg/L 的情况下，出水含油小于或等于 15mg/L。在项目的小试过程中，经过添加浮选剂，出口含油可以达到 10mg/L 以下，满足注水水质指标当中对油含量的要求。

浮选机进水水质：含油不超过 200mg/L，悬浮物不超过 100mg/L；各种除油技术的出水指标如下：射流浮选机（IGF）出水含油一般不超过 20mg/L，出水含悬浮物一般不超过 30mg/L，油和悬浮物的去除率均在 80% 以上。溶气浮选机（DGF）出水含油一般为 5~10mg/L，其出水含悬浮物一般不超过 20mg/L；油的去除率一般为 90%~95%，悬浮物的去除率一般为 80%~90%。中东地区某油田射流气浮应用如图 5-1-8 所示。

图 5-1-8　中东地区某油田应用的射流气浮

第二节　采出水除悬浮物过滤技术

油田采出水中的悬浮物按照颗粒大小和外观分类见表 5-2-1。

表 5-2-1　油田污水污染物按颗粒大小和外观分类

分散颗粒	溶解物（低分子、离子）	胶体颗粒	悬浮物	
颗粒大小	<1nm	1~100nm	0.1~50μm	>50μm
外观	透明	光照下浑浊	浑浊	肉眼可见

其中悬浮物一般粒径为 0.1～100μm，包括泥沙（黏土、粉砂、细砂）、腐蚀产物（Fe_2O_3、FeS）、垢（$CaCO_3$、$CaSO_4$、$BaSO_4$、$SrSO_4$）、细菌（SBR、TGB）、有机物（胶质、沥青、石蜡等重质油类）。胶体颗粒通常粒径为 1～100nm。溶解物包括无机盐类和溶解气体。无机盐类一般粒径小于 1nm，如 Ca^{2+}、Mg^{2+}、K^+、Na^+、Fe^{2+}、Cl^-、HCO_3^-、CO_3^{2-} 等；溶解气体一般粒径为 0.3～0.5nm，如溶解氧、CO_2、H_2S、烃类气体等。若采用经处理后的采出水作为注水水源，一旦悬浮物含量超标，且粒径大于油藏地层喉道，则会堵塞渗滤面、孔隙或喉道，造成地层污染、注水压力升高等问题，直接影响到油田的开发寿命。特别是海外油田，油藏面积大，地层单一，一旦发生喉道堵塞，将造成灾难性的事件。采出水中悬浮物的控制是海外油田重点关注内容。海外油田一般要求悬浮物含量小于 10mg/L，且粒径 2～5μm 的颗粒物去除率达到 80% 以上。

采出水除悬浮物过滤技术包括核桃壳过滤、双滤料、多介质、改性纤维球等介质过滤技术，以及金属膜过滤、陶瓷膜过滤、震动膜过滤等精细过滤技术。介质过滤处理后悬浮物粒径中值可达到 3～8μm，精细过滤处理后悬浮物粒径中值可达到 1～2μm。

一、介质过滤技术

（一）技术描述

介质过滤是指油田采出水通过一个 700～1000mm 深度粒状物质的滤料层，污水内杂质被截留在这些介质的孔隙里或介质上，从而使水得到进一步净化的处理技术。滤料包括核桃壳、双滤料、多介质、改性纤维球等滤料层。过滤器的主要工作原理是用过滤介质（滤料）对作为分散相的悬浮物进行拦截，允许作为连续相的水通过，进而实现两相分离的过程。典型过滤设备的结构包括过滤层和承托层。过滤介质对悬浮物的拦截作用可分为筛除截留和吸附。筛除截留是针对较大的悬浮颗粒，由于不能通过滤层而被截留在滤层的表层；而较小的悬浮颗粒尽管可以进入滤层，但这些颗粒在通过滤层时与过滤介质接触而被吸附在滤层中被滤除。过滤技术不但能去除水中的悬浮物和胶体物质，而且还可以去除藻类、油类、铁和锰的氧化物、预处理中加入的化学药品及其他物质。过滤器的内部结构如图 5-2-1 所示，体外搓洗过滤器示意图如图 5-2-2 所示。

在油田上使用的介质过滤主要有石英砂、核桃壳、双滤料、多介质、纤维球等滤料过滤，各类过滤器的滤料必须定期进行反洗，可按进出水压差、反洗时间进行自动反洗设定。反洗一般有水反洗、气反洗、气水联合反洗等方式。当来水中含胶质、沥青质较多时，可采用体内搅拌器辅助反洗及滤料体外搓洗等方式，搅拌器占据过滤器高点后，对反洗排污效果有一定的影响。在腐蚀性苛刻的介质中一般选用不含氧气的燃料气或者氮气作为气洗用气。反洗水一般来源于过滤后的净水，在一些工程中也使用了过滤前水作为反洗

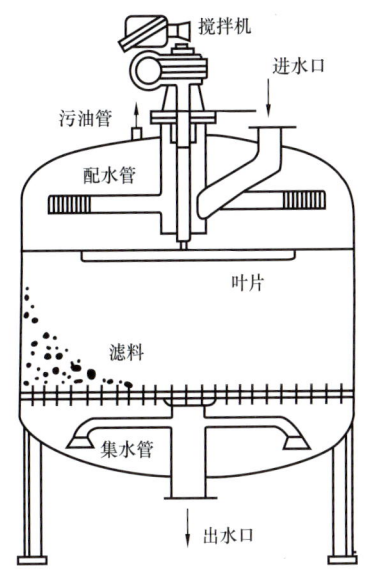

图 5-2-1　过滤器内部结构

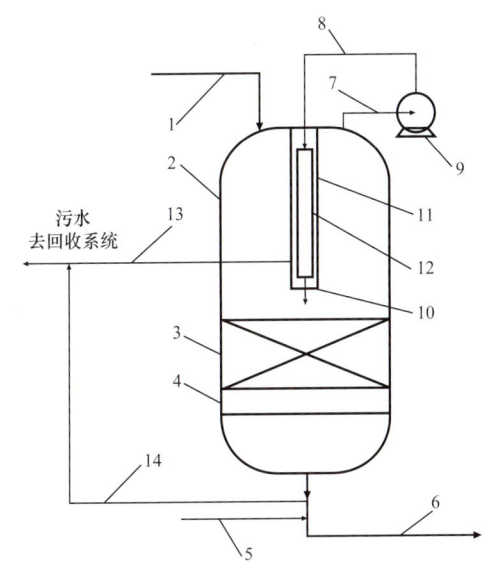

图 5-2-2　体外搓洗过滤器示意图

1—进水管；2—立式过滤器；3—滤料层；4—过滤器底部筛管；5—反洗水进水管；6—滤后出水管；7—脏滤料吸入管；8—脏滤料排出管；9—搓洗泵；10—油污排放管；11—滤料分离装置；12—筛管；13—洁净滤料排放口；14—罐底污水排放管

水源，降低了过滤器及后续储罐设施的负荷。

（1）核桃壳滤料经过特殊处理，其表面积大、吸附能力强，除污率较高。由于核桃壳亲水不亲油的性质，反洗时脱附能力较好，再生能力强，化学稳定性好，有利于过滤器性能长期稳定。设备采用深床过滤，可大大提高截污能力。反洗方式有体内搅拌、体外搓洗、气水联合反洗等方式。

核桃壳过滤器一级过滤滤料粒径在 1.2~1.6mm，二级过滤滤料粒径在 0.5~0.8mm。经过特殊加工处理的核桃壳，具有较强的吸附能力，抗压能力强，化学性能稳定，硬度高，亲水性好，粒径级配合理，过滤器的最大滤速可达 30m/h，滤料再生宜以水洗加机械搓洗的方式进行，水洗强度一般控制在 6~7L/（$m^2 \cdot s$），水洗时间为 15~20min。进入核桃壳过滤器的采出水，要求含油量在 50~100mg/L，悬浮物含量控制在 50mg/L 以下，经过核桃壳过滤器的采出水，能够实现含油量小于 10mg/L，悬浮物小于 10mg/L。

（2）双滤料上层采用核桃壳等轻质滤料，下层采用金刚砂、磁铁矿、石英砂等重质滤料。过滤时污水从上到下流过核桃壳等轻质滤料滤层，部分大颗粒悬浮物和油被拦截，再流过金刚砂、磁铁矿、石英砂等滤料去除大部分小颗粒悬浮物。独特的上轻下重型双滤料滤层结构，配合气、水反洗工艺，既能使滤料保持良好的分层特性，又能确保滤料的反洗再生，达到良好的处理效果。

双滤料及多介质过滤器当中，石英砂滤料粒径在 0.5~0.8mm，磁铁矿滤料粒径在0.25～0.5mm。最大滤速宜采用15m/h，滤料再生宜以水洗气洗的方式进行，水洗强度一般控制在14～16L/（m²·s），气洗强度一般控制在5～6L/（m²·s），反洗时间为15～20min。进入双滤料或多介质过滤器的采出水，一般前端设置一级核桃壳过滤，将进口含油量控制在20mg/L以下，悬浮物含量控制在20mg/L以下，经过过滤器的采出水，能够实现含油量小于5mg/L，悬浮物小于3mg/L，粒径中值可以控制在2μm以下。

（3）改性纤维球过滤为深床过滤，其去除油及悬浮物的机理为：直接拦截、惯性拦截和电化学吸附。由于具有改性纤维球丝径细、比表面积大的特点，其压实后滤层孔隙小，对悬浮物的拦截作用比其他滤料都优良，因此对低渗透油藏的注入水处理尤为理想。由于对纤维丝进行了改性处理，使它具有了亲水疏油的特性，不管改性纤维丝粘上纯油还是油田采出水，遇水时水分子都能渗透到改性纤维丝表面，形成一层水膜，将纤维丝和油隔开；反洗时能将粘附在其表面的原油清洗干净，反洗再生性能较好。改性纤维球比普通纤维球密度大且不粘油，过滤时在水力作用下能下沉到罐底，上松下紧滤层孔隙结构好；改性纤维球滤料运行时滤层孔隙率沿水流的方向逐渐变小，形成了比较理想的滤料上大下小的孔隙分布状态，拦截作用增强，过滤效果好。过滤时污水从上到下流过滤层，油及悬浮物等被拦截，大部分污物被去除。反洗时干净水从下到上冲洗滤料，边冲边搅拌，被滤料拦截的污物逐渐清洗干净。

改性纤维球过滤器的滤球粒径在30～35mm。最大滤速宜采用25～30m/h，滤料再生宜以机械搅拌加温水清洗的方式进行，水洗强度一般控制在14～16L/（m²·s），气洗强度一般控制在10～12L/（m²·s），反洗时间为15～20min。进入过滤器的采出水，要求含油量在20mg/L，悬浮物含量控制在30mg/L以下，经过过滤器的采出水，能够实现含油量小于3mg/L，悬浮物小于2mg/L，粒径中值可以控制在2μm以下。

（二）技术特点

核桃壳滤料具有亲水疏油性能，容易反洗再生；核桃壳过滤器具有滤速高、吸附力强、截污量大；抗油浸，油、悬浮物双效去除；反洗时辅助以机械搅拌，反冲洗效果好，对油的去除能力极强，反洗水强度低等优点，可串联或并联运行，被广泛用于采出水处理一级过滤。

双滤料或多介质过滤具有自动化程度高、运行平稳、出水水质好、去除悬浮物精度高的优点，可确保悬浮物粒径含量控制在3mg/L，应用于采出水处理二级过滤。

改性纤维球过滤技术对固体悬浮物的去除效果较好，具有滤速高、便于反洗再生、过滤精度高的优点，但是对油比较敏感，应用于采出水处理的二级过滤或精细过滤。

在采出水处理流程中，一般将过滤装置设置在最后，它将沉降或气浮分离装置不能截留的微粒杂质分离出来，是保证回注水质达标的关键装置，也是水质深度处理的重要环节。

（三）应用效果

1. 核桃壳过滤器

进水含油 50～100ppm，悬浮物不超过 50ppm；出水为含油不超过 10ppm，悬浮物不超过 10ppm，除油率可达到 90%，悬浮物去除率可达到 80%～90%；水力损失为 5～10m。中东地区某油田应用的核桃壳过滤器如图 5-2-3 所示。

2. 双滤料/多介质过滤器

进水含油不超过 20ppm，悬浮物不超过 20ppm；出水为含油不超过 5ppm，悬浮物不超过 3mg/L，悬浮物去除率可达到 90%；水力损失小于 10m。

3. 改性纤维球过滤器

进水悬浮物不超过 30ppm，出水悬浮物不超过 2ppm，悬浮物去除率可达到 90%；水力损失为 5～15m。

图 5-2-3　中东地区某油田应用的核桃壳过滤器

二、精细过滤技术

（一）技术描述

在油田上使用的精细过滤技术包括金属膜、陶瓷膜及震动膜等滤芯过滤。金属膜、陶瓷膜过滤器是一种新型过滤器，滤芯采用多孔高级不锈钢薄壁空心过滤元件或是陶瓷膜元件，可制成孔隙为 1～100μm 精度的过滤设备。滤芯过滤器由数个滤芯安装在容器内，采用滤芯过滤器可以去除 0.1～50μm 的悬浮物。

（二）技术特点及适用范围

滤芯过滤器过滤精度高，但再生复杂，上游经处理后水质情况较好，作为保安过滤多用于注水井口。

金属膜过滤具有渗透性强、耐腐蚀性好、耐高温、使用寿命长、不需化学再生等优点，但是价格相对较高。

（三）应用效果

伊拉克部分油田及阿拉伯联合酋长国的部分油田引进了注水井口滤芯过滤。通过滤芯过滤器的高精度过滤，可以将注水水质中的悬浮物粒径中值控制在 2μm 以下。

第三节 含油污泥处理处置技术

含油污泥一般是由油包水和水包油型乳状液及悬浮固体组成，油泥的颗粒细小，呈絮凝体状；密度差较小、含水率较高（一般在 96%～99%）。主要来自油田采出水处理设备产生的污泥、大罐底泥等。

含油污泥处理处置技术即通过对含油污泥进行机械脱水预处理，降低含水率后进一步采取焚烧、热解吸等技术进行减量化和无害化处理，以减少污泥对周围环境的影响，满足环保要求。

一、机械脱水技术

（一）技术描述

污泥脱水是污泥最终处置的前提，降低污泥的含水率可以降低污泥后续处理的负荷和处理难度，可以明显减少后续处置费用。机械脱水是一种简单高效地降低含水率的方式。常用的机械脱水技术有板框压滤、离心脱水和叠螺脱水等。

1. 板框压滤

板框压滤主要以过滤介质两面的压差作为推动力，使污泥中的水分强制通过，固体颗粒截流在滤布上，从而实现脱水的目的。板框压滤机主要由凹入式滤板、框架、自动—气动闭合系统、侧板悬挂系统、铝板震动系统、空气压缩装置、滤布高压冲洗装置及机身一侧光电保护装置等构成。

2. 离心脱水

离心脱水利用固液间的密度差，通过施加离心力，使固液分离。离心脱水具有污泥浓缩、脱水一体化处理功能，可实现全封闭运行；可进行连续脱水处理，运行方式灵活，工作稳定可靠，不容易出现故障，受进泥浓度变化影响小，且污泥含固率高，出泥量大。其缺点是电耗高且噪声大。

3. 叠螺脱水

叠螺式污泥脱水机的主体由多重固定环、游动环和螺旋轴构成过滤单元，本体主要是由过滤体和螺旋轴构成，机器结构紧凑，具体结构如图 5-3-1 所示。叠螺式污泥脱水机将污泥的浓缩和压滤脱水工作在一个筒内完成，结合了传统的滤布和离心的过滤方式。当污泥进入滤体后，利用固定环、游动环的相对游动，使滤液通过叠片间隙快速向外排出，迅速浓缩，污泥向脱水部推移，当污泥进入到脱水部时，在滤腔内的空间不断缩小，污泥内压不断增强，再加上出泥处背压板的背压作用，使其实现脱水，脱水后污泥不断排出机外。

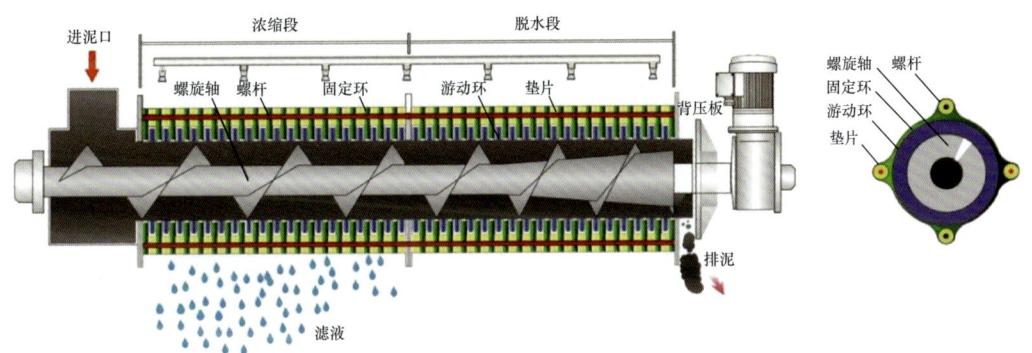

图 5-3-1　叠螺式污泥脱水机结构图

（二）技术特点

板框压滤可过滤固相粒径在 5μm 以上、固相浓度在 0.1%～60% 的悬浮液，黏度大或胶体状的难过滤物料及对滤渣质量要求较高的物质，脱水后的污泥含水率一般在 65% 左右。

离心脱水进泥含水率要求一般为 95%～98%，出泥含水率一般为 75%～80%，运行稳定可靠，操作简单，在国内外被广泛采用；其适用于黏度小、密度差大的固液分离。

叠螺式污泥脱水可实现连续自清洗，无须外加水进行高压冲洗，避免了传统脱水机普遍存在的堵塞问题。抗含油污泥能力强，易分离、不堵塞。清洁环保，无臭气，无二次污染，特别适用于石油化工行业黏性污泥的压滤脱水。进泥含水率要求一般为 95%～99.5%，出泥含水率一般为 75%～80%。

机械脱水简单有效，适用于含水率较高的污泥（95%～99.5%）进行脱水预处理。滤饼含固率高，最高可以达到 35%，可根据进泥浓度、含水率要求及能耗要求等综合选择适宜的机械脱水设备。

（三）应用效果

污泥脱水的主要目的在于减量化，便于浓缩后的污泥进行后续处理。机械脱水后的污泥含水率一般为 65%～80%。当污泥的含水率降至 75% 左右时，就可以形成较为干燥的泥饼，便于后续污泥泥饼的外运、填埋或者焚烧处理。海外某油田机械脱水后形成的袋装污泥如图 5-3-2 所示。

图 5-3-2　机械脱水后形成的袋装污泥

二、热处理技术

（一）技术描述

1. 焚烧技术

焚烧技术是对含油钻屑、含油污泥及污土进行无害化处理的方法。污泥在焚烧炉内经 850～900℃ 高温焚烧，将有害物质彻底分解，燃烧效率达 99.9% 以上。燃烧烟气中未燃尽的有机气体和可能产生的二噁英，进入温度达 1100℃ 的二燃室继续燃烧。二燃室排出的高温烟气经降温冷却、除尘、脱酸等烟气净化工艺去除烟气中的粉尘、二噁英、重金属、SO_2、CO、HF、HCl 等酸性气体，净化达标后排放，最终实现无害化。烟气净化技术主要有干法、半干法、湿法和组合法。但由于在燃烧过程中不能回收原油，并且会产生有毒有害气体，处理成本高，因此主要用于没有资源回收价值的危险固体废弃物的无害化处置。

2. 热解吸技术

热解吸技术是将包括油类组分在内的各种有机污染物质加热到足够高的温度，使其蒸发并从受污染介质中分离出来，从而实现废弃物的净化处理。有机物全部处理，可有效回收原油，技术成熟。

热解吸技术适用于处理含油钻屑、含油污泥或者油污土，其原理是通过对含油钻屑进行加热（低温约300℃，高温约500℃），使其中的油组分在达到其相应的馏程后气化被分离出来。系统分为蒸馏分离和冷凝回收两部分。含油钻屑等经螺旋输送装置进入间接加热热解吸装置，采用天然气或者燃油作为燃料，在绝氧的条件下固态中的挥发性有机物受热挥发形成油气混合物，经水喷淋冷凝形成油水混合物，进一步油水分离后回收轻烃油。污水可进一步净化处理后达标排放或者系统内加湿废渣和喷淋降温使用。部分未凝气再返回加热炉燃烧或直接排放到大气中。热解吸装置处理后的废渣经加湿降温抑尘处理后进一步处置。该技术可以去除石油烃等有机物，有效回收原油。

（二）技术特点

焚烧技术除处理含油污泥外，还可同时处理其他固体废物、可燃液体、废气，并且可以充分利用油田伴生气等资源，降低成本。焚烧效率高，燃烧彻底，减量化程度高。设备自动化程度高，可全系统在线监测连续运行。对烟气中限排组分进行在线检测，及时调整工艺控制，安全性和稳定性高。特别适用于油田落地油泥、大罐底泥及采出水处理工艺产生的含油污泥进行处理和处置，彻底实现无害化和减量化。

热解吸装置主要针对含油量较高的污泥或者钻屑（含油量大于20%～30%为宜），可以去除石油烃等挥发性有机物，有效回收原油。采取间接加热，可避免焚烧带来有毒有害气体排放的问题，同时减少温室气体的排放；采用伴生气燃烧加热，基本上不产生有害尾气；可以有效回收原油，实现资源化利用，排放的渣土含油量可以控制在1%～2%，且可以采用制砖、铺路或者经有机质土壤改良后作为绿化土壤。

（三）应用效果

焚烧技术的关键控制指标是排放的烟气要满足项目所在地的大气排放标准，控制指标主要有烟尘、CO、SO_2、HCl、HF、NO_x和重金属及二噁英等。海外项目中常采用的标准为欧盟标准（2000/76/EC）。非洲地区某油田应用回转式焚烧炉处理含油污泥，排放烟气均能满足标准要求。

热解吸技术主要评价指标为固相残渣中总石油烃一般小于1%～2%。

第四节　油田注水系统优化技术

一、技术描述

油田注水系统优化技术是通过注入井将水注入油层，保持油层压力，保证油流在油层中有足够的能量，维持油田的合理开发采油速度，使油田长期稳产和高产，提高采收率的一种技术手段。油田注水可以有效补充地层能量，提高开发速度，对提高原油采收率，确保油田高产、稳产起到了积极作用。

注水系统包括注水站、注水管道、配水阀组及注水井口。注水站是注水系统的核心，担负注水量调储、计量、升压、注水一次分配和水质监控的任务；注水站由注水罐及阀组、注水泵、高压阀组及配套设施等组成；有的还有过滤、加药等水质处理设施。

选择地下水、地表水、处理后采出水等多种水为注水水源时，要做不同种类水源、不同比例下的配伍性试验，并给出不同水源逐年变化的混注比例，在确认可配伍情况下才能作为注水水源，并根据配伍性结果考虑清污混注的可行性。

常用的注水水质为：水中含油不超过 10ppm，水中悬浮物含量不超过 10ppm，粒径中值不超过 5μm，水中含氧量不超过 50ppb。部分海外油田采用海水作为注水水源时，还需考虑硫酸根含量不超过 800mg/L。注水井口压力，一般在 10～25MPa（表压）。

多个注水井构成注水井组，注水井组的注入由配水阀组来完成。在配水阀组可添加增压泵，在井口另加过滤装置。一般情况下，在配水阀组或增压站可对每口注水井进行计量。

注水站布局应根据总体规划，结合油气集输、供水、污水处理、供电及道路、通信等统一考虑，并尽量与变电所、水处理站及原油脱水站等联合建站。

油田注水一般分为集中注水和分散注水，集中注水工艺将注水站建在联合站或转油站内，站外系统均为高压管网，源水经过配水阀组调节分配后输至注水井口，集中注水工艺中，注水泵排量大，数量少并集中建设，所带井数多。

分散注水将水质处理部分建在中心处理站或转油站内，高压注水泵分散建立在各注水区块附近。站内至高压注水站之间采用低压供水，高压注水泵后则采用高压注水管线将源水输至注水井口。分散注水工艺中，注水泵排量小，数量多，分散建设。

针对海外油田开发，注水系统具有前期注水压力低，后期注水压力高的特点。针对这一特点，为了降低前期投资，可以采用分阶段分压注水技术，注水系统一般分为两个阶段实施：

第一阶段：低压注水阶段，井口压力一般在 2～3MPa（表压），可以采用适当提高联合站内喂水泵扬程以实现低压注水。

第二阶段：高压注水阶段，井口压力达 15～25MPa（表压），在站外注水增压泵站设高压注水泵实现高压注水。根据开发方案中注水井数量和井位分布预测，将在站外分散设置注水增压泵站，注水系统按照注水量需求和注水井分布，分期建设。

分阶段分压注水干线采用低压，利用喂水泵实现前期注水的快速投产，实现了良好的经济和社会效益。

针对分散注水中转输水泵和注水泵距离较远的工况，系统设置需要考虑对流量变化的适应。例如下游注水泵由于不可控原因停一台泵或是全部停泵，此时系统输量减少，上游转输水泵应相应自动调整甚至停泵，反之亦然。常用的系统流量调节方式包括注水泵设置变频、在泵出口设置最小流量回流或两种方式联合使用等。通过系统的流量变化实现自动联锁变频器或最小流量回流阀，实现系统对流量变化的适应情况。在流量变化过程中亦可能导致压力变化，如果注水泵进口压力过低或是出口压力过高时，一般采用压力超限联锁停泵的方式保护注水泵及管道设施。水击保护，例如设置压力泄放罐、水击泄压阀等，也是系统设置中经常考虑的措施。

注水系统工艺设计一般有以下考虑：

（1）注水工艺的选择应根据油田开发方案、油田布局、注水井的分布及数量、总体注水规模、单井注水量、注水压力需求、油田供电系统、运行管理要求等因素，通过技术经济比较确定。

（2）对于注水水质对含氧量有要求且高盐、高氯、含H_2S的注水工艺流程应采用密闭流程，密封气通常采用氮气或不含H_2S的燃料气。

（3）注水罐数量应根据设计水量、操作运行和维护检修等条件，通过技术经济比较确定，但不宜少于两座。

（4）喂水泵和注水泵的数量应根据注水规模、注水站数量及分布、操作运行和维护检修等条件通过技术经济比较确定；喂水泵和注水泵的扬程应根据注水工艺流程和注水井井口压力需求确定。

（5）注水干线和单井管线的设计压力和管径应根据注水泵的位置、注水量、井口压力等条件通过技术经济比较确定。

（6）注水泵一般采用离心式注水泵和柱塞式注水泵，根据排量、压力等合理确定。

二、技术特点

集中注水建站集中，方便管理，根据水量综合考虑注水泵规模，较节约成本。但注水井距离较远，高压注水管线用量较多。该技术适用于注水水源相对集中，注水井较集中或距离较近的油田。

分散注水在各注水区块附近建设高压注水站。可减少高压注水干管用量，但注水站较多，不便于管理。适用于注水水源相对分散，注水井较分散或距离较远的油田。

分阶段分压注水干线采用低压，利用喂水泵实现前期注水的快速投产，实现了良好的经济和社会效益。适用于前期注水压力低，后期注水压力高的油田。

三、应用效果

根据海外油田整体布局、注水井分布及数量、合理选用注水系统建站方式，有效降低高压注水管线用量、节约成本，实现良好的经济和社会效益。

第五节　注水水源深度脱氧技术

注水水源采用地表河水或是海水时，考虑到海外油田高矿化度特点，一般需要进行深度脱氧。常用的深度脱氧技术主要有化学脱氧、真空脱氧和热力脱氧，采用其中一项除氧措施或几种结合的方式，可满足洗盐、注水对溶解氧含量的要求。

一、真空脱氧技术

（一）技术描述

真空脱氧是指在真空状态下，液、气相氧气分压失去平衡，液相中氧气溢出并进入气相中的工艺过程。真空脱氧用抽空设备（蒸汽喷射器、真空泵等）将脱氧塔抽成真空，从而将塔内水中的氧气分离出来并被抽掉，通过喷嘴的高速空气在喷射器内造成低压，使塔内水中的氧分离出来被蒸气带走，为了使水中的氧气易于脱出，塔内会装有填料或者加入化学药剂，从而有效提高其脱氧效果。

真空脱氧系统主要由真空脱氧塔、脱氧真空泵和射流器及配套辅助系统等组成。塔内安装比表面积大、水流阻力小的填料，如拉西环、鲍尔环等。鲍尔环填料是在拉西环填料的基础上经改进而得到的一种性能优良的填料，并有逐渐用其替代其他填料的趋势，其形状是在拉西环的侧壁上开有两层长方形穿孔，每层几个，每个孔的舌叶弯向环心，上下两层双控的位置错开，开孔面积占环比总面积的35%左右。由于环壁窗孔可供气、液流通，使环的内壁面得以充分利用，因此，同样尺寸与材质的鲍尔环与拉西环相比，其相对效率要高出30%左右；由于气、液流通截面积增加，通过填料层的气流阻力大为降低，流体的分布状况也有所改善，因此在相同条件下，鲍尔环比拉西环的处理能力大、压降小。

常见的拉西环为外径与高度相等的空心圆柱体，其主要特点是形状简单、制造容易、价格低廉、使用经验丰富，但其缺点在于液体的壁流现象较严重，因为效率随塔径及层高的增加显著下降，对气速的变化也较敏感，操作弹性范围较窄，气体阻力较大，内表面润湿率较低，因而传质率降低，近些年已被其他新型材料所替代。

针对鲍尔环和拉西环两种不同的填料方式，根据其在国内、外脱氧塔设计中应用的广泛性、先进性、高效性，可选择鲍尔环作为真空脱氧塔设计的首选填料种类。

真空脱氧系统其脱氧工艺流程（图5-5-1）如下：源水加压从塔的上部进入脱氧塔，

通过配水喷嘴向下喷出，经过塔内两层填料后进入脱氧塔下部；同时用抽空设备（喷射器、真空泵等）将脱氧塔抽成真空，从而把塔内水中的氧气分离出来并被抽掉，通过喷嘴的高速空气在喷射器内造成低压，将塔内水中的氧分离出来被蒸气带走。脱过氧的水则由塔下部的出水管由塔底泵加压输送至注水系统。

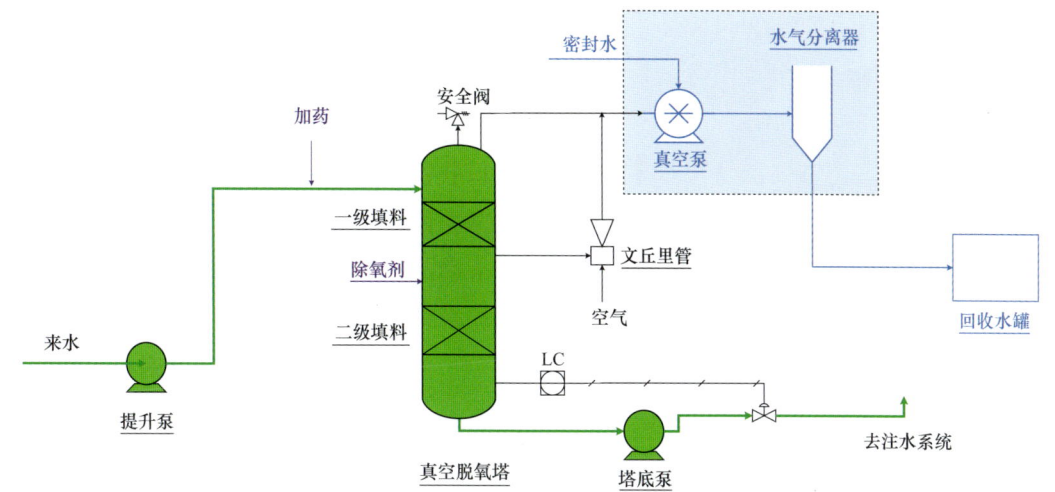

图 5-5-1　两级真空脱氧工艺流程

为保障真空脱氧塔出水脱氧水质时，通常要考虑投加药剂，一般 3min 内要使水中残余氧达到规定指标，因此在投加脱氧剂的同时投加催化剂，目前常采用的催化剂为：$CoSO_4 \cdot 7H_2O$，投加量为 0.05mg/L（以 Co^{2+} 计），与脱氧剂混合投加使用。脱氧剂类型应根据水的含氧量、脱氧效果、加药工艺难易程度、药剂对底层的危害性及运行费用等因素确定，一般采用的脱氧剂为亚硫酸钠（Na_2SO_3），它价格低廉，投加方便。脱氧剂的投加量应根据试验确定，若无试验资料时，一般可按理论计算值的 3.1~3.2 倍确定投加量。一般在脱氧塔的进水口选择连续投加消泡剂，降低塔内气泡量，提高脱氧效果。

（二）技术特点

真空脱氧不造成水质的二次污染，是一项环保型的脱氧技术。当脱氧装置内真空度保持在 -0.089MPa 以上时，水在常温下的溶解氧含量低于 0.05mg/L，达到油田注水要求。真空脱氧是在常温下脱氧，能耗低；对水质无影响；在脱去水中溶解氧的同时也可脱去 CO_2 等各种溶解气体。正是由于真空脱氧具有常温脱氧、能耗低、日常维护简单、对水质无影响、处理量大等优点，目前国内外油田注水脱氧多采用这种形式。经脱氧塔脱氧后，水中一般还含有 0.5mg/L（国外可小于 0.05mg/L）的剩余溶解氧，为使水的含氧量降到规定值，须再投加化学脱氧剂。同时为增大气水的接触面积以利于脱氧，一般需建净高在 20m 以上的脱氧塔，耗钢量较大，一次性投资高。

图 5-5-2 两级真空脱氧塔装置

（三）应用效果

单台最大处理量可达 2000m³/h，辅以投加药剂，脱氧指标可达 10ppb。中东地区某油田采用的两级真空脱氧塔装置如图 5-5-2 所示。

二、热力脱氧技术

（一）技术描述

热力脱氧技术是将处理后的清水，预热到一定温度后进入热力脱氧塔，在 105℃、0.020~0.025MPa（表压）下脱氧，脱氧之后的热水直接泵送到油气区电脱盐装置内用于洗盐。为避免脱氧过程中结垢，热力脱氧的清水一般经过软化处理，降低钙镁硬度。

热力脱氧系统主要由热力脱氧塔、盘管、底部存水箱等构成。

热力脱氧的原理是亨利定律和道尔顿定律，溶于水中的各种气体在一定压力下，水的温度越高，溶解度越低。在常压下将水加热到饱和温度，氧在水中的溶解度降低，水中的含氧量随着压力的减小而降低，氧气从水中逸出。同时汽水界面上蒸汽的分压就会接近液面上的全压，而其他气体的分压力就接近于零。根据亨利定律：任何气体在水中的溶解度与其在汽水界面上的分压力成正比。因此水中溶解的气体也将全部析出。

在一些油田项目中，由于缺少蒸汽锅炉系统，可尝试采用导热油作为热媒产生蒸汽的热力脱氧技术，蒸汽与喷淋的冷水水滴接触，蒸汽的潜热迅速将冷水加热到饱和温度，将水中的各种气体带出除氧塔，从而达到除氧的目的。热力除氧器脱氧主要工艺流程如图 5-5-3 所示。

（二）技术特点

热力脱氧工艺运行可靠，设备简单，操作容易，出水水质稳定，节省大量的化学脱氧药剂。但当水量大时，对热负荷需求量大，蒸汽或者热源（导热油）消耗量大，由此造成的投资相应增大。油田站场有稳定热源（蒸汽或者导热油）可考虑热力脱氧。

（三）应用效果

热力脱氧技术成功应用于伊拉克艾哈代布、哈法亚、伊朗北阿扎德干等多个大型油田，运行平稳。热力脱氧技术出水含氧量可达 50ppb。中东地区油田采用的热力脱氧塔装置如图 5-5-4 所示。

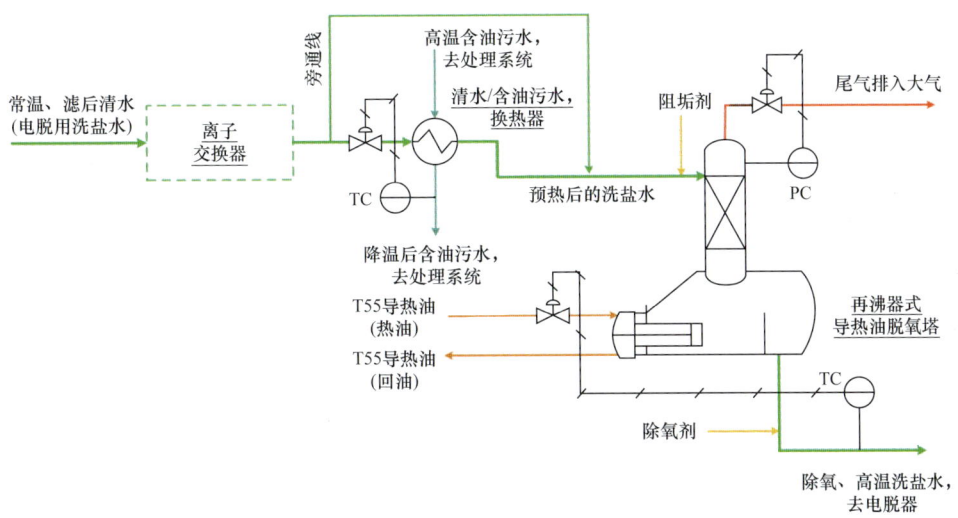

图 5-5-3 热力除氧器脱氧主要工艺流程

图 5-5-4 热力脱氧塔装置

第六节 密闭隔氧控制技术

沉降罐及卧式容器常见的密闭隔氧方式主要有天然气密闭、氮气密闭。通过在沉降罐或是卧式容器气相空间中通入天然气或是氮气，采用压力调节的方式使气相空间保持一定的微正压，进而达到密闭隔氧的作用，减少溶解氧对设备及管道的腐蚀，从而达到防腐的目的。

一、技术描述

海外油田中心处理站内一般含有天然气，故密封气常采用天然气作为气源。如果站场内没有可用的天然气气源，可考虑采用制氮装置产生的氮气作为气源。采用天然气密闭的除油罐火灾危险性较高，需要满足防火间距要求。密闭隔氧不是简单地在处理设备液面以上空间通入天然气，而是要求天然气隔层必须在采出水处理过程中满足工艺条件的要求：如适应水量变化、液位变化，保持系统在规定的压力范围内工作和保证系统的安全。这些要求都需要有一套完善的天然气密闭系统的设计。天然气密闭系统可分为调压阀式天然气密闭系统和低压气柜式天然气密闭系统。这两种天然气密闭系统的供气要求不同，调压阀式要求供气量充足，供气强度达到系统要求；而低压气柜式对供气强度要求较低。调压阀一般采用自力式调压阀或气动单元组合仪表控制薄膜调压阀，也可采用电动（Ⅲ型）调压阀。所采用的天然气一般为干气，为了防止气源不洁给系统工程带来麻烦，一般在进调压阀前加设分离器和过滤器。当罐内设溢流管时，管下部必须有水封结构，水封高度不低于1.0m，防止密封气通过溢流管道逃逸。

在海外油田工程项目中，常见的是在每个密闭设备设置补气和排气调压阀，如图5-6-1所示。

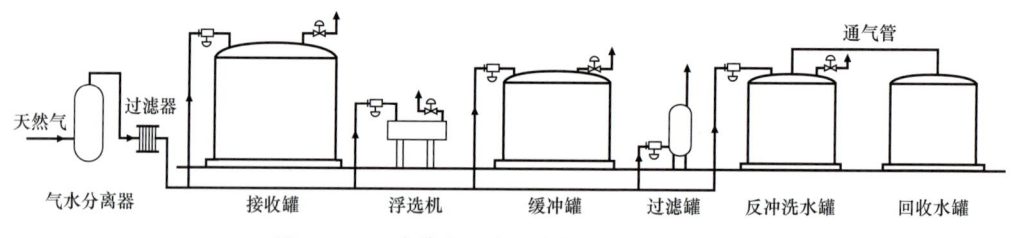

图5-6-1　分散调压式天然气密闭系统示意图

二、技术特点

调压阀式天然气密封系统调压方式简单，系统稳定，密封效果好。

三、应用效果

油田采出水及注水系统密闭隔氧调压系统广泛应用于中东地区多个油田内，有效地防止了在处理过程中溶解氧的增多，运行稳定，降低了设备及管线的腐蚀，有效地保障了设施安全运行、人员安全操作，密闭效果良好。伊拉克某油田采用的大罐密闭调压系统如图5-6-2所示。

图 5-6-2　伊拉克某油田大罐密闭调压系统

第六章

油田设备专用结构优化技术

海外油田工程建设项目中设备设计具有以下特点：介质、压力、温度和腐蚀参数严苛；海外油田风、地震载荷要求高；广泛认同美标、欧标技术规范和外国惯用工程实践方法；制造工序和施工安全要求严格。进而在多年来的海外油田设备设计中，形成了以下特色设计技术。

一、大型分离器关键部件设计技术

在常规两相、三相分离器设计中，内件约束条件、筒体多种受载、开孔补强结构、鞍座与支撑条件等均不是控制设备设计的关键因素。然而油田产出规模的不断扩大，使得单列油处理设备需要进行大型化设计，设备规格和所受载荷的不断增大，放大了上述因素的不利影响，从非关键因素转变为了影响容器安全性的关键控制因素。因此，提出了一系列用于大型分离器的关键部件的优化结构和优化设计技术，这些技术在设备投产后，运行平稳可靠。

二、电脱水设备特殊结构设计技术

海外油田的油品物性具有鲜明特点，其中一些区块在腐蚀性、含盐率等指标上要求远高于国内。为应对差异显著、要求严苛的介质条件，电脱水设备的外部和内部结构设计需要考虑灵活配置电极组合方式、选材匹配介质腐蚀行为、大型变压器的承载安全性等问题。有别于国内常规电脱水设备。本章基于多年的现场实践成果，呈现了整套优化的结构设计方案，对电极板的选材、结构、制造等结构细节进行调整，对大型变压器的承载结构进行分析优化。

三、塔器复杂自然荷载耦合设计技术

在国内标准规范中，塔器的设计工况，通常计入内压、内压 +100% 地震 +25% 风载、内压 +100% 风载等三个组合工况，风和地震载荷已经融合进设计规则中，根据标准计算即可。但在海外油田项目中，对塔器的地震载荷和风载荷设计要求严苛，各地区计算规则差异大，所计入的载荷作用效果各有所长。在设计中，将各种载荷整合进载荷组合工况时，存在相当难度。在工程实践中，经过不断探索，逐步形成了一套高数值精度、整合复杂因素、满足地区标准的一套载荷耦合设计技术，满足了各国地区标准规范，并在油田的运行中表现良好。

四、常压大型储罐应力分析设计成套技术

区别于国内用于储存设备的基本需求，海外油田对储罐的功能附加了包括气液分离、

除砂、有害介质处理等多种功能，标准中现有的设计方法无法满足这些内容各异的设计需要。同时，随着海外油田高端市场的深入开发，以及近年来设计方法和技术手段不断更新换代，油田地面的大型储罐的设计技术不断向着高精度分析的方向发展，这让储罐功能多样化设计具备了实现的可能性。在一系列工程实际设计的基础上，本章展现了固定顶储罐、外浮顶储罐的一些特殊结构设计实例，充分体现了常压储罐近年来在中东地区的应用成果。多种设计方法集中于储罐设计中，极大地丰富了常压储罐设计的理念，广受国际业主认可。

五、低压拱顶集中载荷稳定性分析设计技术

海外油田尤其是中东地区，油品腐蚀性较高，为保证各种腐蚀性介质在拱顶罐中的密闭储存，则需要在储罐罐顶上方设置大型密封气系统。整套系统可多达数十吨，且以集中载荷的型式直接作用于罐顶，这对罐顶的整体稳定性提出了较高要求。同时在海外油田项目中，需要整合大量多种载荷，需要计入 10 种载荷，并组合成多达 22 个载荷组合工况。本章介绍了基于有限元法，对低压储罐的单层刚接拱顶实施非线性分析，对载荷组合施加、拱顶上层结构受风分布、拱顶集中载荷编程输入、拱顶的后屈曲评定等技术。在实际项目中，投产后运行状态平稳良好，证明了技术的完备性和可靠性。

这些技术相继在伊拉克、尼日尔、阿拉伯联合酋长国等多国油田投入应用，装置运行良好。下面对上述各项技术要点进行阐述。

第一节　大型分离器关键部件设计技术

在海外油田应用中，分离器总体上采用规则设计。但近年来，由于海外油田规模庞大，在满足严苛耐蚀性能、高自然载荷参数的前提下，还要满足产能设计需要，使得分离器等油田设备设计不断大型化和精细化。对此，强度标准、材料选择、制造规范均需要提升，以确保大型分离器的制造、运输，同时需要对分离器关键部件实施分析设计，确保整体结构的安全平稳。

油田常用的分离类设备主要有两相分离器、三相分离器等。油田用分离器多具有介质气液组分比例多变、容器设计液位高、接管局部外载荷大等特点，因而需要对分离器个别关键部件如内件支撑结构、容器整体刚度、接管局部应力等专项实施分析设计，在保持整体设备仍采用规则设计的前提下，局部采用分析设计，提高设计精度。

两相分离器（图 6-1-1）用于气液分离，结构一般分为立式、卧式两种。设备内部对于聚结和填料需要设置支撑构件，以便于充装填料和内件。

图 6-1-1　两相分离器

三相分离器（图 6-1-2）是站内油处理设施的主要设备，用于油气水三相分离。三相分离器容积较大，常见有分离器内介质总重达 200t 以上。在沙特阿拉伯，个别在役三相分离器操作介质总重可达约 1000t。这对分离器的筒体刚度、轴向受弯强度提出了较高要求。

图 6-1-2　三相分离器

一、技术描述

（一）分离器关键内件设计

海外油田用分离器，由于处理量规模大，分离器内直径往往大于3m或更高，在高处理量的设计要求下，需要具有较高性能参数的分离器内件（图6-1-3）。分离器内部需要填装板式填料。分离器用板式填料多种多样，海外油田原油组分中，具有高H_2S、高Cl^-的特点，需要内件材料具有相对应的耐蚀性能。材料通常采用各类耐蚀合金，如奥氏体不锈钢、Incoloy镍基合金等。

海外油田分离器设计中，另一需要关注的要点是内件支撑结构对于薄壁容器的影响。在实际设计中，援引ASME Ⅷ第一卷UW-51《射线检测验收标准》强制性附录46实施局部

图6-1-3 不锈钢孔板内件

结构应力分析。如图6-1-4所示，部分设备的分析结果显示，对于容器壁厚较薄的设备，内部焊接结构往往产生较高应力，环形焊接支撑构件增大了所在容器壁的刚性，无法继续自由膨胀的容器壁则出现了较高的二次弯曲应力。为缓解应力，有效的工程方案是在设备内部或外部壳体表面加设全圆周向环形垫板，以降低容器本体的弯曲应力水平。同时对于内部填料用支撑结构，则需要设计有沿容器半径方向的长圆孔，可以做到在容器承压和受热膨胀时，填料支撑结构不会对容器壁施加附加的力和弯矩。

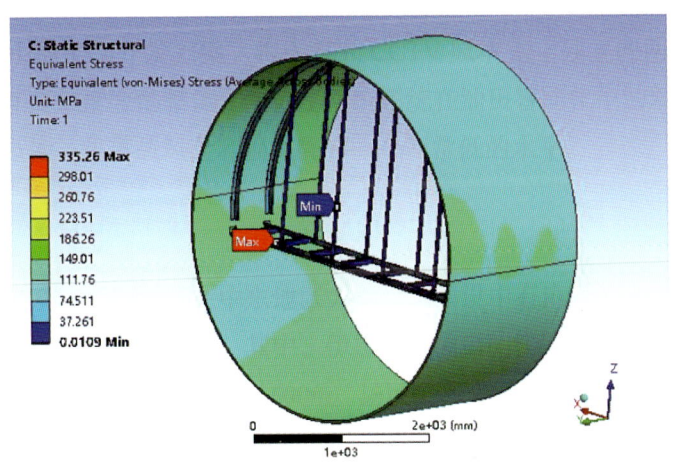

图6-1-4 卧式分离器内件强度分析

（二）分离器壳体受载设计

为满足大处理量设计需要，海外油田两相、三相分离器容积大，设备直径和长度较大，对结构强度设计也提出了要求。主要体现在如下几个方面。

1. 多鞍座设计

在油田站内所用的三相分离器，直径往往可达 3.5m 以上，筒长可达 16m 以上。在沙特阿拉伯的个别油田，尤其是运输限制不严格的油田，已建设备中有直径最大达 5.2m、筒体长度达 56m 的超大型三相分离器。由于满载总重量大，如果单纯只设置双鞍座则跨度极大，使得容器中部在满载后总挠度过大，不能满足正常操作运行的需求，因此采用三鞍座或更多鞍座设计。在压力容器设计中，多鞍座涉及力学静不定问题，即无法通过力学计算求取实际的质量分布，这就需要采用壳单元或实体单元来实施有限元应力分析，以便于根据实际容器载荷和迭代计算来求取实际的应力分布状态。

2. 大刚度筒体

三相分离器在容器尺寸大和载荷高的条件下，会对容器变形产生非常大的影响。此时由于吊耳局部应力、接管外载荷应力、鞍座局部应力等因素导致设计计算无法合格的情况，这就需要考虑增大筒体刚度，减少变形位移的措施，在工程上通常采用增厚单圈筒节的方式来处理这类问题。经过长期实践，增厚单圈筒节的设计需要注意如下几点：第一，容器筒节通常为数圈标准钢板宽度筒节，外加一圈非标准宽度裁切筒节，增厚筒节宜设置在非标准宽度裁切筒节上，以降低用钢量；第二，增厚筒节应结合应力分析结果，根据一次局部薄膜应力的影响范围和下降幅度来判别需要增厚区域的宽度，以覆盖所有一次局部薄膜应力超出材料设计应力强度的范围，并扩大 3 倍增厚筒体壁厚为宜；第三，容器增厚筒节边缘宜以 1∶3 的斜率削薄筒体至增厚前筒体厚度，以便于与其他筒体对接焊接；第四，增厚筒节至少以高应力区为中心，覆盖容器 1/2 周长以上，宜为全周长增厚设计。

（三）接管设计

1. 开孔补强

分离器大开孔的补强设计是分离器上一个重要的要点。对大处理量两相或三相分离器，进口流速受到限制，因而需要依据流量来计算进口和出口管口直径。常见有 DN600mm 以上进口接管的设计实例，个别项目中有最高达 DN1000mm 的进口接管。在 DN600mm 以上的进口局部应力和开孔补强设计中，传统的等面积法和 WRC-297 法难以满足设计需要。在工程上，常采用唇形整锻件补强结构（图 6-1-5）。该结构打破了传统的接管与筒体 D 类焊接接头的对接加角接的组合接头形式，而是采用机加工方式加工出三维鞍曲线的对接坡口，与筒体焊接。这类焊接接头的优势在于，锻件在唇形折边上，可以设计较厚的过渡金属。同时需要注意，在 ASME Ⅷ 第一卷 UW-51《射线检测验收标准》中对接 D 类接头需要做 RT 检验。

图 6-1-5　唇形接管锻件

2. 外载荷应力分析

涉及分离器筒体在接管外载荷分析时，应采用美国焊接研究学会（Welding Research Council）WRC-297 号公报的规则分析。涉及封头接管外载荷分析时，应采用 WRC-537 号公报的规则分析，并补充接管管壁有限元分析。涉及封头和筒体用结构垫板时，宜采用 WRC-537 号公报的规则分析。需要额外注意的是，WRC-537 号公报虽然计入了接管壁厚对壳体应力分布的影响，但并没有分析接管本身应力水平。设计者在分析封头上接管根部应力时，应注意到这一点，并采取有限元法弥补接管与封头连接处，接管本体一侧应力分析缺失的不足。

（四）支撑结构设计

在立式两相分离器的设计上，多采用裙座支撑。相对于各种截面型钢支腿，裙座支撑能提供均匀且刚性好的支撑条件。尤其对两相分离器而言，进口管线的气液两相流往往产生一定的不规则振动，支腿在承载振动载荷时的稳定性存在不确定性，大部分型钢在不同方向上都存在抗弯截面惯性矩大小不等的情况，因而面对不同方向的振动载荷，其能达到的最大弯曲应力和临界失稳载荷均具有差异。这使得在可能存在振动载荷的工况下，采用裙座这种在各种方向上抗弯性能均匀一致的结构，具有相当的合理性和安全性。

振动条件下，分离器裙座与所焊接的下封头厚度需要低于一定比例，避免计算应力场沿裙座集中于两者连接的焊接接头。

二、技术特点

海外油田用大型分离器关键部件设计技术可以归结为以下特点：

（1）大型分离器专用内件具有高过滤精度和高耐蚀性能。

（2）内部支撑结构的仿真分析确保结构应力分布的高精度结果，节约材料成本。

（3）卧式大刚度筒体与多鞍座结合设计，可确保有效容积最高达 1000m³，保证大型分离器运行安全。

（4）介质进口、出口主接管采用唇形加强元件并搭配外载荷分析计算，确保海外油田管系热膨胀外力作用下安全可靠。

（5）立式分离器防振动裙座设计，考虑在较高不规则横向加速度下，仍保持容器支撑结构的安全性。

三、应用效果

两相分离器和三相分离器是油田主工艺流程的重要组成部分，在当前投产运行的海外油田项目中运行良好，安全平稳。尤其在伊拉克油田建设项目上，接连投产的三相分离器确保了原油外输指标合格。在个别海外项目中，以多路来油方案设计的三相分离器性能可靠。

第二节　电脱水设备特殊结构设计技术

在油田原油生产过程中，需要利用原油脱水设备脱除原油中的游离水和乳状液中的乳化水，在工艺流程中一般分为一段脱水和二段脱水。一段脱水主要脱除油中的游离水，使油中含水极大幅度降低；二段脱水是脱除油中的乳化水，达到原油外输标准。电脱水工艺通常在大型电脱水成套设备中实现，如图 6-2-1 所示。

图 6-2-1　电脱水设备

一、技术描述

(一)电极板型式设计要点

电脱水器按电极悬挂方式不同,分为平挂电极电脱水器、竖挂电极电脱水器和组合电极电脱水器三种。

1. 平挂电极电脱水器

目前平挂电极电脱水器在油田生产中应用普遍,下面主要介绍交直流复合平挂电极电脱水器。从图6-2-2中可以看出,其主要构件安装在卧式容器的壳体内,收油管安装在上部,电极安装在收油管的下边,进油分配器安装在电极的下部,最下部是收水槽,净化油经过收油管排出,水从下部排出。

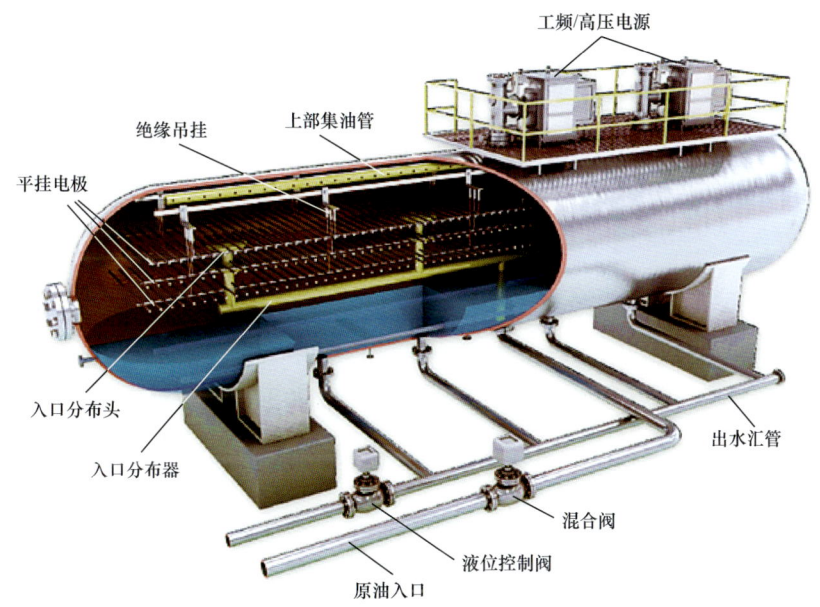

图 6-2-2　电脱水设备内部结构示意图

2. 竖挂电极电脱水器

电脱水器内的脱水电场呈水平方向分布,处于极间电场内的原油乳状液所受的电场力方向与重力方向垂直,加大了原油中乳化水珠的聚结机会。此外,在同一电压下运行时,平均电场强度竖挂板状电极是平挂网状电极的1.5倍以上,在同一最高场强下运行的原油电脱水器,采用竖挂板状电极会增加原油中乳化水在电场内的破乳能力,因此竖挂板状电极比平挂网状电极更适合于原油乳化液的处理。但是,竖挂电极电脱水器的板状电极与油水界面间形成的预处理电场太弱,达不到预处理作用,使进入竖挂电脱水器极板间的乳状液含水较高,导致脱水电场运行不平稳。

3. 组合电极电脱水器

组合电极电脱水器采用两种长度电极板相间布置,长—短、短—短极板间形成强电场,长—长极板(下部)间形成次强电场,其电场强度从下至上逐步增强。乳化液的预处理空间较大,处理后原油的含水率由下至上逐步减少,保证了脱水电场的平稳运行。同时,可减少泥状沉积物在电极板上的附着,适用于处理三元采出液。

电脱设备大多采用卧式结构型式。由于内部需要安装大量电极板,容器内部液位通常均高于1/2,且顶部需要安装变压器,因此对电脱设备的容器壳体强度提出了特殊的要求。

(二) 电极板材料选择要点

针对海外油田来油高腐蚀性特点,电极板材料应至少采用304级奥氏体不锈钢或更高PREN值耐蚀合金制造,电极板是聚结的主要区域,是大量游离态带电粒子集中出现的部位,由于各种游离离子电位与铁基金属电位差异,使得钢材表层各种金属原子随时可能与溶液中游离氢、非金属离子产生化学反应、电位交换,进而出现原子缺位,使腐蚀发生。奥氏体钢中因含有重合金元素而具有更高的综合电位,相对于普通碳钢,更不容易出现上述情况。

(三) 电极悬挂强度设计和制造技术

悬挂式电极板采用多吊点设计,与容器内壁上部相连接,保证了容器顶部受到的吊装载荷单点较低。个别情形下,在大型电脱设备中,电极板设置密集,重力负载高条件下,需要采用有限元软件,验证单点吊装部位的载荷分布和载荷值应力分析,可降低吊点密集度并增加负载,进一步缩减成本。

为保证电极板结构的制造精度,运用编程技术,采用机器人智能焊臂来实施耐蚀合金电极板高精度焊接安装,如图6-2-3所示。这种焊接技术,施焊速度快、焊接接头表面光洁、强度性能稳定,可大批量自动化生产。考虑到机器人焊接技术的特点,采用高精度框架定位、超薄电极板及多规格标准电极系列设计,这已成为海外油田电脱结构设计的关键技术要点。

(四) 大型变压器直接负载结构分析

电脱设备除了具有与三相分离器相同的各种结构强度问题外,其上面设置的变压器等附属设施同样会对电脱设备的设计产生影响。当前,电脱设备的设计集成度越来越高,不论是哪一类聚结工艺,均需要考虑变压器设置在设备顶部时的受力情况。变压器整体重量一般可达数吨。变压器在高度集成的橇装设备上,一般直接安装于电脱容器上方。较大的

图 6-2-3　电极板机械臂自动焊

设备往往给容器结构造成相当大的集中支撑载荷，这类集中载荷可以通过结构分析设计予以化解。

一种是将变压器架设在容器顶平台上，为顶平台设计数量较多的支腿，以便于分化变压器较高的集中载荷；另一种是在变压器底部设置较大的结构垫板，将集中载荷分散成面载荷，后者可能需要对结构进行应力分析以获得真实的边缘局部薄膜和弯曲应力分布。

二、技术特点

电脱水设备特殊结构设计技术可以归结为以下技术特点：

（1）应对海外油田来油条件多变的设计要求，可选用平挂、竖挂和组合电极等多种形式。

（2）电极板材料多选用各类不锈钢、耐蚀合金，以确保在海外油田高腐蚀性原油条件下长期平稳运行。

（3）采用智能焊接机器人确保制造精度和施工效率，保证焊接强度，并提高制造效率。

（4）直接负载的大型变压器，实施局部应力分析，精细化设计的结构可在大型电脱水设备上仍具有可靠的承载力。

三、应用效果

历经 20 余年，海外油田投产电脱水设备均运行平稳良好，所受腐蚀情况均低于设计预期。在伊拉克某油田上,单列两级脱盐脱水设备运行 10 余年,油田运行中物性参数在缓慢变化,但出口取样的原油含盐、含水指标仍然能满足外输指标的要求。

第三节　塔器复杂自然荷载耦合设计技术

在海外油田项目中,塔器主要有原油稳定塔、脱硫塔、分子筛脱水塔等。油田用塔设备存在设计风载荷大、地震设计等级高、管道外载荷值高,以及工程建设和设计难度大的特点。

塔器按其内件结构,分为板式塔和填料塔两大类。根据目前国内外实际使用情况,板式塔的主要塔型是浮阀塔、筛板塔及泡罩塔。填料塔以填料作为气液接触元件,气液两相在填料层中逆向连续接触。板式塔塔盘由气液接触元件(如浮阀、筛孔、泡罩等)、塔盘板、受液盘、溢流堰、降液管(或降液板)、塔盘支撑件和紧固件等元件组成。填料塔采用的填料大致可划分为两大类,即散堆填料和规整填料。在复杂自然载荷条件下,根据海外油田设计需要,须设计和计算塔器在复杂自然载荷条件下的耦合设计计算。

一、技术描述

油田用塔器的设计往往是高径比大于或等于 5 的高耸立式塔器,这类塔器的典型特征在于承受较大的地震、风、附塔管线等带来的弯矩和剪力。因此在原油稳定塔、烟气脱硫塔等设计中,内压和介质自重仅仅是塔器设计的关键载荷之一,常见塔器的壁厚大多不是常规容器的内压计算厚度,而是高出很多。中东地区油田用塔,往往是处于空旷戈壁和荒漠地区的孤塔,这种情形下的地震和风载荷分析变得尤为重要,诸多国际业主提出需要按 ASME 进行多载荷组合工况分析。在计算中,有个别国际业主对地震载荷要求实施垂直地震和水平地震的联合分析,以及对较高精度下自振周期的仿真分析;而对风载荷,则往往提出需要在采用 ASCE 7《美国荷载规范》时,计算迎风风压、横向风振、背风曳力等多种风载荷联合作用的情况。

(一)海外规范高地震载荷设计要点

塔器的地震载荷按海外工程标准计算地震场加速度。根据塔器壁厚是否分节,分几节,来将塔器划分成多个不同质心实施计算。在对塔器实施整体应力分析的时候,要注意到塔器须建立三维模型,其地震载荷的施加与规则设计方法相比差异很大,需要在反应谱法下计算整体地震加速度,同时实施三维模态分析,求取精确第一阶自振模态和自振周期,最终结合标准对于地震场加速度的计算方法,以场加速度的形式在模型中施加出来。而在垂直地震和水平地震耦合分析中,则需要根据垂直地震方向向上和向下分别叠加水平地震力实施分析。这将使得地震分析工况由一种工况分化为多个工况。

塔器地震载荷的另一要点在于多种载荷组合工况的分析。塔器地震设计与普通压力容器地震设计存在差异，当塔器下部液位高度不同时，整体结构的重心高度、自振周期均存在差异。由于重心的升高带来了更大的底部截面弯矩，实际上将塔器地震载荷与其他各类载荷以何种系数组合分析，是海外工程中的另一个关键点。

（二）海外油田抗风设计要点

海外油田风载荷设计条件呈现高风速、非单向盛行风向、高精度自振周期要求等特点，传统规则设计较难有效地实施受风分析和有效迎风截面设计。

传统规则设计的风载荷以各段不等径或不等厚度塔器分质点单独计算，每节连接部位关键截面需要计算剪力，每节质心需要施加计算弯矩到迎风力学模型中。而当进行应力分析时，塔器的风载荷施加则较为复杂。

首先，当前有效的海外工程风载荷设计规范已经明确规定了反向风曳力计算，该计算值需要在塔器背风向施加到整个塔体表面上来。而迎风向的风压则需要按标准，沿圆周方向圆滑过渡。这一设计要求载荷在施加时，要以函数形式在表面单元上加载。风载荷在施加时，需要根据标准中所列总风压计算公式进行拆解，分别按多个不同单项式进行迎风风压和背风曳力计算。由于风压和曳力产生弯曲应力的效果和作用部位差异很大，使得实际最高弯曲应力点无法采用传统计算方式获得，这也是区别于传统风压设计的重要特征。

其次，塔器横向风振则可根据标准评定。塔器通常不设置复杂的破风圈或其他抗风结构，其塔壁往往需要设置复杂的直梯和环形平台，一定程度上起到了扰乱卡门风振的作用。

最后，迎风截面计算复杂。海外油田用塔器需要按国际规范要求，分别统计塔体平台、护栏、直梯、吊柱、附塔管线等形成的迎风截面面积。与传统规则设计中采用最大截面不同。结构钢迎风截面在不同的结构上，具有不同的面积计算公式和绕流作用裕度系数。形成的风载荷最终要以面状载荷施加到位于实际结构垫板上，保证载荷的有效作用。

（三）附塔管线支撑结构设计要点

由于塔器脱气量并不大，常规设计中，附塔气相管线的直径也并不会过大。但由于塔器较高的风载荷和地震载荷设计需要，使得附塔管线将在塔器受风和地震影响时，对塔器接管产生额外附加载荷，这些载荷可达几千牛到十几万牛。附塔管线下方支撑条件各异，使得该管线在采用管道应力分析结果来评定外力和弯矩时，塔顶封头需要承受较大的载荷。附塔管线的载荷主要以两种形式传递：一种是由于压力和温度膨胀或收缩产生的接管外力，另一种是附塔管线支撑构件对塔壁产生的剪力和弯矩。对于封头的外力，往往采用简单快捷的有限元法或 WRC-537 号公报实施计算。对于塔壁支撑构件，一般设计者会设置矩形垫板来分摊弯矩，并提供总长度较长的角接接头来分摊剪力。这些剪力和弯矩的计算通常由两部分组成：一部分是采用 WRC-537 号公报计算筒体局部应力，另一部分是采用解析公式计算角接接头的抗剪、抗拉是否超出焊接材料的许用值。

二、技术特点

塔器复杂自然荷载耦合设计技术的特点可以归结为：

（1）海外油田用塔器的地震载荷计算具有参数精度高和标准要求特殊的特点，这使得传统规则设计中反应谱法的诸多参数的求取，需要采用前述数值方法。

（2）塔器抗风计算在国际规范中，具有同时计算背风曳力、横向风振和复杂迎风截面计算的技术特点。提高了塔器抗风计算的精度。

（3）大型油田用塔器的附塔管线分析设计具有高精度、高负载的特征，可有效化解高载荷产生的力和弯矩。

三、应用效果

在中东地区油田设计的塔设备，虽然承载较大和复杂的风和地震载荷组合工况，但从当前的运行来看，塔器在受风载作用时的安全性相当好。在北非、中东地区常年大风天气下，几乎无可见振动。由于温度和压力膨胀产生较大局部应力，在实际工程中均被结构化解，安全可靠。

第四节　常压大型储罐应力分析设计成套技术

油田常用储罐是较为常见的设施，通常用于原油外输、含油污水储存、发电用柴油储存、制冷用醇储存、公用水设施储存、消防用水储存等储存单元中，是油田最常见的储存设备。根据罐顶结构型式的不同划分，可分为外浮顶、内浮顶、固定顶等形式。其中固定顶又细分为拱顶、锥顶、伞顶等形式。大型储罐的设计容积从几百立方米，到 $20\times10^4 m^3$ 甚至更大。这些储罐的强度、安全性、耐蚀性、抗沉降设计往往是整个油田的关键设计要点。储罐的设计技术近年来逐渐向高精尖发展，需要采用有限元法设计。尤其是当储罐密封气系统、安全排放系统就近设置时，往往需要有数十吨的罐顶载荷设计承载能力。进而随着设计软件和设计理论的不断发展，出现了应力分析、稳定性分析、多点载荷分析等多种不同的分析理论方法。这些方法的诞生推动了储罐设计技术的快速发展，新技术的不断演化也为未来设计市场提供了新的空间。

储罐新技术的发展带来了诸多优势，如节省用钢、减少投资、减少占地面积、便于管理。例如，在油罐大型化的趋势形成后，油田的组成结构与之前发生了很大改变，从储罐的"小而多"变为"大而少"。这一点成为各国工程公司在储罐研究、设计、建造等方面技术水平的一个衡量尺度。储罐大型化使得对储罐的强度、抗震、抗风、抗断裂等方面的性能要求越发严格。同时，罐壁选材成为衡量设计质量的基本要素，选材时要充分考虑钢板的强度、可焊性和冲击韧性等不同性能要求。

早期的储罐多为固定顶，随着储罐直径的增大，固定式罐顶的投资费用大幅度增加。为了节省投资，在大型储罐的设计上，浮顶逐步取代了固定式罐顶。浮顶罐是目前国内外在大型储罐中最常见的一种罐顶形式，浮顶罐是上部开口的立式圆柱形储罐，浮顶在油面上随着液面升降。使浮顶与液面基本不存在气相空间，油品不能挥发，经济性指标较固定顶储罐有了很大的提高。在浮顶与罐内壁之间的环形空间上有伴随浮顶浮动的密封装置，这种储罐的顶部与其他固定顶储罐相比，在设计时结构更易于处理，由于浮顶的自重受储液支撑，其受力状况良好，故大型储罐大多采用浮顶罐，作为目前国内外大中型储罐最常用的结构形式。

$3 \times 10^4 m^3$ 容积以下的储罐在工程上多为固定顶式。在海外油田的固定顶储罐设计中采用理论和分析设计相结合的设计理念，形成了完整的高精度分析方法，对地锚结构、罐顶结构、罐内结构等进行了创新。

一、技术描述

（一）油田固定顶储罐特殊结构设计方法

近年来，国外储罐标准持续更新，海外油田用大型储罐的设计理论和设计方法也在不断进步。在多年的海外固定顶储罐，尤其是拱顶储罐的设计中积累了大量先进的设计技术理论，并在 ADNOC、KEBL 等对设计公司要求高的海外业主的项目中得到广泛应用。固定顶设计技术主要集中在以下几点。

1. 地锚高精度仿真分析

采用 AISI T-192（Steel Plate Engineering Data, Volume 1 & 2）与有限元法结合设计的储罐地锚总成结构仿真计算技术，采用先进的国际标准中对地锚钢制结构设计的解析计算方法，同时采用便捷有限元设计加以高精度验证的组合设计方法，智能化获取了在满足 API Std 650《焊接石油储罐》中分解得到的数十种载荷组合下罐壁地锚的应力分布、连接强度。确保在满足沉降、充水、热膨胀等条件下，依然满足应力强度评定的需求，实现了储罐底部结构本质安全性。

2. 罐顶罐壁连接强度校核方法

海外油田用大型储罐的安全和设计理论中，要求对固定顶的顶—壁连接点强度情况进行计算，并对罐底板—罐壁板的强度进行对比和分析。因此，在欧盟标准 EN 14015《在环境温度及以上温度下储存液体的现场建造的、立式、圆柱形、平底、地上焊接钢罐的设计和制造规范》的基础上，将理论解析计算方法与应力分析技术相结合，形成了一套自主技术的强度校核准则。该准则对罐顶和罐壁边缘连接处的高强度抗压结构的应力分布进行了评定，得到图 6-4-1 所示的精度较高的 Von Mises 应力分布，并采用欧盟标准校核顶壁连接结构强度与底壁连接结构强度的关系，确保在极其特殊工况下，即异常超压工况，罐顶边缘优先破坏并泄压，保护罐底边缘安全，不会造成储罐内介质外泄。如图 6-4-1 所示，罐顶边缘应力率先超标。根据设计技术的可靠性研究，储罐罐顶和罐壁连接部位实际的断裂强度，通常是微内压储罐设计压力的 4～10 倍。即当储罐气相空间内压显著上升到 4 倍依然不会断裂，在超过实际强度值后，依然能保证储罐内部介质不外溢。该项设计已经成功应用在 ADNOC 油田项目中，投产运行良好。

图 6-4-1　罐顶和罐壁联合应力分析

（二）国际规范下油田外浮顶储罐结构设计要点

外浮顶储罐通常分为单盘式和双盘式两种。单盘式外浮顶储罐（图 6-4-2）由若干个独立舱室组成环形浮船，其环形内侧为单盘顶板。单盘顶板底部设有多道环形钢圈加固。其优点是造价低、维修便利。

双盘式外浮顶储罐（图 6-4-3）由上盘板、下盘板和船舱边缘板所组成，由径向隔板和环向隔板隔成若干独立的环形舱。其优点是浮力大、排水效果好。

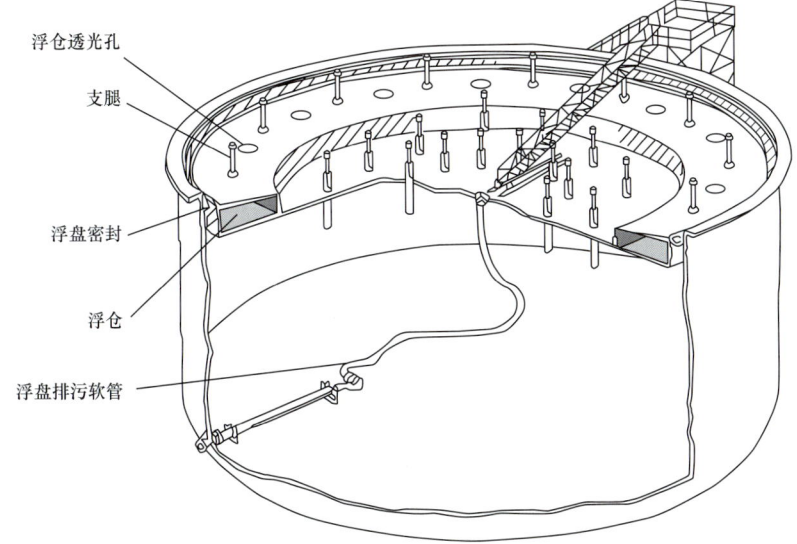

图 6-4-2　单盘式外浮顶储罐

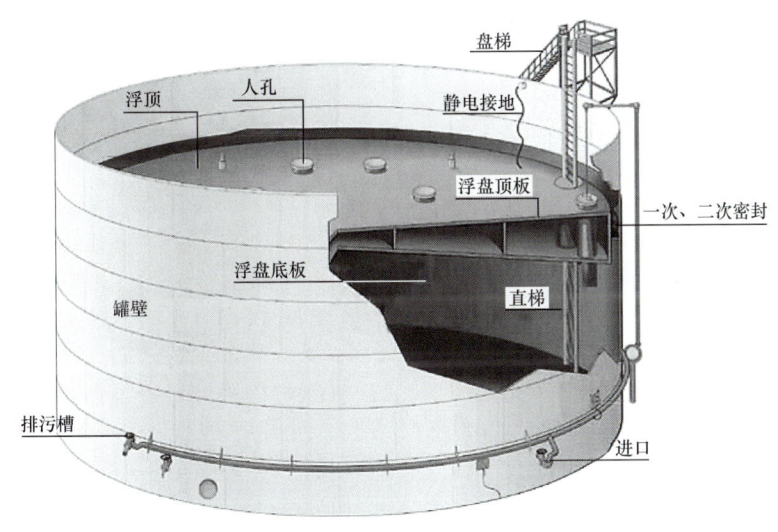

图 6-4-3　双盘式外浮顶储罐

外浮顶储罐的设计周期较长，设计种类繁多。双盘式外浮顶储罐在伊拉克油田上小于 $10\times10^4\mathrm{m}^3$ 的外浮顶储罐设计中较为常见。而单盘式外浮顶储罐则在沙特阿拉伯、阿拉伯联合酋长国等油田的（5～20）$\times10^4\mathrm{m}^3$ 的外浮顶储罐上较为常见。

执行国际标准的外浮顶储罐的设计中，比较显著的技术要点如下。

1. 浮顶的分区抗沉设计

在中东设计市场，低于 $10\times10^4\mathrm{m}^3$ 以下容积的外浮顶储罐，通常采用双盘式。双盘式外浮顶储罐可以根据直径大小设置数个到数十个密封隔舱；并根据计算，在特殊事故下密封隔舱即便出现数个泄漏，依然不会造成浮盘沉底。密封隔舱的排布设计目前已经十分成熟，但在设计经验上依然需要审慎实施。

2. 浮顶密封设计

不论是单盘还是双盘式外浮顶，目前的储罐设计仅依靠一次密封是不足的，外浮顶储罐大多同时使用一次、二次密封。其中一次密封（图6-4-4）多采用泡沫填料。在当前工程实践中，一次密封的泡沫填料具有足够弹性，工程应用效果表明，在浮顶外边缘板与罐壁之间的环形空间间距偏差为±100mm的条件下，一次密封不仅能保持良好的密封效果，又可使浮顶升降自如而不被卡阻。采用泡沫一次密封还能有效避免在浮盘运行时产生金属摩擦静电，有效避免了少量聚集的易燃气体引起的安全隐患。二次密封（图6-4-5）则采用不锈钢弹性板、橡胶密封带及非金属衬里，该类设计已经在工程界得到广泛运用。

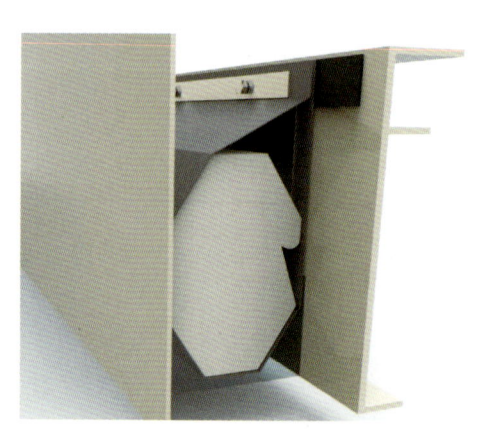
图6-4-4 一次密封结构

图6-4-5 二次密封结构

在浮盘下方深入到油位以下的部分，则采用重锤式机械刮蜡设施清理罐壁凝结蜡，弥补泡沫式一次密封无法有效刮蜡的劣势。

3. 浮顶排水设计

浮顶排水大致有两类：一类是柔性浮动软管，另一类是铠装软管。鉴于柔性浮动软管在浮顶下沉尤其是到底时，位置难以确定，可能会被浮顶支腿倾轧或受到较高液位的压力导致软管变形，无法提供有效排水流通面积。因此，近年来多采用铠装软管或具有转轴的定位刚性管。

（三）含砂原油的大跨距钢制溢流堰设计

海外部分油田的原油具有高含砂、高密度的特征。各项目中，含砂原油密度最高可达1130kg/m³。通常，在微量含砂原油处理流程中会设置除砂装置，但如果油中含砂量高，普通除砂装置清洗周期过于频繁时，则迫切地需要在大型储罐内设置挡砂结构。

如图6-4-6所示，此解析计算法联用了MOSS手册和Roark力学手册中对于多种载荷下平板计算的应力解析规则，对挡砂板上多处校核点逐一计算，试算和优化挡砂板与罐壁和罐底的连接型式尺寸。计算核心则是ROARK法中根据平板支撑条件、载荷分布特征和几何尺寸给出不同的计算系数。这些系数代表了在板内校核点应力值达到许用弯曲应力的时候，输入条件与有效抗弯厚度的数值关系。在数学模型上设置梁柱网状支撑结构。采用"无梁柱光平板四边固支模型"分别计算板挠度、多点板边和板中心应力、垂直柱挠度和弯曲应力、水平梁挠度和弯曲应力、焊接接头拉伸应力和剪切应力等，并通过有限元法实施验证。

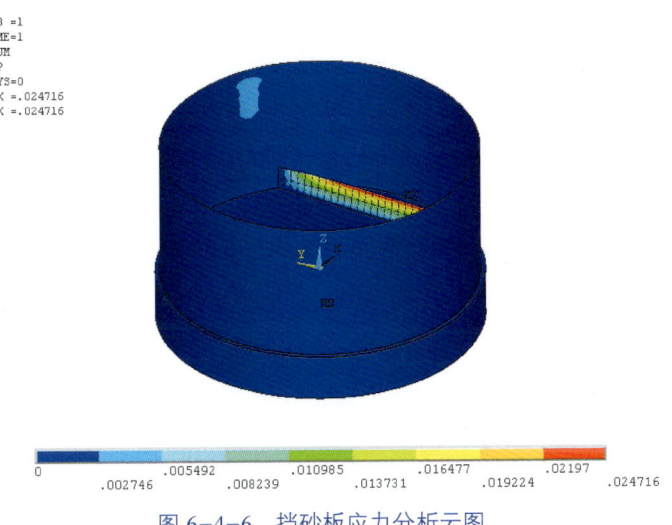

图 6-4-6　挡砂板应力分析云图

在有限元分析中，解析法无法核算罐壁和罐底上进一步延伸的垫板。在实际设计中为缓解由挡砂板本身传递给罐壁和罐底的边缘应力，在这两个边缘设置了与堰板等厚度的垫板，图6-4-6所示的有限元结果显示，该垫板有效缓解了局部边缘应力，使罐壁和罐底板应力下降非常显著。在满足罐底板许用值的前提下，得出堰板两边各一定宽度范围内设置垫板，即可有效缓解局部应力集中。应力衰减倍数与后来对罐顶接管应力分析时，与补强板的有效作用面积不谋而合。罐顶接管分析时，当补强板设计板宽超过衰减范围后，可以快速预估结构的安全性。

这侧面证实了薄壁回转壳体和平面壳体中，两者局部不连续应力属性和作用域的一致性——均为局部薄膜应力。该设计经验为今后进一步开展内压大型薄壁回转壳体的应力分析、薄壁结构局部应力新结构的优化打下了坚实基础。

二、技术特点

海外油田用常压大型储罐的设计中，通常需要在一例储罐设计中同时运用多种设计方法，联合设计。常压大型储罐多方法联合设计技术可划分为如下设计要点：

（1）联用国际标准规范和专业著作中关于固定顶储罐特殊结构设计方法，满足海外油田储罐设计需要。

（2）基于国际标准的外浮顶储罐设计方案综合了海外油气公司的惯用结构和设计思路，一次、二次密封结构和材质选择满足设计要求。

（3）特殊的挡砂溢流板专用于高密度含砂原油的储存和外输。

三、应用效果

常压大型储罐应力分析设计成套技术在海外油田项目中被广泛应用。其中，顶壁连接结构强度校核方法运用在阿拉伯联合酋长国、沙特阿拉伯、伊拉克等多国油田的设计中，而含砂原油的大跨距钢制溢流堰设计技术在设计阶段通过了阿拉伯联合酋长国国家能源公司设计中心的严格审查，投产后运用效果良好。

第五节 低压拱顶集中载荷稳定性分析设计技术

在中东地区，部分含油污水具有较高的轻烃含量，为防止酸气挥发，通常在储罐的气相空间注入较高压力的密封气。在一些特定设计中，储罐的气相工作压力高达15kPa，使得原有的储罐拱顶设计理论已无法覆盖，同时工艺和配管专业已经准备在罐顶设置大型平台和复杂的密封气系统、安全阀组等，因此需要优先选用该类型结构。

这种结构设计的最大困难在于模拟计算方案的制订。以下为计算方案中的问题要点：

（1）网壳顶的梁间接头的选择，是选刚接好，还是选铰接好。

（2）风荷载的施加方案，是否考虑风向，是否考虑不均布风压，风压的施加是法向还是铅垂还是水平。

（3）是否考虑地震载荷，地震水平加速度是否叠加进来。

（4）工况组合该怎么做，是遵循API Std 650《焊接石油储罐》还是结构的AISC 360《美国钢结构建筑规范》/ASCE 7《美国荷载规范》。

（5）主梁边缘约束该如何释放。主梁中心抗压环该如何与主梁连接。

（6）顶部多块大型平台该由哪个专业计算。平台荷载和组合工况又是怎样的，如何与罐顶组合工况相叠加。平台上风载如何施加。

（7）线性稳定性和非线性稳定性在该软件环境下又该如何选取安全系数。

一、技术描述

（一）复杂集中载荷工况编程分析

建立储罐模型采用编程技术生成STAAD命令流，进而直接分析的方式，取代结构专业手动鼠标点击式建模。编程技术的介入，极大地加速了在建模后为降低应力、提高稳定性而进行的后期调试工作，使得以往每周才能试一次的建模方案，可以缩短至 3min。以至于可以在 1d 内，对几十个不同的设计方案进行对比，从而优选出应力水平最低、稳定性优良的尺寸方案。底层程序语言的介入，极大地提高了设计准确度、加快了进度。在后期，因为集中荷载的存在，某储罐一次性分析 STAAD 命令流动辄多达上万行的巨额工作量，采用程序代码生成 STAAD 命令流，使分析集中荷载从不可能变成了可能。

该分析的难点在于根据 API 规范和 ASCE 规范，产生了非常多的载荷组合。以某项目为例，实际需要分析的载荷组合工况多达 22 个（图 6-5-1）。这个组合工况意味着，每例分析需要进行 22 种工况的计算，极大地增加了计算量，这也是不得不采用编程来解决的另一主要原因。

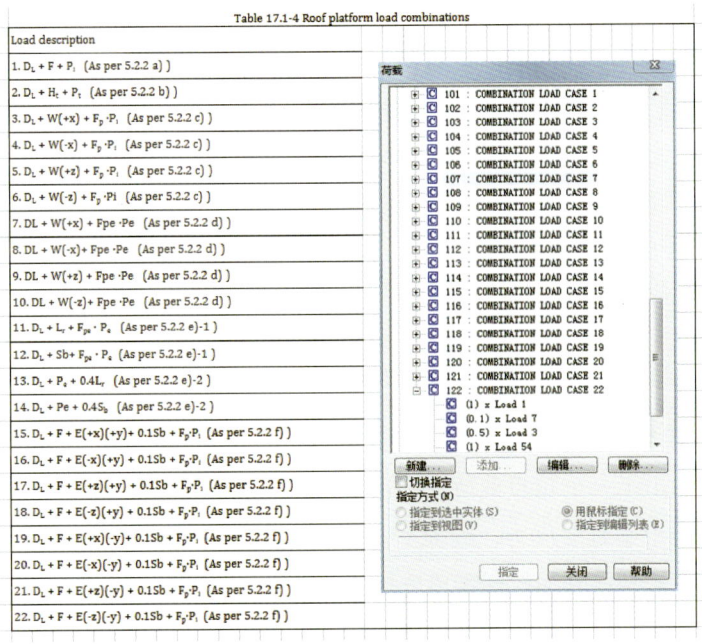

图 6-5-1　实际分析中采用的 22 个载荷组合工况

（二）刚接拱顶全模型分析

在通常的钢结构设计中，大跨距穹顶结构通常采用铰接连接的网壳顶。这与大型结构难以焊接、组对公差大等因素有着密切关系。但在分析中发现铰接顶稳定性系数小，安全隐患多，实际结构与计算模型相比偏差较大。在某些项目的储罐铰接顶设计中，如果维持原铰接设计的拱顶不变，其个别载荷组合工况下安全系数已经低于标准要求的临界值，远远不能满足机械设计上对于稳定性的要求，为此机械专业开发了刚接拱顶设计方案，刚接拱顶设计模型如图 6-5-2 所示。

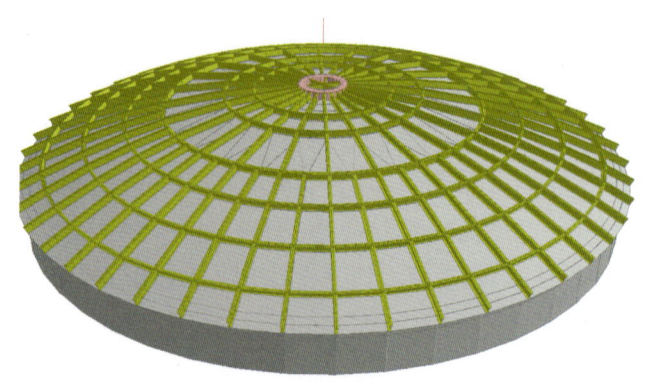

图 6-5-2　刚接拱顶设计模型

刚接接头和铰接接头之间存在巨大差异。刚接顶整体承载稳定性性能优异，稳定系数在当前设计下，个别高达 70 甚至 150 以上，但对于内压的承载性较差，尤其是大跨度刚接顶，主梁的弯矩传递作用明显，直接能将内压、外压产生的弯矩扩散到罐顶边缘，产生过大的弯曲应力，铰接顶正好相反。铰接顶外压承载性差，容易失稳垮塌，但内压和外压的弯矩由于铰接并不传递而消失，铰接接头仅传递力，而力的作用在罐顶主要产生薄膜应力，而薄膜应力又恰恰是球面拱顶所最适合承载的应力。因此在内压和外压的应力分析中，铰接顶承载能力远胜刚接顶，但在稳定屈曲分析中，刚接顶远胜铰接顶。这也是本次罐顶分析得到的最重要结论之一。

（三）超重载荷下罐顶多模型耦合运算

罐顶平台具有大型超重载荷作用，单独分析罐顶或平台均无法得到有效载荷。为此，机械专业研究探索出了一个超重载荷下罐顶多模型耦合运算技术。该技术建立罐顶平台分析模型，并成功导出平台支反力，罐顶平台的 STAAD 设计方案（图 6-5-3）最终成功提取了支反力数据，顺利将其加入到罐顶分析中来。

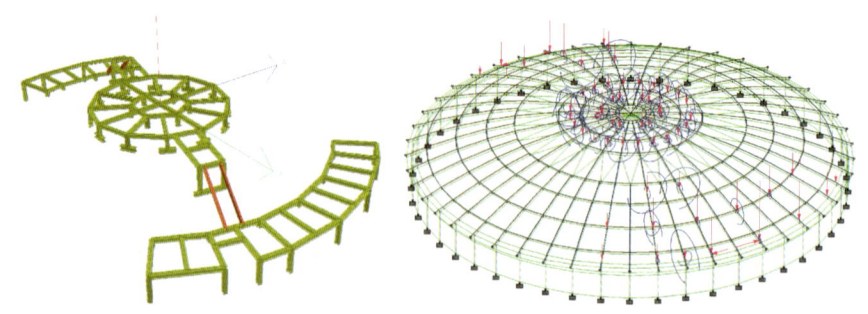

图 6-5-3　罐顶集中力和弯矩的施加结果、实际平台几何模型

值得注意的是，由于梁柱非对称布置和顶部荷载无规则布置等因素，实际支反力均为三维空间不定向力和弯矩，导出的数据为笛卡尔坐标系下的三向分力和三向分弯矩。以某

实际工程项目的储罐为例,每个点6个荷载(3向分力和3向分弯矩),共有支反力点63个,工况组合22个,总需要施加荷载命令行有6×63×22=8316行。采用excel+VB.NET组合运用,最后将excel中生成的载荷复制粘贴到STAAD中,直接施加荷载。

在设计平台时要注意,如果需要得到支柱底部支反力,就一定要在平台模型上施加固支支点,如施加铰支支点,将无法得到计算结果。原因是在非固支点的旋转自由度被释放掉,释放后对整个结构的旋转自由度没有有效边界使计算不收敛。同时支点处旋转自由度直接释放了全部弯矩,但释放弯矩与实际的焊接节点并不相符,因此要使用固支支点。

平台上配合罐顶荷载组合工况,主要施加水平风、水平地震、自重、活载荷、集中荷载等。其中:平台上活载荷施加有多种方式,工程上常用水平/斜向楼板单元荷载方式添加。平台上风载荷采用美标ASCE 41180《石化及其他工业设施的风力载荷》中所载水平向绕柱流当量计算法(图6-5-4、图6-5-5)。根据实际载荷大小和施加迎风梁总长,施加水平均布梁荷载,将载荷施加到迎风侧梁。平台上地震,根据主罐体地震标准ASCE 7《美国荷载规范》/IBC《国际建筑法规》,直接在STAAD中施加地震加速度场。

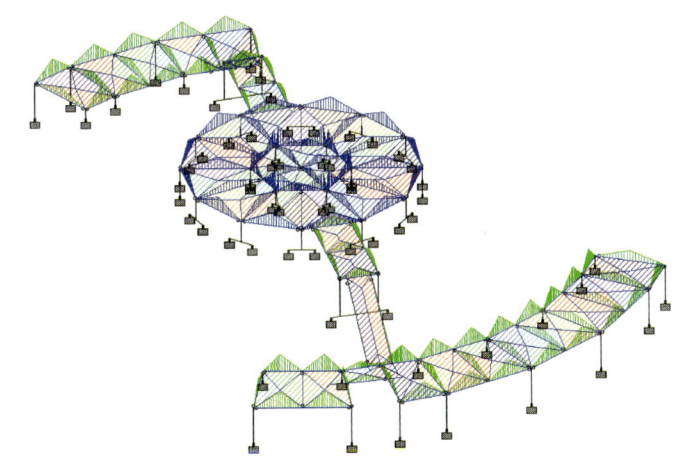

图6-5-4 ASCE 41180:2011 所载风压计算(局部)

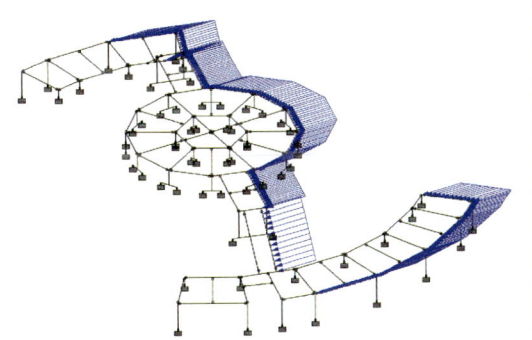

图6-5-5 平台水平风力的施加详情(局部)

（四）拱顶非线性失稳的后屈曲仿真和评定

罐顶的非线性分析（图6-5-6）独立于应力分析之外。基于有效的应力分析，稳定性分析采用如下四个模型实施：非水压工况应力分析模型、水压工况应力分析模型、线弹性分析模型、非线性大变形分析模型。非线性模型的建立与应力分析不同，应力分析通常需要建立罐壁局部模型，以避免边缘约束条件对结构中部应力分布产生不当影响。而非线性模型则不剪力罐壁模型，其原因在于罐壁的非线性稳定性行为与罐顶不同，建立罐壁局部模型，将在分析中出现后屈曲模态过多、后屈曲分析无法收敛等异常情况，进而影响到整个分析的正常进行。因此非线性模型不建立罐壁。在罐顶周边，鉴于罐壁的水平柔性，只能采用铰接支座。

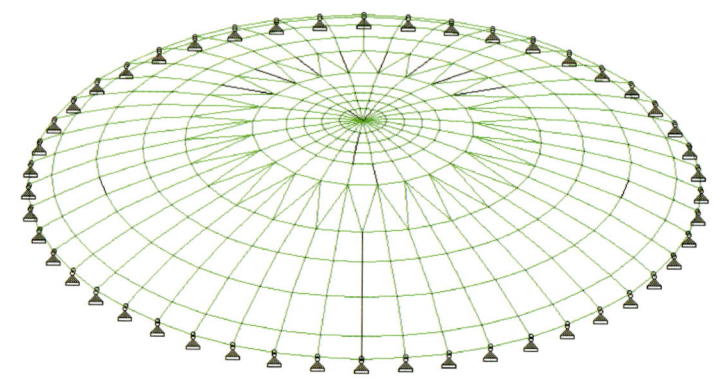

图6-5-6　线性和非线性罐顶模型

需要注意的是，采用特征值法的线性稳定性分析，计算的线弹性失稳安全系数往往偏高，有时甚至与真实失稳相差过远，不能代表真实情况，因而必须要查看几何非线性。在非线性的结果评定中（图6-5-7），通过首次加入了放大的集中载荷值，根据在应力工况下最大的集中载荷工况，提取其集中载荷初始值，保持和均布载荷相同的倍率放大，之后施加进来。

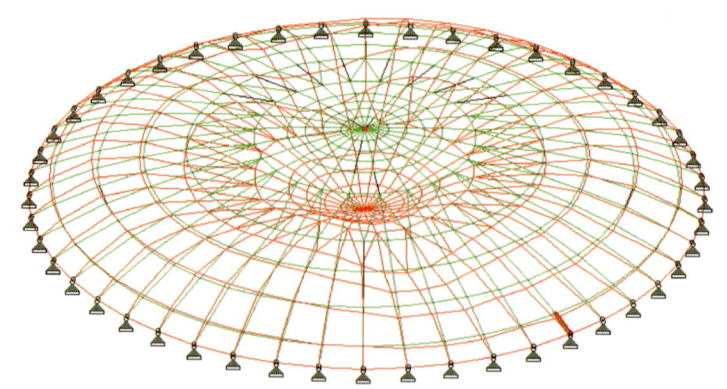

图6-5-7　储罐几何非线性位移结果

二、技术特点

在海外油田用低压储罐提升设计内压、大型化的需求下,形成了完整的储罐设计技术,具有如下特点:

(1)采用编程分析方法,加载多种工况下的集中载荷,充分计入因地震、风产生的集中力和弯矩。

(2)对刚接拱顶实施全模型有限元分析,满足结构非对称、载荷非对称的设计计算需要。

(3)罐顶平台和结构的承载计算和应力再分布计算,使罐顶和平台联合分析成为了可能。

(4)拱顶非线性后屈曲分析,可以获得几何非线性稳定性极限载荷值。实现了所有载荷组合工况极限分析,可实现横向对比判别最危险工况,评估安全裕度。

三、应用效果

低压拱顶集中载荷稳定性分析设计技术已经在中东地区油田得到应用。该类结构设计承载性可调幅度大,向上可实现高载荷当量的突破,理论上可达千吨。在阿拉伯联合酋长国、伊拉克、乍得等国油田投产初期,该技术设计的储罐在达到内压峰值点时,仍然运行良好(图6-5-8),安全可靠,确保了密封气设备和整站设施的安全投产。

图 6-5-8 已投产承载复杂集中载荷的低压拱顶储罐

第七章
孤网电力系统技术

位于中东、非洲等经济相对落后的国家和地区的海外油田，缺乏国家电网依托。因此，一般采用自建孤网电力系统为整个油田的生产和生活设施供电。孤网电力系统技术包括"孤网自备电站技术""输变电技术""智能孤网控制技术""微电网智能融合发电技术"四大系列特色技术，基本能够为社会依托差的海外油田提供可靠、稳定的电力供应。在伊拉克哈法亚及艾哈代布油田、伊朗北阿扎德干油田，以及非洲的乍得、尼日尔、苏丹等大规模整装区块油田均得到成功应用。目前，已建成孤岛自备电站总容量超过1000MW，为各海外油田提供安全、稳定、高效运行的可靠电力保障。

第一节 孤网自备电站技术

海外油田孤网自备电站为油田提供了稳定的电源设施，按其常用类型，一般选用燃气轮机电站或内燃机电站，发电机燃料通常采用处理后的油田伴生气、柴油或伴生气与柴油共用（双燃料机组）。在油田开发初期，由于先期安排进行油气集输、处理、输送等设施的建设，伴生气处理设施一般不能同步投产。未经处理的伴生气往往直接作为燃料供发电机组使用，这就存在着组分不稳定、高含重烃或H_2S等问题。另外，由于油田属地国的工业、经济相对落后，能够提供的、有限的柴油，其品质较低、"杂分"较高，往往也不能直接用于发电。孤网自备电站发电技术及与之配套的高效一体化电站气处理技术、粗柴油精细处理技术、高效蒸发制冷技术有效地解决了上述问题。

一、孤网自备电站发电技术

（一）技术描述

燃气发电技术经过多年的发展，形成了多种技术和多种设备叠加、混合使用的局面。其中从设备形式上看，包括燃气轮机发电机组和内燃机发电机组两大类。单机容量在几千瓦至几百兆瓦（简单循环）范围内均可以选择。在燃气轮机发电机组中以工业型和航改型为主。一般海外油田孤网自备电站常用的机组均为工业型燃气轮机发电机组。从技术上看，主要包括简单循环、联合循环、热电联产等。一般简单循环的热效率在28%～35%，联合循环的热效率可达到42%～48%，如实现热电联供可使总热效率达75%以上。

通过简单处理的油田伴生气和低品质柴油直接作为燃料，并通过标准化设计、模块化制造、橇装化安装、智能化运行的燃气轮机电站，单机功率可达到5～10MW，总安装功率可达到50MW以上。

（二）技术特点

1. 燃气轮机电站

燃气轮机由进气、排气管道及燃气轮机的三大件（压气机、燃烧室、透平）组成。空气通过进气口进入压气机被压缩，再进入燃烧室；燃料经燃料泵打入燃料室；压缩空气与燃料在燃烧室内混合燃烧；燃烧产生的高温高压燃气流入涡轮膨胀做功，驱动涡轮转子旋转；涡轮则驱动压气机、发电机和辅助设施；残余空气和燃气经排气系统排入大气。采用高含硫含烃伴生气燃料的海外某油田轮机电站如图7-1-1所示。

图7-1-1 采用高含硫含烃伴生气燃料的海外某油田轮机电站

燃气轮机电站的特点：

（1）电源质量好，相对于内燃机电站转速高，因此相对内燃机机组波形畸变率小、三次谐波少、调速和调压系统高级、动态特性指标好。

（2）直接启动电动机的能力强，由于其转速快，轴距长，转动惯量相对于内燃机较大，重型机组可以做到满负荷加减载。

（3）以模块化建造理念为主导，设备质量轻，辅机少，运输费用低，户外布置，占地少，建设周期短。

（4）投资低，单位千瓦造价较内燃机低。

（5）由于燃烧完全，其燃烧生成的排放物对环境影响小，噪声污染小，由于采用风冷节省水资源。

（6）机组容量范围大，从一兆瓦到几百兆瓦。

(7)对燃气要求低,可以燃烧硫含量高、甲烷含量低的燃气。

2. 内燃机电站

内燃机做工过程由吸气、压缩、喷油燃烧膨胀、排气构成,主要部件有气缸、活塞、连杆、曲轴、进排气阀门、喷油嘴和进排气管等。采用粗柴油和伴生气的海外某油田内燃机电站如图 7-1-2 所示。

图 7-1-2　采用粗柴油和伴生气的海外某油田内燃机电站

内燃机电站的特点:

(1)电站装机容量相对较小(一般在 30MW 以下)。

(2)安装地点灵活,橇装化制造安装更适用于偏远地区。

(3)发电效率高,寿命周期较长,机械性能稳定。

(4)环境对机组出力影响不大。

(5)可以用轻质原油作为燃料,对于双燃料机型可以采用燃料分配模式混合燃烧。

(6)小型机组启动不需要外接电源。

燃气轮机和内燃机的特点对比见表 7-1-1。

表 7-1-1　燃气轮机和内燃机特点对比

项目	燃气轮机	内燃机
单机功率	<200MW	<10MW
发电效率	30%~35%	40%~50%
燃料要求	(1)燃料的适应性比较强,略低含硫、含尘高都可以适应; (2)比较适用于高含氢低热值和气体含杂质较多的劣质燃料; (3)进气压力比较高	(1)对于气体中的粉尘要求不高; (2)内燃机燃烧低热值燃料时,机组出力明显下降; (3)内燃机设备对焦化煤气中的水分子含量和 H_2S 比较敏感; (4)甲烷数不能低于 80%

续表

项目	燃气轮机	内燃机
燃料消耗	11800kJ/（kW·h）	8750kJ/（kW·h）
辅助设施	进风系统、进气系统、排烟系统	进风系统、进气系统、排烟系统、水冷系统
运行费用	日常维护简单方便，只需要每4～5年大修一次，如GE6B、SGT300等机型，大修费用较高	内燃机需要频繁更换润滑油（1000h）和火花塞，消耗材料量比较大

（三）应用效果

经过20余年的发展，孤网自备电站发电技术已经大规模应用于中东、非洲地区。已成功在伊拉克哈法亚及艾哈代布油田、伊朗北阿扎德甘油田、乍得油田、尼日尔油田、苏丹主要区块油田等得到广泛应用。

二、高效一体化电站气处理技术

（一）技术描述

中东地区伴生气资源非常丰富，在油田投产初期、天然气处理厂未投产之前，电站无净化天然气做轮机燃料，伴生气往往会作为电站前期运行的主力气源，但伴生气中C_5以上重烃含量高，烃水露点高，直接作为燃料容易导致轮机振动、内部件损伤、事故停机等各种问题，给现场正常的生产运行造成极大困扰。

燃气轮机发电机一般对H_2S有一定的耐受度，为了优化电站投资，对于低H_2S含量的伴生气通常不单独进行脱H_2S处理，而是可以通过过滤、加热等简单工艺，去除伴生气杂质，并将伴生气温度提高至烃水露点以上28℃，确保轮机稳定运行。根据该技术要求开发的高效一体化电站气处理设施，通常由分离器、过滤器、电加热器等设备组成。

增压后的油田伴生气送至轮机电站进口分离器，初步分离出凝液和水，气体进入调压阀组将压力调整到轮机所需压力，调压后的伴生气温度也会相应降低，在二级分离器分出凝液，该分离器同时可作为缓冲罐用以缓冲发电机负荷变化引起的压力波动。伴生气随后进入旋流/聚结组合过滤器进行深度过滤，保证轮机进口燃气的质量。下游设置电加热器用于伴生气加热以达到轮机所需温度。油田伴生气经过简单高效的处理后，可直接作为海外油田孤网自备电站燃料气。

在实际运行中，由于冬夏或日夜温差原因，造成轮机电站燃气处理橇内分液罐、过滤器内有连续凝析液排出，给电站运行造成隐患，高效一体化电站气处理技术很好地解决了这些问题。

海外某油田电站燃气处理设施如图7-1-3所示。

图 7-1-3　海外某油田电站燃气处理设施

（二）技术特点

（1）优化伴生气分离内件结构，提高分离效率。

一体化电站气处理设施中伴生气分离器的设计在常规重力分离的基础上，增加了多组合分离内件，包括高效进口分离元件、聚结元件、分离叶片、出口捕雾网等，在保证液烃停留时间的基础上，使气体夹带的液烃增加碰撞频率加速凝结，结合下游旋流及聚结过滤器组合装置对气体进行精细过滤，高效去除凝液、水、管线腐蚀产物等多种杂质，确保轮机气质要求。

（2）优化压力和加热控制方案，提高系统运行稳定性。

一体化电站气处理设施在常规调压橇的基础上，增加了分程调压控制装置。通过优化及计算方法，实现在不同燃气流量下，对燃气压力的全范围调节。负荷较低时，单阀单回路控制；负荷较大时，双阀并联工作分程控制。在常规电加热器的基础上，增加了前置反馈控制设计，电加热器除依据进出口温度做调节之外，还引入管束温度作为串级调节，并依据各点温度均方根值及温度差，补充流量及压力变量做调节反馈因数，温度变化速率不超过 1℃/s，以适应轮机负荷变动对燃料气的需求。

（三）应用效果

高效一体化电站气处理技术可以有效去除油田伴生气中的颗粒、水、重烃等成分，保证 5μm 以上颗粒清除率为 100%，直接作为燃气轮机的燃料，满足燃气轮机厂家的要求。目前应用该技术的已投产海外油田孤网电站运行状态良好，开创了伴生气直燃发电的先河。

三、粗柴油精细处理技术

（一）技术描述

海外油田能够供应的燃油质量参差不齐，含杂质、硫及碱金属等组分。由于燃机对固体颗粒、水和燃料中的金属杂质极为敏感,且处于较高压力和温度工作的燃机更容易受不合格燃料的影响而被腐蚀和磨损,因此燃气轮机生产商均对燃料品质要求较为严格。燃料的污染是必须解决的问题,对柴油的处理成为电站能够可靠运行的保证。粗柴油精细处理技术通常包含储存、计量、紧急关断阀、过滤器、水分探测仪、离心式分离机、控制系统等。

某电站柴油处理系统设施如图 7-1-4 所示。

图 7-1-4　某电站柴油处理系统设施

(二)技术特点

粗柴油精细处理技术通过橇装化标准化制造,从而更好地适应各地区的柴油物性。处理橇进口处增设 Y 型过滤器、在线油水检测仪。进口燃油经过粗滤之后,通过在线油水检测仪自动检测燃油品性质,由 PLC 系统闭环控制自动调节旋流分离器的油水分离界面,自动投入运行或关闭旋流分离器。旋流分离器采用导轨插接式设计,长期停用可以移出橇体,用在其他区块电站处理橇内。

根据不同油品性质在线调节油水分离界面,能够适应不同地点不同时期的柴油品质,减少操作维护的工作量。粗柴油简单处理,满足发电机的基本需求。离心式分离机橇装是将分离机、泵保护过滤器、加热器和温度自动控制、供油泵、渣油泵、电控箱、传感器、阀门、仪表及管道等加工总成一体,组成一个独立的完整的模块,实现了两相(液—固,分杂法)或三相(液—液—固,分水法)的固液分离和液液分离的功能。

柴油处理系统流程如图 7-1-5 所示。

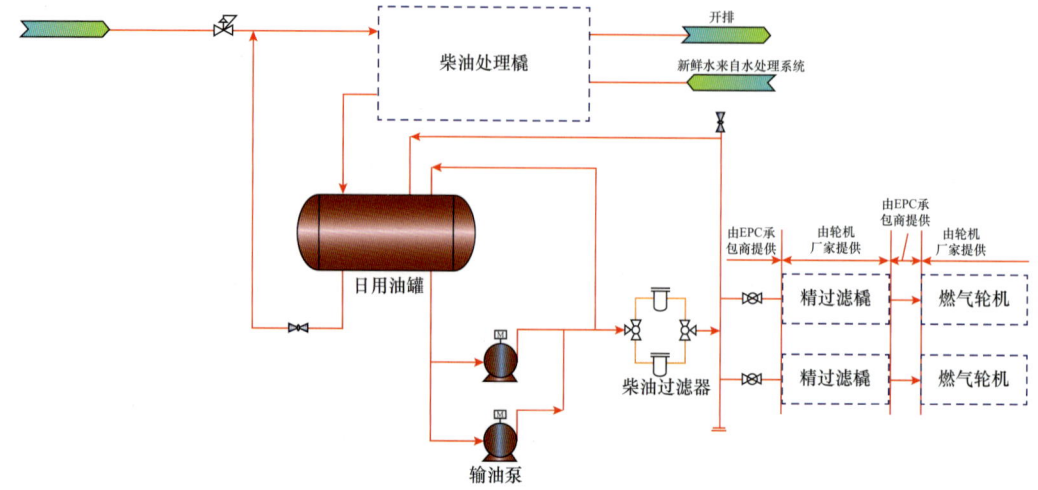

图 7-1-5　柴油处理系统流程

（三）应用效果

粗柴油精细处理技术利用橇装化成套方式，采用离心旋流技术，通过离心机及水洗装置，分离掉粗柴油中的杂质、去除强腐蚀性的碱金属，处理后的柴油中钠和钾的总含量不超过 1ppm，同时降低了柴油中水的含量。分离后的合格柴油可以直接作为孤网自备电站双燃料发电机组的备用燃料。目前，该技术已在尼日尔、乍得、伊拉克等油田孤网电站中广泛应用。

四、高效蒸发制冷技术

（一）技术描述

燃气轮机发电机组对高温、低湿度环境非常敏感，高温、低湿度直接导致机组发电功率降低。蒸发制冷主要原理是使空气经过一个绝热加湿过程来降低其干球温度。喷雾蒸发冷却系统运行时，除盐水以水雾状逆进气方向喷入燃机进气道，在气流的搅动下，一部分水雾直接蒸发，使进口空气的相对湿度逐步提高，湿空气的温度随之降低。

中东、非洲地区现场环境温度高达 50℃，空气进气含氧量低，燃气轮机现场出力衰减严重，利用高效蒸发制冷技术，动态调节进气温度和湿度，高效提升燃气轮机现场出力，综合降低机组投资，提高现场运行灵活性，满足现场不同季节下负荷需求。喷雾蒸发制冷技术中冷却水不是直接喷淋到进口空气中，而是通过喷雾喷嘴将经过除盐的水精细雾化，喷入到经过进气过滤器过滤的干净空气中。这种喷雾蒸发冷却器具有很强的冷却效果，可将空气冷却到饱和点附近，同时，对发电机组造成的阻力很小。喷雾蒸发冷却器是提高燃机高温季节出力，降低热耗率的有效办法，尤其是高温度、低湿度地区的发电机组，喷雾蒸发冷却技术具有更高的使用价值。高效蒸发制冷设计模型如图7-1-6所示，相应的某电站高效蒸发制冷装置如图7-1-7所示。

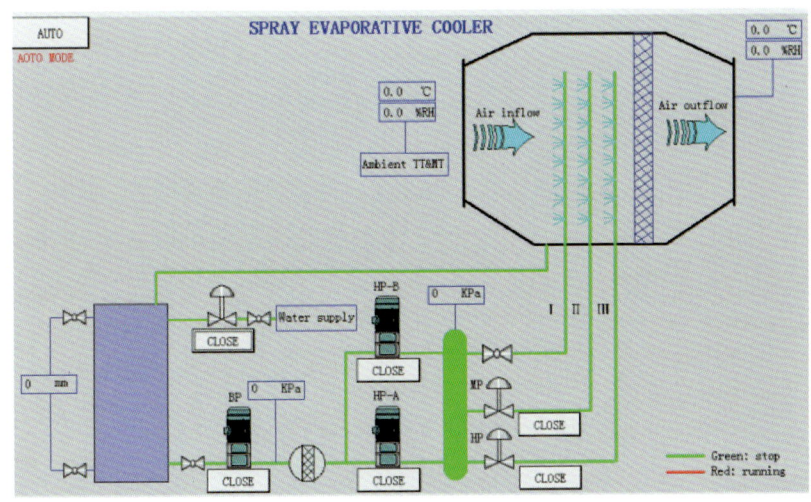

图7-1-6　高效蒸发制冷设计模型

图7-1-7　某电站高效蒸发制冷装置

（二）技术特点

高效蒸发制冷技术是提高燃机高温季节处理，降低热耗率的有效办法，尤其适用于中东、非洲这种高温低湿度地区。

该技术通过建立环境温度、大气压力、大气相对湿度的数学微分模型，引入敏感度系数表征其对燃气轮机发电功率的影响程度，从而实现了燃气轮机发电功率的动态提升。根据中东、非洲地区实际情况，项目定制内部逻辑控制程序，通过PLC系统动态自动控制中、高加湿量气动阀门的开启和关闭,将入口气体湿度控制在所需的范围内,高效降低进气温度,提高燃气轮机现场出力。采用设置分组、分级喷雾管进行喷雾降温,按照环境温度及功率输出作为反馈条件,在线动态调节燃气轮机进气温度和湿度按照自动控制程序调节流量。

(三) 应用效果

通过在线动态调节燃气轮机进气温度和湿度,设置分级喷雾装置,优化了高效蒸发制冷技术,实现了在环境温度50℃及以上时,有效提升燃气轮机现场出力10%～15%,节约用水量10%,达到优化机组功率选型的目的,在众多海外油田孤网自备电站进行了广泛应用,效果明显。

第二节 输变电技术

一、技术描述

油田孤网自备电站的电能需输送至油田各电力用户,包括处理站、转油站、泵站、计量站、单井、营地等生产和生活设施。输变电系统主要包括变电站、输电线路、配电线路等,是油田孤网电站与油气生产设施紧密联系在一起的纽带。

孤网电力系统的输变电技术包括变电集约化设计建造技术、输变电系统数字孪生技术和输电线路4D优化技术,能够满足恶劣社会及自然环境条件下的工程需求,最大化降低油田开发成本和运行潜在的风险。

(一) 变电集约化设计建造技术

变电集约化设计建造技术通过对采购、加工、运输、安装、运维等环节的整合,结合标准化设计、规模化采购、工厂化预制、模块化建设、信息化管理、数字化交付"六化"要求,在减轻了作业现场的重复劳动和繁杂安装工序的同时,给建设单位带来成本优化、进度可控、质量保证、安全可靠等诸多方面的价值。

针对传统建站模式,海外油田变电站建设面临社会经济落后、物资供应匮乏、安全环境复杂、气候条件恶劣、工程地质多变等诸多不利因素,建站周期长、设备现场安装工作量大、施工质量不易把控、现场服务不便等多种不利因素。集约化变电站设计建设理念,将设计、采购、运输、施工、运行综合考虑,全面统筹,按照进线、变压、配出、保护控制功能、区位,将各单元、相同功能区设计标准化,工厂制造模块化,现场安装橇装化,生产运行智能化,大大缩短了设计、制造、安装周期,提高了项目运行可靠性、安全性。图7-2-1为某橇装化变电站实景展示。

图 7-2-1　橇装化变电站

（二）输变电系统数字孪生技术

油田孤网运行相对独立，所有的数据均需要自行管理，输变电系统数字孪生技术的诞生就是为了快速、全面、准确地收集、处理油田电网数据，为油田的运维和建设提供依据，避免因数据导致长时间的现场安装和调试工作。输变电系统数字孪生技术将所有信号数字化、管理内容数字化，利用网络技术，实现可靠而准确的数字化信息交换、跨平台的资源实时共享，进而利用智能专家系统提供各种优化决策建议。输变电系统数字孪生技术所依托的软件为 ETAP 计算软件（图 7-2-2）和变电系统三维设计软件（图 7-2-3）。

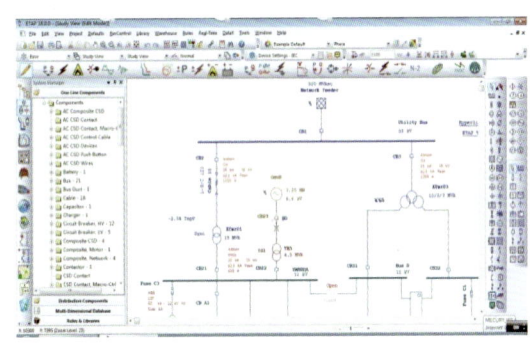

图 7-2-2　ETAP 计算软件

图 7-2-3　变电系统三维设计

（三）输电线路 4D 优化技术

在传统的输电线路设计中，设计人员需进行线路路径踏勘、测量、设计定位、设计校核、现场交桩、施工技术支持等大量现场工作。在海外现场，由于社会环境复杂，动用大量安保、军队提供保护较为常见，安全成本和风险都很高。

新的输电线路 4D 优化技术借助现代计算机的高速运算能力，通过无人机飞勘、多维地图成像等方法，不但实现对三维空间地形和障碍物的模拟（包括沙漠、草原、戈壁、山区等不同气候、地质、路径条件等），同时还可模拟随着时间的延伸出现的动态内外部条件变化（树木生长、弧垂变化），基于获取的信息优化设计塔型、定量分析线路特征和运行模拟、优化荷载分析、杆塔设计、感应及干扰分析、路径优化等，达到减少现场工作时间，缩短设计周期，提高线路安全、经济性的目的。

输电线路 4D 优化技术所依托的软件为 Power Lines，其输出的矢量地形图如图 7-2-4 所示。

图 7-2-4　矢量地形图

二、技术特点

输变电技术通过提高前期设计的准确度和重新划分工作界面等一系列措施，达到海外油田开发过程中减少现场工作时间，保障人员和设备安全的目的。

（一）变电站集约化设计建造技术

随着变电站集约化设计建造技术的不断完善，已经形成了一套行之有效的标准化设计方案，包括箱体、内部设备布置、安装方案、配套设施等。变电站标准化方案的制订，不但加快了设计进度，还可在设计初期直接与工厂对接，对方案的可行性做提前评审和预估。在设计过程中不断保持与厂家的信息互通，第一时间了解到变电站的生产状态，提前完成内部设备的采购、运输等环节准备活动，加快生产进度。标准化的设计可以保证基础连接的通用性，在变电站生产过程中，就可以开始基础的设计和预制，压缩整个项目的建设周期。

典型的预装式变电站如图 7-2-5 所示。

图 7-2-5　预装式变电站

工厂化预制和机械化作业的加入，让变电站的建设过程高质且高效。由于工厂的环境较现场环境好很多，箱体制造、设备安装、电缆连接、设备预调试等均在优质环境下完成；机械化作业的加入，降低了变电站的建设难度，且从内到外的安装精度均可校验，做到有问题提前解决，有故障提前排查，出厂即可使用。

（二）输变电系统数字孪生技术

输变电系统数字孪生技术基于行业认可的 ETAP 电力系统计算软件和输变电系统三维设计软件，能够实时模拟油田电力系统的短路容量、潮流分布、大型设备启动、继电保护整定，降低事故概率及维护成本；对电力系统物理和工作对象的全生命周期量化、分析、控制和决策，提高电力系统效率，减少设备故障，实现电力系统安全、经济运行和节能增效。

同时，依托智能计算机监控调度软件，配以先进的互联网和云计算技术，可以在电力系统设备正常和故障情况下实现对其监视、保护和控制，以实现高度连续、稳定的电力供应和优化的油田电网设备管理，并将逐步实现智慧运维、智慧能源、事故处理、综合服务、设备管理五大功能。

（三）输电线路 4D 优化技术

输电系统 4D 优化技术基于科技水平的不断发展，利用科技，改变传统的架空输电线路设计流程，提高架空输电线路设计的安全性和质量。数字化选线工作如图 7-2-6 所示。

随着多功能无人机的普及，低成本无人机勘测已经得到广泛应用。在项目初期就可获得详细的地表信息，为路径选择提供充分的设计依据，不再需要设计人员和测量人员长时间现场测量和踏勘。利用现代计算机的高速运算能力，数字化设计过程非常直观地展现到电脑屏幕上，其中包括了地形信息、高程信息、障碍物信息，通过数字化选线系统的不

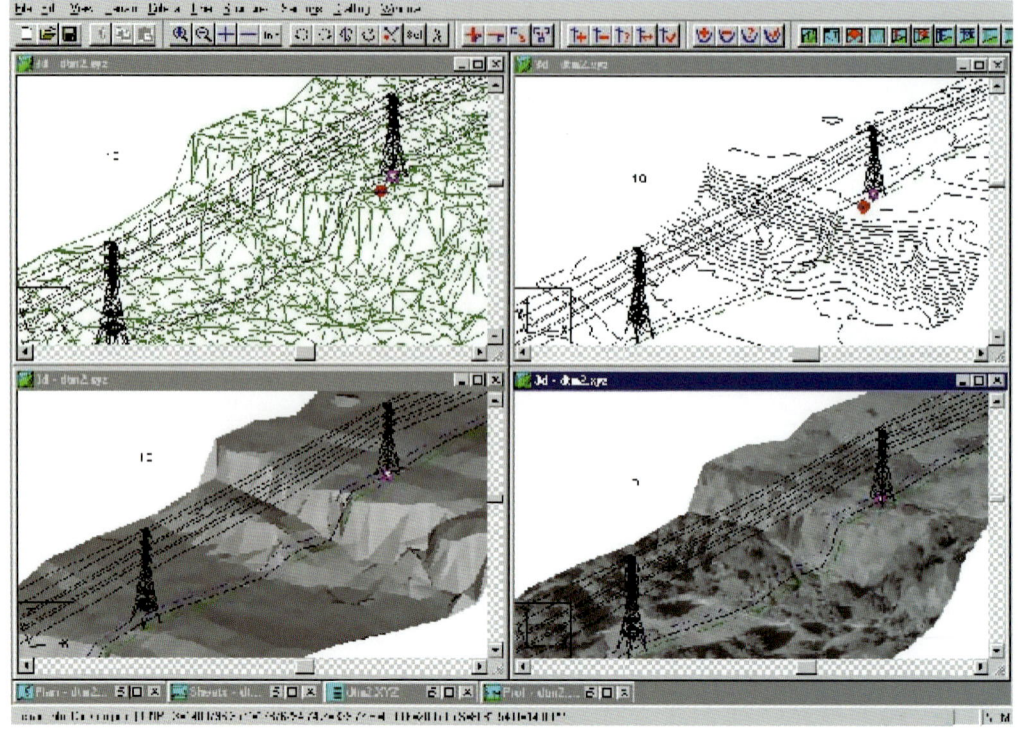

图 7-2-6　数字化选线

断完善，输电线路 4D 优化技术可以处理、显示、管理海量地理数据，包括数字地形、影像、矢量地形图、专题图、扫描地形图、激光点云等各种数据，并基于所加载的数据进行线路路径选择工作。完成路径优化以后，地形数据甚至可以直接用于施工图的编制，不再需要进行详细测量，极大地缩短了设计的周期，同时也提高了户外勘测作业的安全性。

三、应用效果

输变电技术已经成功应用于中东、中非、东非、西非等地区多个油田，已建成 132kV、66kV、33kV 等变电站 100 多座，132kV、66kV、33kV 等各等级架空输电线路千余千米，取得了良好的社会效益和经济效益。

第三节　智能孤网控制技术

一、技术描述

相对国家电网或国家区域电网，海外油田孤网系统一般容量较小，系统稳定性与大系统电网相比稍差。为了保证孤网系统发电、输电、变配电等关键设备的稳定运行，需要采用智能孤网控制技术对其进行全面实时监控。基于现代有源参量测量技术、多层次网络通信技术和数据信息技术，智能孤网控制技术对电网的运行状态进行连续在线自我评估，并采取预防性的控制手段，智能预判、精确诊断、快速隔离故障、自我恢复，避免大面积停电的发生，实现海外油田孤网系统智能化管理。

智能孤网控制技术主要包括以下功能：

（1）基于 IEC 61850 的智能化变电站技术；

（2）SCADA 数字化监控调度功能；

（3）PMS 快速减载功能；

（4）智能分布式保护；

（5）孤网电站自由同期控制。

二、技术特点

（一）基于 IEC 61850 的智能化变电站技术

国际电工委员会（IEC）制定了 IEC 61850《电力系统自动化和集成 通信网络和信息交换的数据模型》，该标准已经被广泛应用于数字化变电站。随着 IEC 61850 的广泛和成熟应用，其技术和方法已从变电站推广至发电厂、分布式能源及配电自动化等领域。IEC 61850 采用的面向对象的统一建模技术，使通信数据标准化的同时具有自描述的功能，标准定义了抽象通信服务接口（ACSI），使模型和服务独立于底层通信协议，为来自不同厂商装置数据交互、互操作的实现创造了条件。

由于海外油田配电网网络分支繁多，配电网需要接入大量的、不同种类的、来自不同厂商的配电自动化终端，这就导致应用中的配电自动化终端具备的功能和定义的数据格式不尽相同，不同终端间难以实现信息共享，增加了系统的安装调试和管理维护的工作量，制约配电自动化的发展。

IEC 61850 为海外油田孤岛电网实现了标准化面向对象的模型，降低了工程开支；提供了完整的"报告""数据访问""事件日志""控制"等功能；通过引用已广泛使用的 TCP/IP 技术和以太网技术，进一步降低了通信架构的成本；面向对象建模，运行维护方便。

（二）SCADA 数字化监控调度功能

海外油田一般地处偏僻地区，站场多为无人值守或少人值守，需要依托 SCADA 数字化系统进行全方位的监控，不仅对发电、输电、变电进行监控，还要求对配电系统进行监控。

SCADA 数字化系统采用环形网络拓扑架构，实现网络通信的冗余，环形网络不应采用相同的路由，以防止施工及后期维护过程中路由中断风险。对于距离较远的变电站，采用冗余的星型拓扑，保证通道冗余性。

SCADA 数字化系统除了完成传统电力系统保护设备的监测和集成，实现常规发电站和变电站的自动化功能，同时还对整个电力系统进行监控集成，实现油田电力系统的全面监测和控制。主要包括发电系统和变配电系统两个方面：发电系统中，SCADA 数字化系统在完成自身发电控制的基础上，通过智能化的数字接口与发电站管理系统完成信息交互，实现发电站自动化；变配电系统中，SCADA 数字化系统使用综合保护测控一体化智能设备，实现与变配电系统的继电保护、监控和信息管理。图 7-3-1 为电力 SCADA 数字化系统原理图。

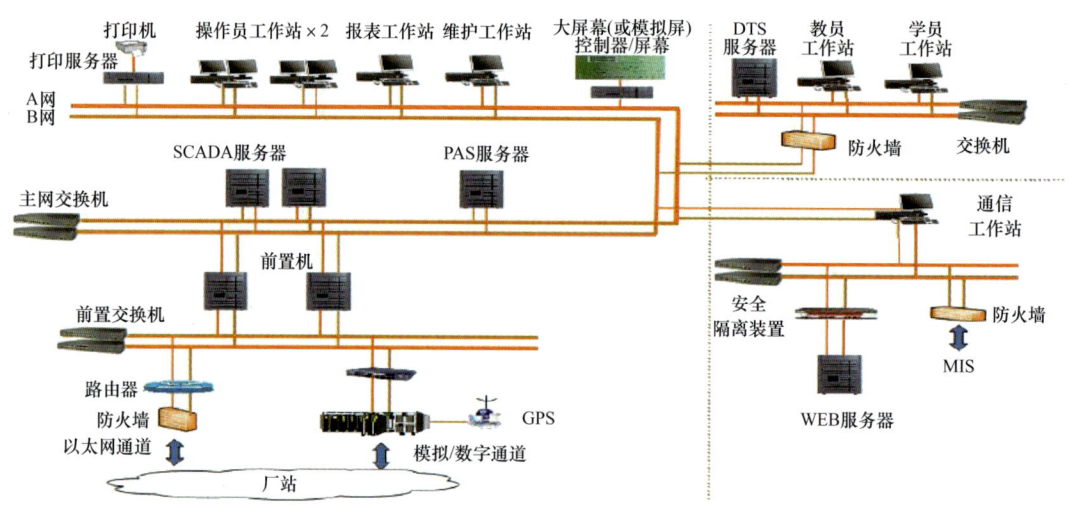

图 7-3-1　电力 SCADA 数字化系统原理图

在具体实施过程中，对发电机组和变配电系统分别配置独立的冗余服务器。在任何一个系统发生故障的情况下，另一个系统仍能安全稳定运行。

（三）PMS 快速减载功能

与传统电网通过发电机控制器快速减载不同，海外油田孤岛电网采用 PMS 系统快速减载，根据孤网系统发电机容量和数量，考虑工艺流程及油田运行情况，将油田电力负荷划分为不同优先等级。当某台发电机因故障或其他原因突然退出运行，或其他原因导致的频率下降时，按照负荷优先级别，快速分级减掉部分负荷，以避免造成更大范围的故障。智能孤网控制技术具有不超过 100ms 的快速减载功能，不同站场可根据负荷优先级及油田运行情况来自行定义和调整。

（四）智能分布式保护

海外油田系统的站外单井一般都采用配电环网供电，这种供电方式给保护系统整定造成困难，常规的保护配置及整定方式存在弊端，例如存在动作时间长、停电后需要人工倒闸恢复无故障回路供电、故障区域隔离系统重建后原有保护系统不能正常工作、再次发生故障时可能会发生误跳闸，以及无故障区域的恢复供电时间长等问题。这些问题导致故障不能及时清除，进而导致设备损坏程度加大，增加了维修费用，并且影响到整个系统的稳定运行。

分布式保护的实施只需要通过各井口之间彼此交换数据，而不依赖于与上级主站间的通信情况，这使得分布式保护比上级主站集中处理判断故障速度更快。当站外单井与上级主站间的通信路由故障时，上级主站将无法监测和控制单井设备，但不影响分布式保护系统的正常运行，此时分布式保护系统将退出运行，传统的保护整定方案自动投入运行，直到通信路由恢复正常。

（五）孤网电站自由同期控制

油田一般分布范围大，分期开发，在不同地点、不同时期建立多个电站以满足开发需求。油田开发后期，基于电力系统稳定运行等因素，需要多个电站联网运行。孤网电站自由同期控制可实时捕捉远距离电站的同期合闸电压、频率及相角，计算、预测变化趋势，实现各区域同期点自由设置，支持超过 10km 远距离调整发电机并网。

三、应用效果

智能孤网控制技术已成功应用于伊拉克哈法亚油田、艾哈代布油田、尼日尔油田和乍得等海外油田，应用效果良好，主要体现在以下方面：

（1）SCADA 数字化监控调度减少了运维人员；
（2）PMS 能量管理系统能够快速减载，保证孤网系统的安全、稳定运行；
（3）智能分布式保护使得井口故障恢复时间大幅缩短；
（4）孤网电站自由同期控制实现了远距离发电机并网。

第四节　微电网智能融合发电技术

一、技术描述

海外油田的偏远区块采用传统供电方式成本较高，经济效益较差。对边远单井、长输管道阀室及偏远泵站、小型生产生活营地等用电量相对较少的用户，小容量微电网发电技术得以应用,大大降低了油田建设和运维成本。近年来,随着光能、风能、氢能等新能源发电、存储技术的日趋完善及稳定性、可靠性提高,集中式、分布式光伏及发、储一体化技术应用全面展开,为海外油田智能微电网系统建设、节能低碳闯出了新路。

(一)集中式光伏并网发电技术

充分利用海外油田独特的地理资源和光资源优势,集中大容量光伏能源建设,为海外油田大容量用电设施提供经济、绿色、互补、可靠的电力。多组光伏组件通过箱逆变一体机或者组串式逆变器和箱变的组合实现光伏组件的直流变交流并升压并网。电网电源与光伏发电系统并列运行,互为补充,不设置储能系统,光伏系统应发尽发,替代油田电网的部分柴油或者天然气发电,降低化石能源消耗,减少碳排放。图 7-4-1 为并网型太阳能电站系统结构示意图。

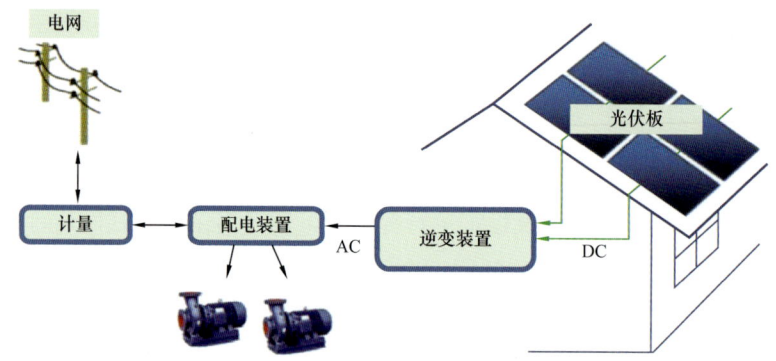

图 7-4-1　并网型太阳能电站系统结构示意图

(二)分布式光伏微网发电技术

分布式光伏微网发电技术适用于海外油田泵站、生活营地等用电量相对较小的场所。发电系统以光伏+储能为主电源,柴发作为辅助电源,实现系统的稳定、不间断供电。光伏区采用高效组件及组串式逆变器,组串式逆变器接入升压箱变。储能系统采用户外集装箱集中式布置,储能电池经储能变流器接入升压箱变进线柜。光伏、储能、柴油发电容量在满足安全稳定运行的前提下力争实现最低度电成本的最优配比。

光伏单元和储能单元并入母线之后,和柴油发电机发电形成一个"自发自用"的光储柴发电系统,通过 EMS 实现站层的能量检测管理,根据不同的电源和负荷情况,实现光—储—柴的切换。图 7-4-2 为光储柴发电系统结构示意图。

(三)单井光伏独立发电及应用技术

针对部分边远单井产量相对较低、用电负荷较小且可以短时中断的特点,单井光伏技术的应用较为经济、可靠地解决了边远单井油气生产问题。单井光伏阵列发出的直流电经汇流箱汇流后接入充电控制器，然后分别接入直流配电箱和储能电池组。用电设备可由直流配电箱直接供电，储能电池通过充电控制器充电和向用电设备供电。太阳辐射充足时，用电设备由光伏阵列直接供电，同时向储能电池充电；而当夜晚或太阳辐射不足时，须通过储能电池向用电设备供电。如单井负荷较大或者有容量不大的机泵时，可增加 DC/AC 逆变装置，完成逆变和升压实现交流供电，满足负荷用电需求。图 7-4-3 为单井光伏直流供电系统结构示意图。

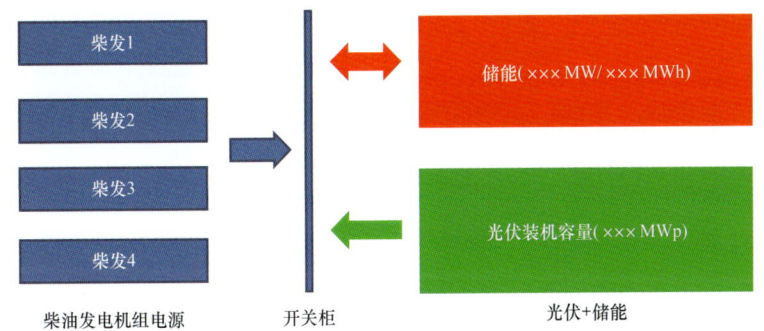

图 7-4-2　光储柴发电系统结构示意图

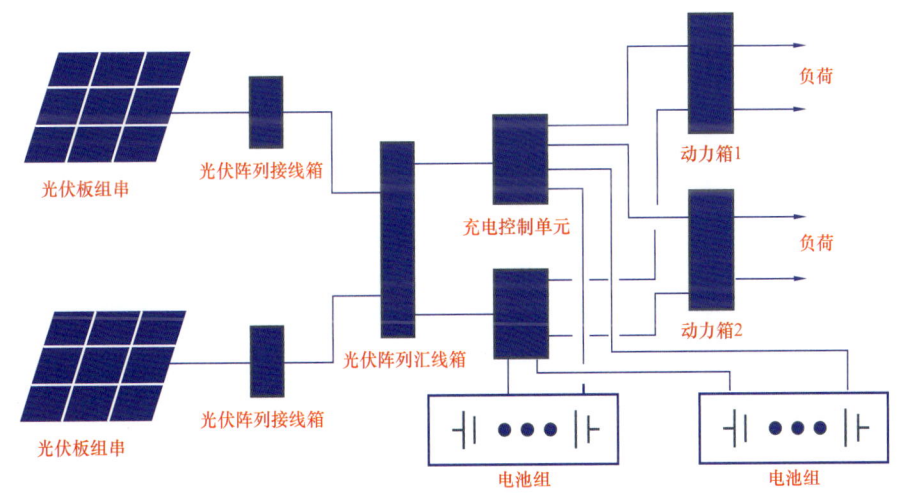

图 7-4-3　单井光伏直流供电系统结构示意图

（四）微电网智能控制技术

通过基于 SCADA 智能控制的新能源发电控制器，可以把海外油田涉及新能源的风光气电储有机地结合在一起，达到最优配比并稳定运行的目的。图 7-4-4 为微电网智能融合发电系统示意图。

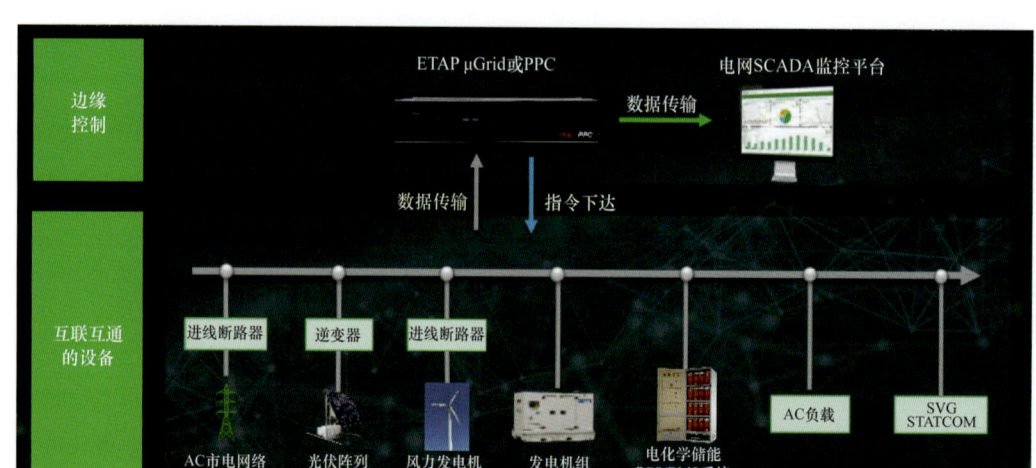

图 7-4-4　微电网智能融合发电系统示意图

二、技术特点

微电网智能融合发电技术充分利用了可再生太阳能资源，减少了一次能源消耗及碳排放，产生了良好的社会和经济效益。

（一）集中式光伏并网发电技术

集中式光伏并网发电技术充分利用海外油田丰富的太阳能资源，将大容量光伏电量并入油田自备电站电网系统，在较大程度上减少轮机机组的运行时间和燃料消耗，降低不可再生资源的消耗和运行成本。

该技术将利用太阳能所发电接入电网，与电网融合运行不设置储能系统，比独立太阳能光伏系统的建设投资可减少达25%～45%，从而使发电成本大为降低。不设置储能系统可提高系统的平均无故障时间和蓄电池的二次污染。

该技术方案应用标准化光伏组件、支架产品和预制化的箱变，可在现场快速部署安装，极大地缩短施工周期。

（二）分布式光伏微网发电技术

分布式光伏微网发电技术，同为利用海外油田丰富的太阳能资源，将中（小）容量光伏与油田油（气）自备电站相融合，互为补充、备用，在较大程度上减少主供电力机组的运行时间和燃料消耗，降低不可再生资源的消耗和运行成本。

该技术方案应用组串式逆变器，其体积相对较小，重量较轻，且采用免维护设计，安装和一般移动均可手动完成，具备户外安装的条件，且各种保护功能齐全，使得电站安全性较高。

该技术方案应用 EMS 数字化能量管理系统，能够实现实时数据采集与在线监视、光伏功率和负荷功率预测、多模式频率电压自适应调节，通过云端集中运维，高速可靠通信，实现柴发远程启停控制、实现站点无人值守。

该技术方案光伏发电投资和储能大小关系密切，如果要完全替代柴油发电，初始投资会较高，需结合柴油短缺和现有资金情况进行综合考虑。

（三）单井光伏独立发电及应用技术

单井光伏独立发电及应用技术对负荷较小井口的用电设备可由直流配电箱供电，省去了逆变器和变压器，减少了电能损耗，充分利用了可再生能源，降低现场施工和运维检修工程量，兼顾了经济和环境效益。

该技术无须建设传统的输电线路和升、降压站，减少了传统能源消耗和项目投资，并且该光伏发电系统配备有储能电池，两者配合能更可靠地为单井负荷供电。

（四）微电网智能控制技术

微电网智能控制技术执行负荷频率控制，优化发电水平，自动协调有功与无功发电运行，进行交易调度、交易管理及能源成本分析报告。最小化发电成本，满足可靠性前提下优化发电组分间合理配比，最小化系统损耗，自动削峰填谷，确保微电网可靠运行。

三、应用效果

微电网智能融合发电技术在海外油田电源建设领域逐步推广并逐步扩大，风力发电技术也将逐步展开。由于海外油田独特的自然、经济、安全特征，为光伏、风能发电提供了较好的环境优势和经济优势。结合目前世界各国向新能源行业转型支持和低碳、环保要求，不同规模、不同类型新能源利用技术在海外油田及其他领域都有着广泛的发展空间。

通信和安防信息技术在海外油田的生产运营中占据了非常重要的位置，不仅与生产人员的沟通交流息息相关，同时也深入到油田自动化运行、生产安全的方方面面。油田的安全高效运行，特别是现代化大型油田在信息安全、通信质量、安防的智能化和可靠性等方面，对于通信和安防系统有很高的要求。

通信技术主要用于数据传输和信息交互。比如站场、井场与油田控制中心稳定可靠的生产数据传输通道；站场之间的语音、数据和行政通信；控制室与场区各个位置的操作人员之间的语音通信；与倒班营地或者住宿区工作人员进行语音和集群通信；与油田区域之外的公司、国家总部进行语音、数据、视频通信；与国内和国际第三方进行语音、数据、视频通信等。通信技术的应用在满足信息化时代油田日常生产需要的同时，也为未来油田数字化智能化的升级改造奠定了良好的硬件基础。

安防信息技术主要用于油田场站的安全防范和应急处置。比如关键设备和关键区域的视频监控；入口控制、入侵者检测和与保安人员的沟通；向厂区各区域，特别是在紧急情况下进行语音广播和报警通信等。适合的安防信息技术的选择和应用，能助力海外油田在恶劣的环境下更好地保障人员和资产的安全；同时利用一些特色的技术，定制化设计特定的解决方案，可以辅助生产管理、监控、应急响应和事故处置等，以满足不同的油田特点和用户要求。

海外大型油田，特别是中东和非洲地区的大型油田，油田地理跨度大，站场比较分散，管理不便；公网依托差，通信安防设施基本靠自建；自然环境和社会环境比较差，基础设施不完善，容易遭到破坏，维抢修难度高；人力资源匮乏，符合油田专业需求的操作人员较少，高自动化智能化技术的应用能减少对于人员素质的要求和依赖；局势动荡，安全风险高，需要更可靠的安全防范和更高效的应急响应系统保障。针对上述特点，量身定制、因地制宜的通信和安防信息技术的应用方案就显得尤为重要。本章结合海外大型油田的实际情况重点介绍"无线蜂窝网络技术""CCTV 和火气系统联动技术""站外接入技术""站场一体化应急广播报警技术""智能视频周界探测技术"。这一系列技术的应用，可以为海外油田生产运行提供可靠的数据传输通道，智能化的安全和安防解决方案，在解决问题的同时优化员工数量、提高劳动生产效率、节省工程和运营的投资。

这些通信方案和技术为油田生产带来安全、智能、高效和便捷，先进的通信技术带来一系列智能化的应用，把油田带入全新的数字化时代，为实现智能油田奠定了坚实的基础。

第一节 无线蜂窝网络技术

一、技术描述

通信网络的覆盖从面、线、点三大维度进行规划。油田数据传输需求包含很多面维度的覆盖，特别是在站外井场和集输部分，有越来越多的无线传输和移动传输的需求，这些数据具有数据点分散、带宽小、覆盖面大的特点，而且这些传输通道并不用于远程控制，对于延时要求较低，需要适合的无线技术来实现。

蜂窝数字集群是以蜂窝状组成的通信网络（图 8-1-1），通常提供大范围区域的语音业务。无线蜂窝网络技术近些年不断提升，在提供语音业务的同时，还能提供一定能力的数据传输业务，如长期演进（Long Term Evolution，LTE）技术。网络通过数字化的节点通信模式进行统一管理，数据传输的上传下载带宽可以按照接入节点的需求进行分配。该种网络以最小的节点数拥有最广的覆盖区域，是比较理想的大范围数字通信建设方案。

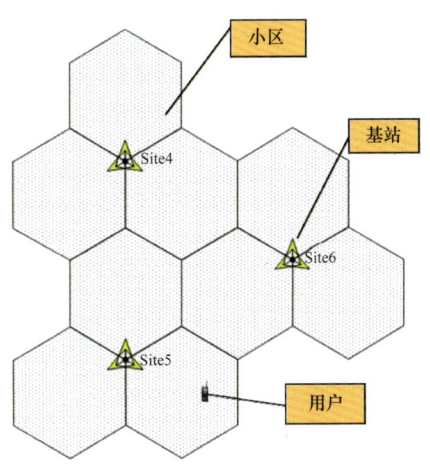

图 8-1-1　无线蜂窝网络覆盖典型图

二、技术特点

海外大型油田地理跨度大，站点分散，站外社会环境复杂，对于固定设施和资产的维护维修难度大、成本高。无线集群网络技术克服了地理环境的限制，部署灵活、搭建快速，网络覆盖面大、传输便捷、维护方便，且能满足油田生产需求。无线基站设置在有人值守站场，便于管理和维护，在提供油田的生产和调度电话的同时，将覆盖区域内的站外井口的数据上传至调控中心，如图 8-1-2 所示。

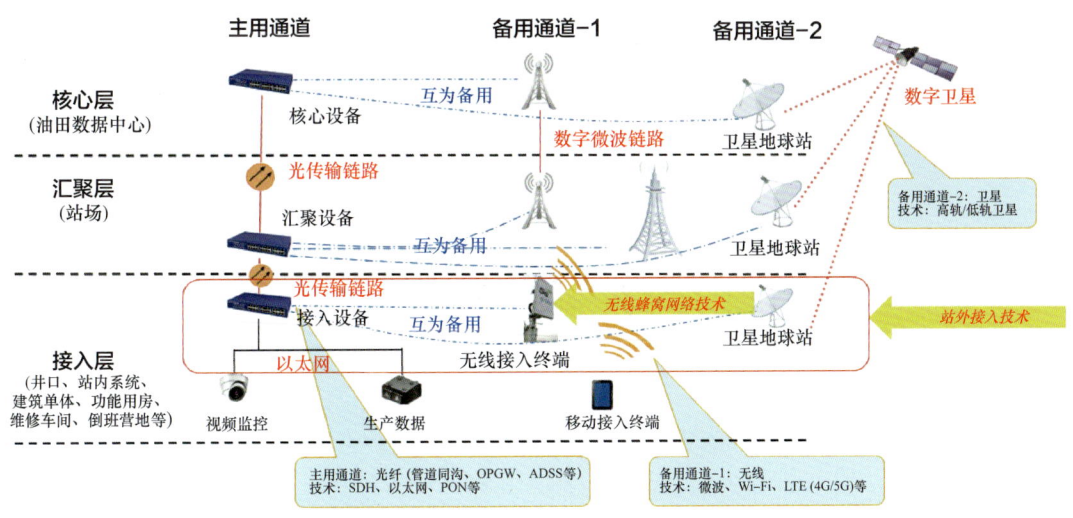

图 8-1-2　油田传输网络分层和传输方式

无线蜂窝网络技术的应用，弥补了海外大型油田中有线网络建设和维护周期长、受社会环境影响大等方面的劣势。同时，它在移动数据传输方面有着明显的优势，为油田移动巡检巡查、野外作业及后期无人机业务等数字化智能化应用和升级改造提供了良好的网络基础。

该技术以其自身特点作为有线数据传输通道的重要补充和备用方式，与有线技术紧密结合，一起为油田搭建完善可靠的传输通道。

三、应用效果

基于上述特点和油田生产实际需求，伊拉克某大型油田成功投用中国石油海外第一套基于 CDMA 2000 技术的 3G 数字无线蜂窝网络系统（图 8-1-3），将无线蜂窝网络技术应用于油田生产管理。

图 8-1-3　海外某油田无线蜂窝网络基站和通信塔

第二节　CCTV 和火气系统联动技术

一、技术描述

海外油田油气中心处理站厂区面积非常大，中控室操作人员接到火气系统探测报警后，出发去往现场确认或排除需要较长时间，往往会错过最佳处理时间，造成损失扩大，甚至是不可估量的损失。如何让操作人员第一时间了解现场实际情况，迅速做出合理的判断就显得尤为重要，这就需要采用"CCTV 和火气系统联动技术"。

将火气探头覆盖大部分的场区工艺区域和重要装置设备，用来检测工艺场站的气体泄漏和着火情况，但是火气系统的报警形式比较简单，通常检测到火气泄漏后以声光的方式进行提示，并不能通过图像的方式展现现场的实际情况。在大型油田站场设置CCTV监控系统，在场区内分散布置多个变焦云台摄像机，对站场周界、主要道路及关键工艺装置等区域进行实时的视频监视和记录，具备常规安全防范功能。这些摄像机通过云台的转动、角度的调节、焦段的变换等操作可以实现对场区大部分区域的实时视频监控。在覆盖区域的完整性方面，火气系统和CCTV系统是比较一致的，对于火气探测区域的实时画面能进行很好的展示和记录。

该技术利用遍布全场的摄像头，通过开发定制的联动接口，将火气系统的报警信号（通常是火焰探头）传送至CCTV系统中，该信号具有CCTV系统的最高优先级，它在第一时间触发报警探测器附近原本进行常规监视工作的摄像头自动转向关联区域，并按照预先设定迅速调整角度和焦距，以达到最佳监视角度和范围，在中控室大屏幕中自动弹出监控画面并后台录像。

二、技术特点

CCTV和火气系统联动技术在提高火气系统报警后操作人员的响应速度和判断效率方面有着十分显著的优势。

首先，从火气系统探测到信号，到CCTV系统实现联动和弹出画面，整个动作过程仅仅耗时数秒。相比传统手动操作摄像头，一方面提高了定位精确度，另一方面节省了大量的时间，使得操作人员第一时间对事发现场情况有全面的了解，辅助进行决策判断。

其次，在操作人员去往现场处置的整个过程中，中控室依然可以对现场进行全程监控，及时与处理人员进行沟通，使得处理方法更准确高效。

同时，整个事发和处置过程都有记录，可以回溯进行事件分析和经验总结。

通过一个很小的定制开发方案，将火气和CCTV原本完全独立的两个系统有机联合在一起，形成相互高效配合的整体，实现了传统系统在油田智能化中的新应用，大大提高了油气站场的安全性，将事故风险和损失降到一个非常低的水平。

三、应用效果

CCTV和火气系统联动技术在中东地区大型油田建设中有广泛的应用，并逐渐推广应用于尼日尔、乍得等非洲地区油田。其中，伊拉克某油田的实际应用如下：

某CPF处理站场区尺寸约600m×600m。场区分布着55台变焦PTZ摄像头，基本覆盖整个场区范围。通过对比场区摄像头和火气探头的布置点位，确定每个探头和摄像头的对应关系，并初步推断报警情况下摄像头合适的覆盖范围和角度，如图8-2-1所示。

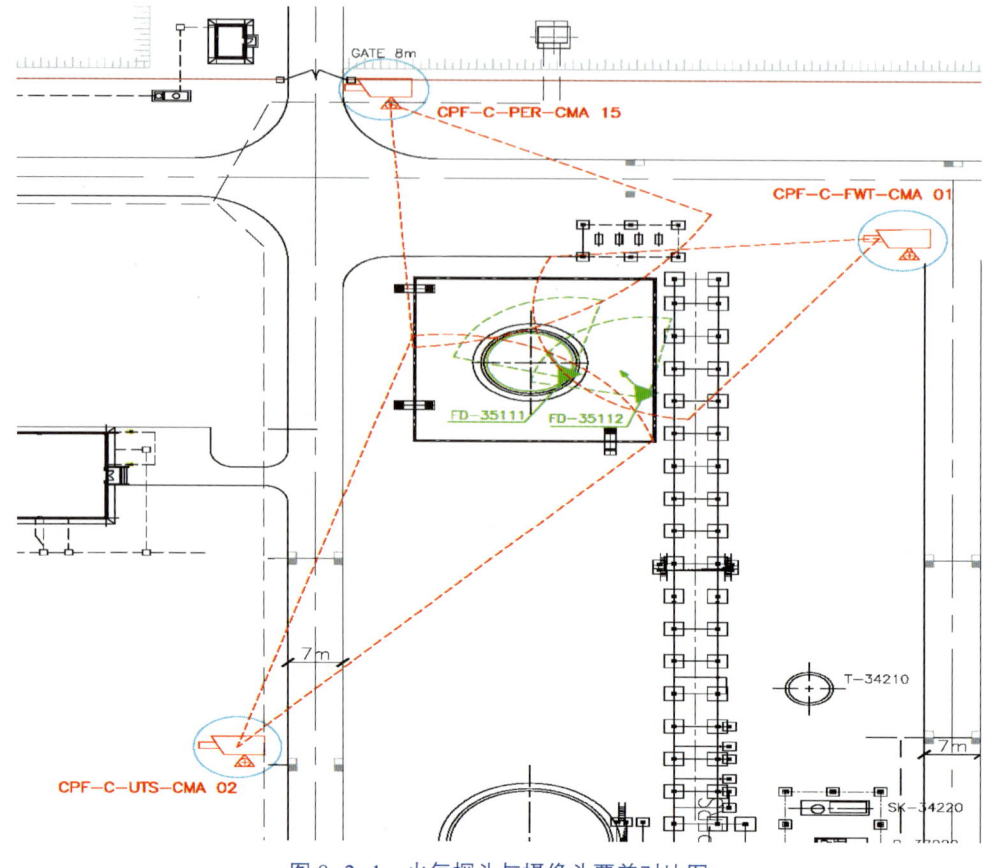

图 8-2-1　火气探头与摄像头覆盖对比图

将如上对应关系整理成列表，将接收到每个探头报警信号后对应摄像机应转向的方位、角度和焦距等填入表 8-2-1 中。

表 8-2-1　火气探头与摄像头对应表

火气探头编号	描述	摄像机编号	预置位	云台角度	焦距
FD-35111	柴油储罐火焰探测器 1	CPF-C-PER-CMA 15			
		CPF-C-FWT-CMA 01			
		CPF-C-UTS-CMA 02			
FD-35112	柴油储罐火焰探测器 2	CPF-C-PER-CMA 15			
		CPF-C-FWT-CMA 01			
		CPF-C-UTS-CMA 02			

CCTV 系统按照对应表将火气输入的报警信号和对应摄像机的动作进行联动设置。CCTV 与火气系统联动实际效果示例如图 8-2-2 所示。

图 8-2-2　CCTV 与火气系统联动效果示例

该项目自投产以来，持续运行多年，效果良好。

第三节　站外接入技术

一、技术描述

国内外大型油田井场到中心处理站之间数据传输通常采用传统的通信方案，即与输油管线同沟埋地敷设通信光缆作为井场数据的主要传输通道。但是由于大部分油田站场分散，社会环境复杂，各井场和采油区之间星罗棋布地穿插着农田和村落，村民的农耕、采掘等活动经常会破坏光缆导致信号中断，维抢修难度大，通常无法及时修复，井场就变成了一个信息的孤岛。而井场通常是无人值守的，生产数据和视频数据的中断会使得油田监控中心失去对这些井场状况的实时掌握，存在较大的安全隐患，油田公司只能加大人工巡查力度和频率，但这不是长久之计。因此，稳定可靠的传输方式的重要性和紧迫性就尤为凸显，"站外接入技术"在这种情况下应运而生。其主要应用范围如图 8-1-2 所示。

（一）主用通道：光纤通信

尽管无线技术发展迅速，发挥着越来越大的作用，但是光纤通信仍以其超大带宽、传输稳定可靠、保密性强及低延时等特性，作为油田数据传输的主要通道。作为传统方案的埋地光缆，在部分油田实际应用中存在各种问题，影响油田业务正常开展，在此情况下，往往会因地制宜地采用更可靠的光缆路由和敷设方式，比如光纤复合架空地线（OPGW）和全介质自承式架空光缆（ADSS）等。

OPGW 是稳定可靠的有线传输方案。电力行业通常采用 OPGW 方式进行数据传输，也就是把光纤放置在架空高压输电线的地线中，用以构成输电线路上的光纤通信网，这种结构形式兼具地线与通信双重功能。部分油田井场原采用柴油发电机供电，随着油田规模扩大，产量上升，原有的供电方式满足不了生产需要，海外油田公司通常计划自建孤网电力系统，新建孤网电站和变电站通过架空电力线给各井场提供电能，这样为 OPGW 传输方案提供了必要的基础条件。这个方案在原有架空电力线路方案上增加非常少的成本，同时安全系数又非常高，因为架空电力线遭到破坏的可能性非常小，能保障稳定的井场数据传输，用非常小的投资解决困扰油田已久的井口数据传输问题。根据油田业务需求和 OPGW 资源情况，可以采用如下的传输方案：

（1）OPGW 光纤资源充足、业务种类较少，又是环形物理结构的，可以结合环网交换机组网传输，如图 8-3-1 所示。

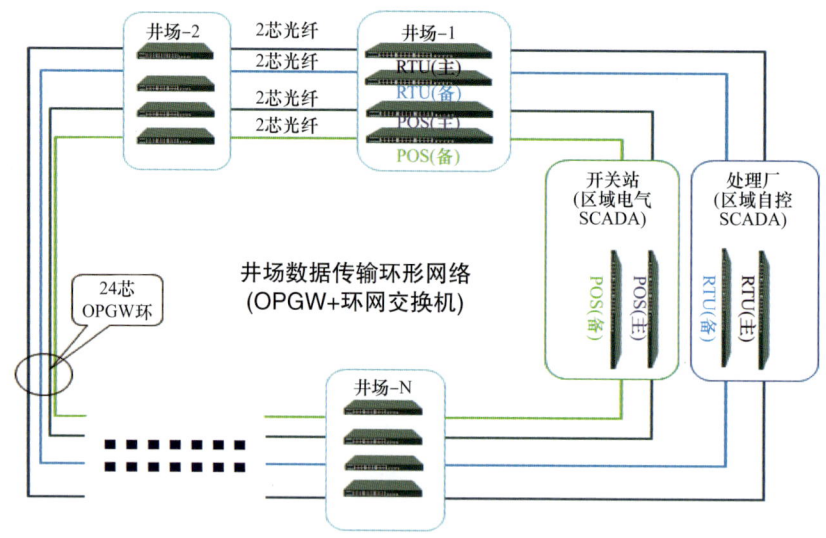

图 8-3-1 OPGW+ 环网交换机传输

（2）OPGW 光纤资源紧缺，业务种类较多，光缆物理结构不一定是环形，为了提高光纤资源利用率，可以采用无源光网络（Passive Optic Network，PON）设备组网传输。OPGW+PON 方案在井场侧光纤熔接和分配如图 8-3-2 所示。

由于无源分光技术对于光衰要求较高，在分光的级数和数量上都有一定的限制。因此在采用这种方式时，需对于井场数据业务种类和带宽有全面的了解，同时也应对光纤资源分配做好统筹规划。PON 传输通道分配如图 8-3-3 所示。

部分油田因为自身原因，比如老旧井场改造架空电力线难度大，或者油田产能短期内不需要提升等原因，暂时不具备 OPGW 光缆条件，又急需稳定可靠的架空光缆路由，也可以因地制宜地采用 ADSS 的方式，其所配套传输设备和组网应用与 OPGW 一样。

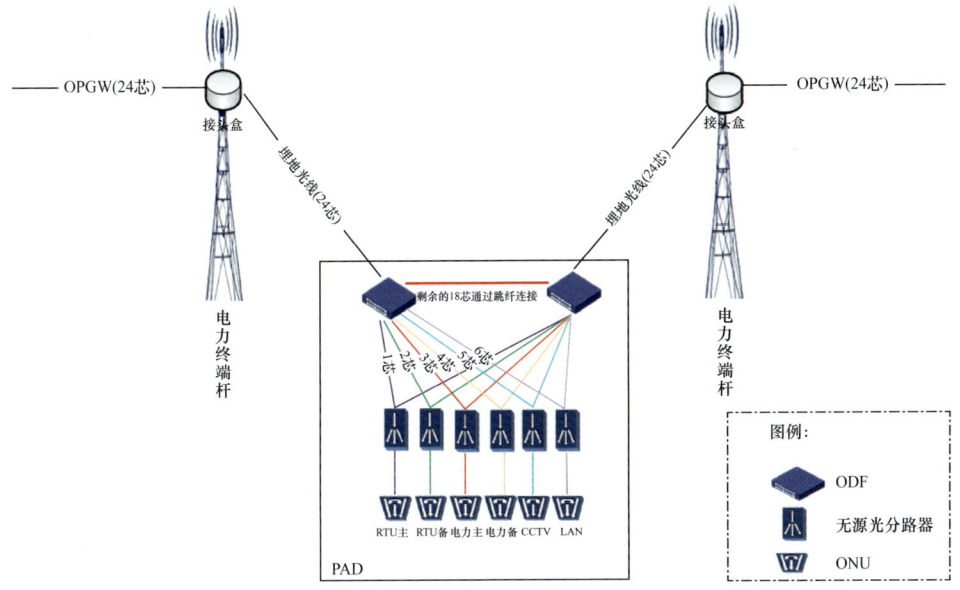

图 8-3-2　OPGW+PON 方案在井场侧光纤熔接和分配

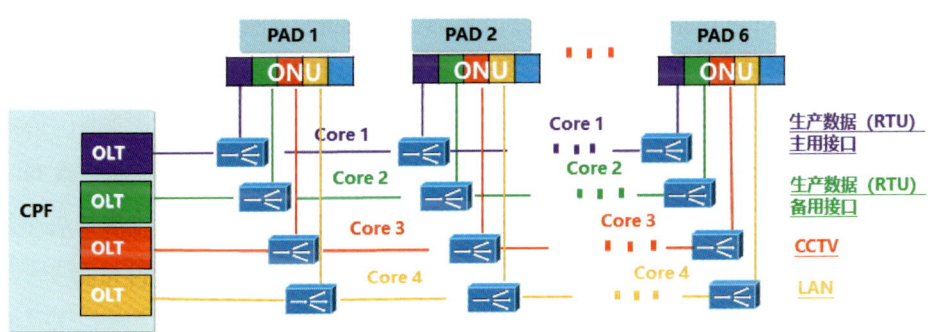

图 8-3-3　PON 传输通道分配

通过埋地或架空等光纤通道，使站外井场等实现图像、数据传输可以为智能化油田提供强有力的通信保障。

（二）备用通道：无线通信

为保障井场 RTU 等重要生产数据传输，在光纤通信作为主用通道的同时，会采取微波、Wi-Fi、LTE（4G/5G）等无线技术作为这些生产数据的备用通道，加强关键数据传输的稳定性，减少因为单一传输通道故障导致的油田重要业务中断。

海外油田占地宽广，通常会自建覆盖油田区域的无线数字集群通信系统或者 LTE 系统，这种无线系统在满足语音通话业务需求的同时，还能提供一定带宽的数据传输业务。利用它作为在有线通信建设过程中的临时井场数据传输方案，以及光缆建成后的备用方案，是一个很好的选择。图 8-3-4 是典型的利用 LTE 传输井场数据结构。

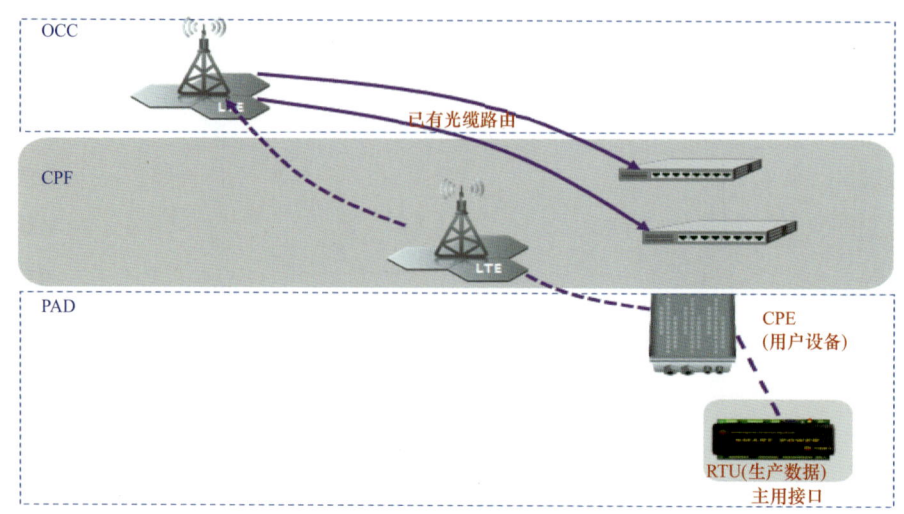

图 8-3-4 LTE 传输井场数据结构

LTE 详细应用参见本章第一节。

二、技术特点

站外接入技术充分利用油田站外集输自有供电线路，以极少成本增加换来了具有高安全性和高稳定性的架空光缆传输通道，满足了油田井场数据传输的需求。同时，依托于油田自有的无线集群通信网络，构建了便捷灵活的无线数据传输通道，作为光缆线路的有效补充和备用通道，为井场数据传输提供了双保险。整个技术方案为大型油田的站外井场实现高自动化的无人值守提供了必要的基础条件。在减少操作、巡检维抢修人员的同时，还能确保油田控制中心对各井场生产作业、安防监控等全方位的远程监视需求，保障油田各区域的安全平稳运行，为油田数字化智能化建设升级奠定了坚实的基础。

三、应用效果

伊拉克某油田社会环境复杂，井场用来传输数据的光缆多次遭到破坏从而导致数据中断，由于维抢修难度大，数据时常无法及时恢复传输，给油田生产运营带来了极大困扰。在经过多次深入现场调研，仔细分析井场的环境和可依托条件，设计团队因地制宜，提出了基于 OPGW 加无线传输的井场数据传输方式。

（一）OPGW 传输

依托于油田的井场高架电力环线，使用 OPGW 作为架空地线，在整个架空电力线中增加了可用的光纤资源。利用其环形物理结构的特点，选择环网型交换机作为配套的传输设备，为井场数据传输提供了稳定可靠的有线传输通道，如图 8-3-5 所示。

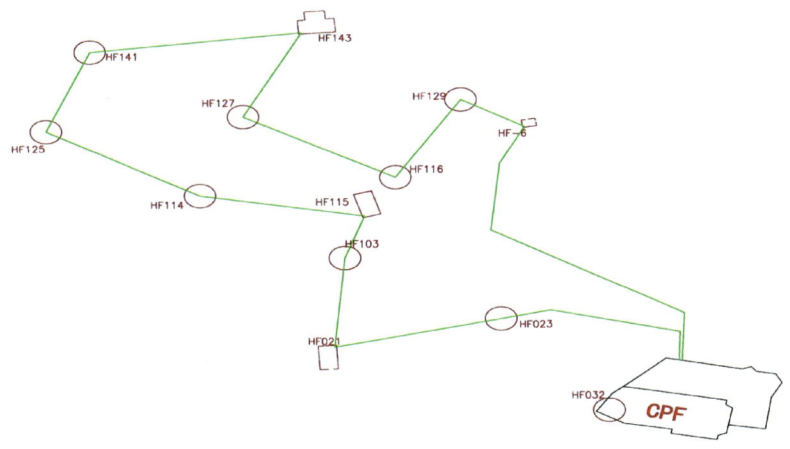

图 8-3-5 伊拉克某油田井场架空电力环网（局部）

（二）无线传输

依托油田自建 LTE 网络，其中 CAMP、CPF1、CPF2 分别设置基站，每个基站覆盖范围分为 3 个区段，半径 12.19km。每个区段可供井场生产数据的带宽资源达到 13 Mbps，能完全满足数据传输需要。考虑到分段重叠，油田划分为 8 个区域，所有油田井场均在覆盖范围之内，如图 8-3-6 所示。

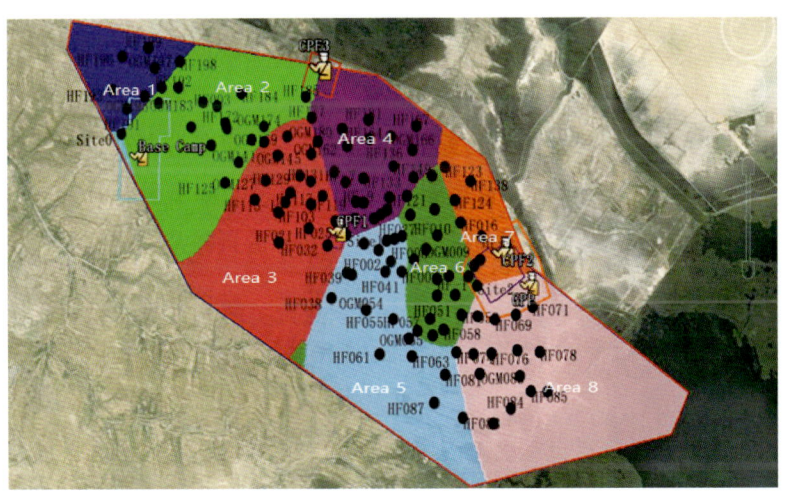

图 8-3-6 伊拉克某油田 LTE 覆盖图

在每个井场设置 CPE（Customer Premise Equipment）作为数据上传的出口。LTE 网络和生产数据网络的结构和数据流向存在一定的区别，而且需要采取一定的网络安全措施以保证数据安全，隔离风险。因此，对于 LTE 网络和生产网络的连接及数据互通，按照图 8-3-7 进行实施，并在大规模应用之前，选择了单个井场作为试点进行测试，确保方案可行。

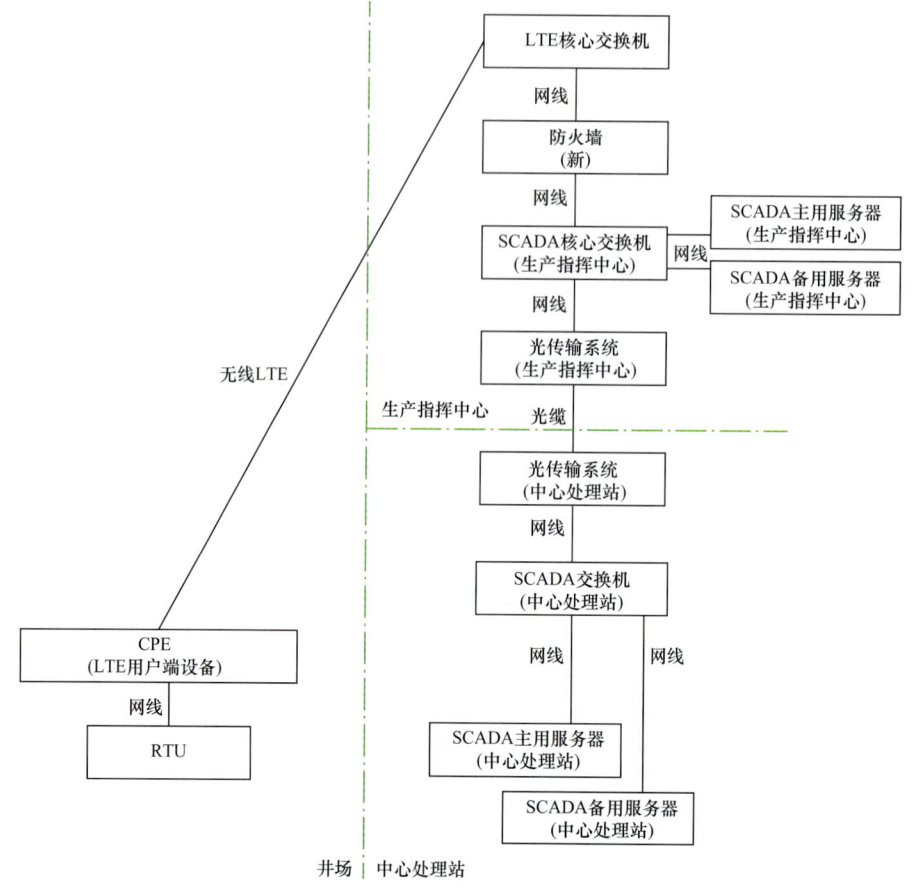

图 8-3-7 伊拉克某油田 LTE 与生产网络连接结构图

站外接入技术的应用获得非常好的效果,不仅有稳定可靠的有线网络,也有灵活机动的无线补充,很好地解决了困扰油田已久的难题。

第四节 站场一体化应急广播报警技术

一、技术描述

油田安全相关系统是否能有效地发挥最大作用,一般体现在两个重要的方面:一方面是系统能否快速准确地识别出安全风险,这与各种探测分析技术关系紧密,是安全系统的根基;而另一方面,系统识别的风险能否通过合适的报警方式,及时通知到相关的人员并确保他们能有效接收,这也是非常关键的一步,"站场一体化应急广播报警技术"就为这一环节提供了良好的解决方案。

该技术在全场范围内设置听觉和视觉报警设备,实现覆盖全场的公共广播和通用报警功能。主要包含以下两个部分:

(1）在有人活动且环境噪声不大［通常不超过85dB（A）］的设施、装置和工作区域附近提供语音广播和声音报警，并提供语音通信（话站）。

（2）在环境噪声水平过高的高噪声区域，声音报警无法作为有效报警手段，提供可视报警（闪灯）。

站场一体化应急广播报警技术除了确保有效覆盖之外，还应充分体现其一体化的特点。首先，该技术应能与各类站场探测系统进行联动，比如火气探测系统、火灾报警系统、周界安防系统等，在接收到这些系统的报警信号后，能将预制好的匹配的报警声音（比如可燃气体泄漏的报警音和火灾的报警音有所区分）传送到需要区域，高噪声区域的报警会在闪灯颜色上做区分（比如红色是火灾，黄色是有毒气体，蓝色是可燃气体），以确保所有涉及的工作人员能迅速接收到信号，并能快速清晰地分辨出报警类型，做出正确的响应。

此外，该技术还应能提供紧急情况下人工广播的功能。部分海外油田政治局势动荡，社会风险高，不时会出现局部战争、冲突或者是游行抗议等情况。这些状况下，油田需要在很短的时间内对全油田或者全场站范围下达警示或者撤离的通知。相比电话传达和信息传达，大范围的人工广播是更快捷有效且现实可行的更优选择。因此，站场广播报警系统具备紧急情况下人工广播的功能十分必要。人工语音广播控制台通常设置在油田或者场站的控制中心，通过预设的广播分组和按键组合，可以对整体和局部区域进行实时喊话，结合安全预案，在紧急情况下将安全风险信息、报警信号、行动指令等及时下达到指定区域，为完整高效的应急响应和处理机制提供必要的技术支持。

二、技术特点

站场一体化应急广播报警技术将信息技术应用于油田生产生活中，为复杂的社会环境和各种已知未知的风险环绕的大型油田，在人员和资产安全上提供了可靠的报警手段，切实提升安全保障水平。一方面，这项技术全面覆盖了油田生产生活方方面面的报警需求，做到报警管理高度集成一体化；另一方面，它针对不同的紧急状况和突发事件的特点和需求，提供了丰富且适宜的报警方式，最大化地提高报警效果。这项技术在海外大型油田安全保障中发挥了关键的作用。

三、应用效果

站场一体化应急广播报警技术在海外大型油田的油气处理站场被广泛应用，比如伊拉克某大型油田的天然气处理厂。该站场占地面积较大，且有着复杂的工艺流程，包含天然气处理、装车、外输、硫黄回收、处理、打包、仓储、装车等，对于生产安全提出了更高要求，因此可靠高效的报警技术的应用不可或缺。

该技术在该站场应用的过程中,除了提供一体化和丰富的报警措施外,为了保证覆盖效果,使用专业的声学软件,将场区扬声器的布置、参数、朝向等代入场区平面,进行了声场模拟(图8-4-1)。在场区噪声地图(图8-4-2)基础上对场区报警设备的覆盖效果进行了模拟,在不断调整和优化后,实现了所有非高噪声区域扬声器的报警音都能高于环境噪声10dB以上的目标(图8-4-3),这样能确保报警音进入人耳时可以排除环境噪声的干扰,被听者清楚地识别和分辨。

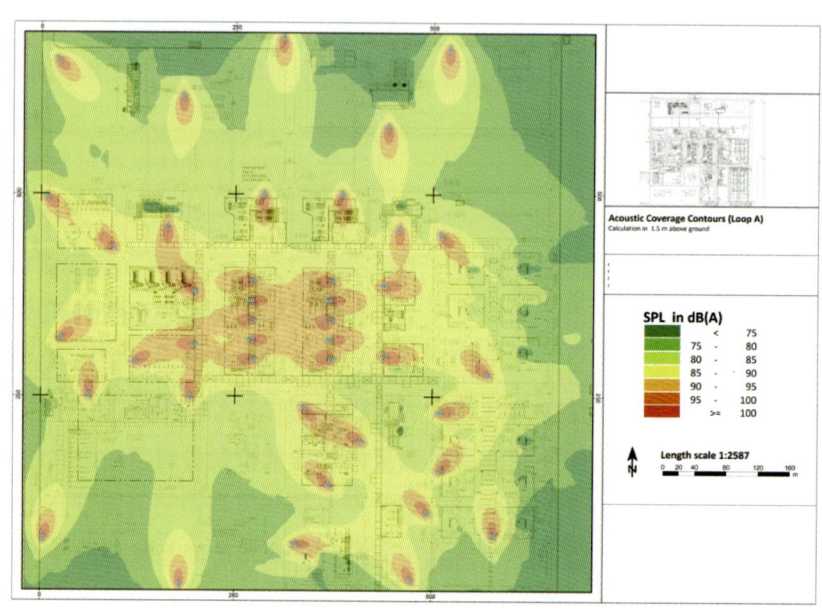

图 8-4-1　场区扬声器声场覆盖模拟

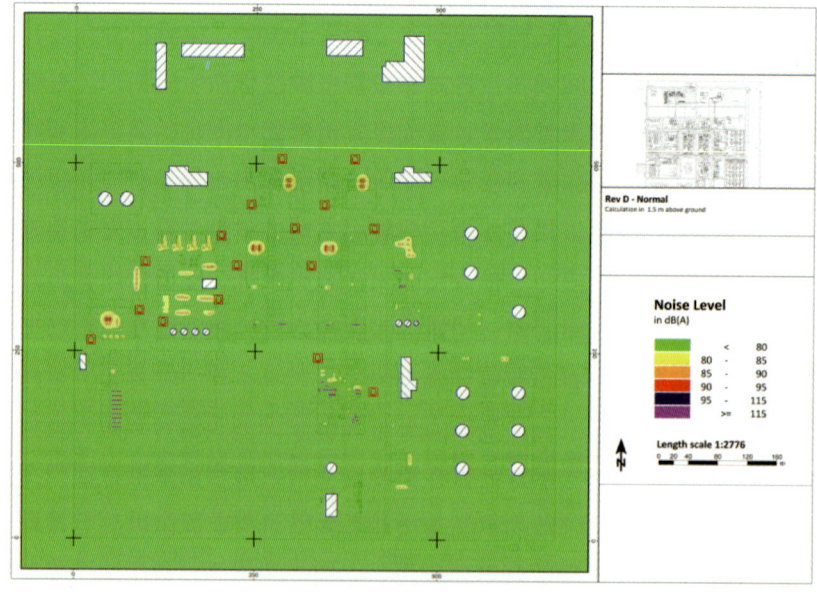

图 8-4-2　场区噪声地图

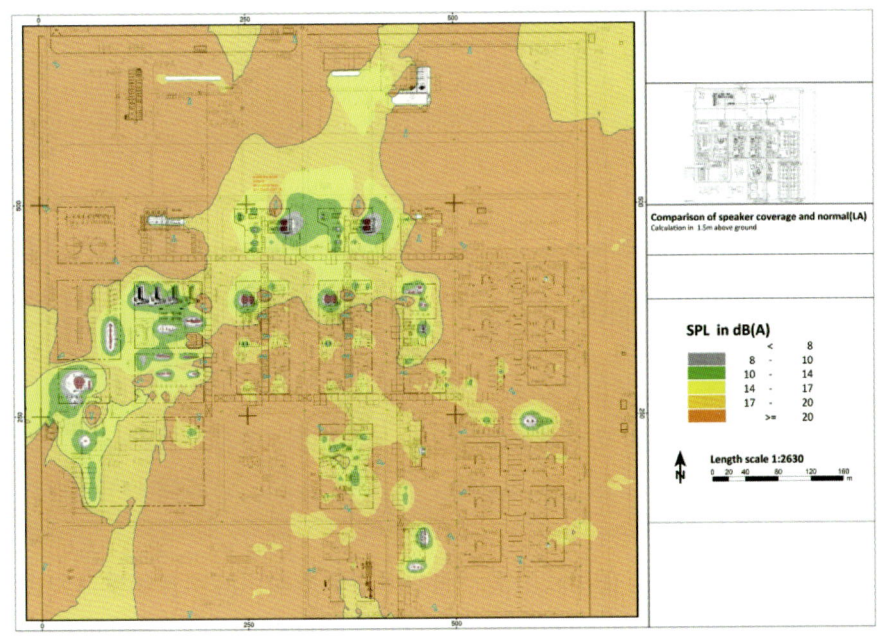

图 8-4-3　场区信噪比模拟图

第五节　智能视频周界探测技术

一、技术描述

油田开发和生产运营中，安全一直是头等大事。因此，有必要建立安全、先进、可靠的安全保障体系，保护油田资产安全，保护生产和办公区内人员安全。以两伊为代表的中东地区及大部分非洲地区油田的治安状况都不理想，而且高水平安保人员的资源匮乏且投入较高，妨碍了油田投入足够的资源进行有效的巡逻和监控，无法给予油田高风险资产周全的保护。在这种情况下，"智能视频周界探测技术"的应用就有的放矢地解决了这一系列问题。这项技术在提高油田站场和营区安保等级的同时，还能大幅削减后期持续的安保投入。

该技术在站场或营区通过在周界设置首尾相连、对射、端对端拍摄的摄像头，形成对周界区域无死角的全覆盖监控防御区域，并在视频监控系统中建立基于视频运动分析功能的 2D 或者 3D 的虚拟防区（图 8-5-1），定制安全策略和触发报警的规则。当危险物体（如人、车辆、飞机或不明物体等）试图侵入防区时，系统可立即通过声音警报、弹出视频和移动设备短信自动通知工作人员，并自动识别入侵物体并形成图标，显示在中控室监控大屏的场区地图上，并能迅速准确定位其位置，自动跟踪物体的运动轨迹。同时，系统的跟踪摄像头可以自动捕捉入侵物体，方便保安人员观察细节。

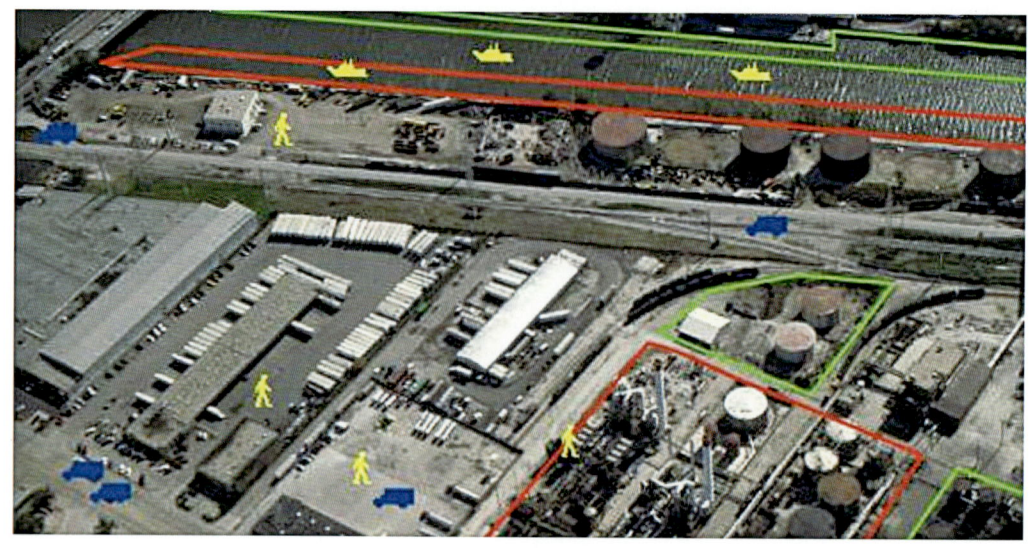

图 8-5-1　虚拟防区示意图

二、技术特点

智能视频周界探测技术具有以下显著的特点：

（1）基于智能视频分析技术，能提供更先进的目标检测和分类功能，具有更强的功能和更高的可靠性。

（2）充分利用摄像头和其他传感器，以及系统强大的分析运算能力和算法，提升到传统闭路电视安全系统无法达到的保护水平。

（3）监控和威胁评估对人工的依赖大大降低，报警报告高度准确，报警验证和响应所需的时间缩短至几秒。

（4）充分利用系统和设备自身的能力，用物防替代人防，用智能分析替代人工分析，能按照设定的要求不折不扣地提供 $7 \times 24h$ 长时间连续稳定的安全防护，减少人为判断和懈怠带来的疏漏和风险，在极大地提高安全保护等级和可靠性的同时，大幅减少人力资源的投入。

以上主要优势使得该技术在海外油田有着非常广泛的应用场景和前景，也为油田智能化奠定了坚实的安防基础。

三、应用效果

伊拉克某油田环境风险高，营地是油田生产管理中心，作为高敏感度的设施，很有可能成为恐怖袭击、偷盗、破坏等违法犯罪活动的选择目标。因此对于高等级安保措施有着强烈的需求，经过仔细的对比评估，采用智能视频周界探测技术加强了营地的安防方案。

该项目在营区的周界区域安装 8 台探测用摄像机,以便于进行周界视频探测。每台摄像机的监视位置及覆盖范围如图 8-5-2 所示。

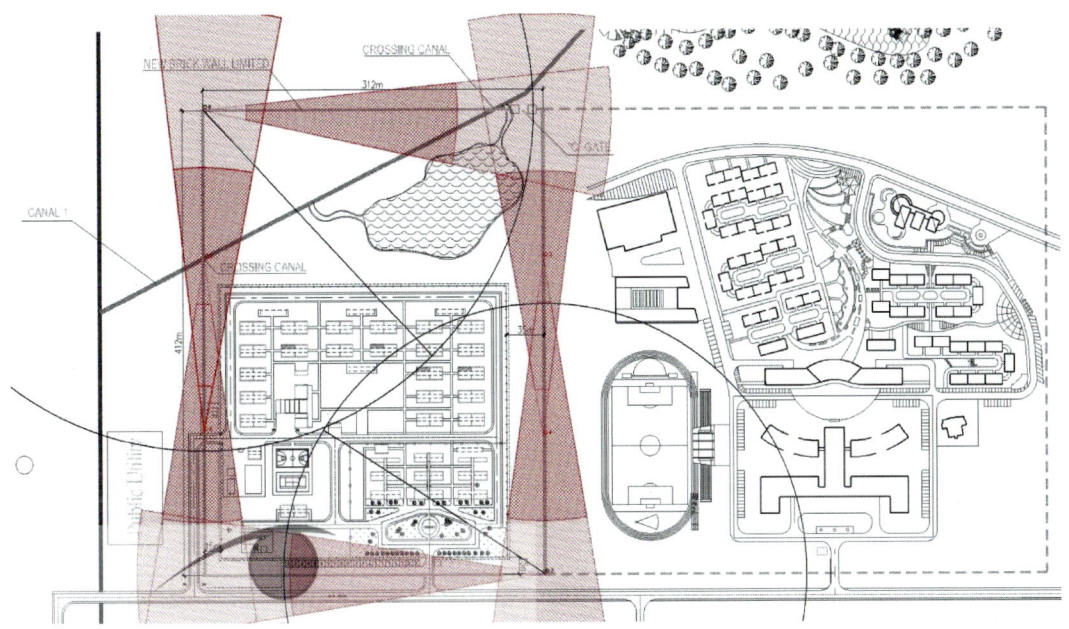

图 8-5-2 营区周界视频摄像机布置图

图 8-5-2 中,扇形区域为固定摄像机的探测范围,半圆形区域为追踪摄像机(无遮挡情况下可以覆盖整个营区周界)。固定摄像机选用热成像摄像机用于智能分析分别放置于周界的四边和拐角处,共计六台。热成像摄像机可以捕捉到发出红外波的物体图像,不受光照条件的限制。摄像机采用立杆安装,保证一定的立体防护空间。左、右边界各设置两台摄像机,交叉对射,可各自覆盖住对方的监控死区,上、下边界各设置一台摄像机,与左、右边界的摄像机的监控互相配合,避免盲区的存在。摄像机的监控面积为扇形,可以提供比较大的监视缓冲区,确保根据现场条件获得可靠的视频图像用于分析和监控。

另在整个营区左上角和右下角各设置一台 PTZ 摄像机,采用立杆安装,用于查看报警细节及自动跟踪目标物。

实际应用效果如图 8-5-3 所示。图 8-5-3 是监控系统中整个营区智能视频周界覆盖情况和探测到的入侵报警提示。其中绿色边线区域是系统中设定的虚拟防区,一旦有物体接近或跨越防区(图 8-5-4 中粉色人形位置)就会在系统中弹出报警框(图 8-5-3 中左上角弹框显示),并在界面右侧弹出对应的视频画面(图 8-5-5)。

智能视频周界探测技术在该油田营地实际应用中,对非法入侵行为探测迅速、定位准确、显示直观,在提高了安保等级的情况下极大地节省了人工安保的投入,为油田稳定安全的生产运行提供了有力的保障。

图 8-5-3　营区智能视频周界探测实际应用

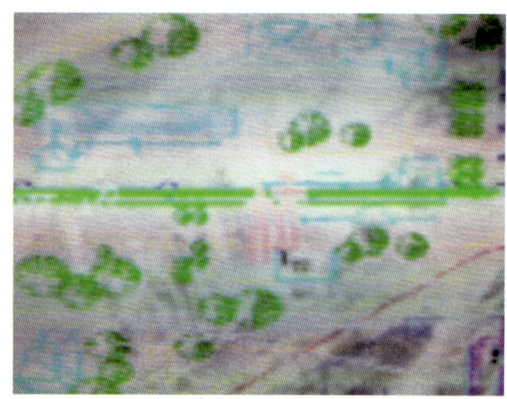

图 8-5-4　周界入侵报警提示

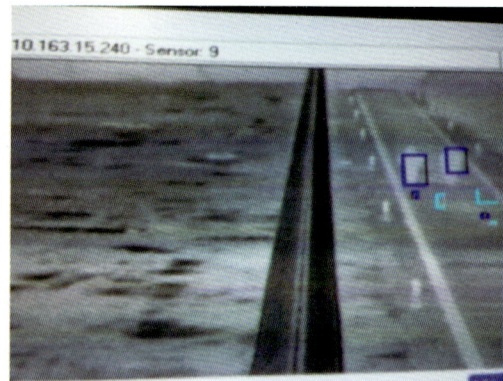

图 8-5-5　入侵报警点实时画面

第九章

仪表及自动化控制技术

仪表及自动化控制技术在海外油田的生产运营中占据了非常重要的位置，是海外油田开发工程中的关键环节之一，是海外油田各种开发设施的大脑和安全卫士。仪表控制系统一方面连续检测和控制海外油田各种生产、公用设备的正常运行，另一方面又对各种意外事故进行实时监测，一旦出现意外，第一时间进行报警并经过系统逻辑自动地处理控制，以便将不安全的因素控制在最小的范围内，从而保障油田的生产安全，确保人员、设施的安全。仪表控制系统发挥良好的功能才能保障油田得以顺利地开发运行。

仪表及自动化专业主要致力于提供如下服务：

（1）为工艺设施运行提供监测和控制；

（2）为健康安全环境提供警告和保护；

（3）为系统化管理提供有效工具和手段。

仪控技术体系以 API 规范体系为主，辅之以 ISO、IEC、ISA、AGA、ASTM、EN 等国际和国外标准，由检测仪表、控制阀门、计量装置、安装材料等构成体系的现场层，由控制技术、控制方案、设计软件等构成体系的控制层和操作层，进而延伸到为用户提供服务和决策的管理层，多层次全方位地为海外油田地面工程提供服务。典型的油田仪表自控和信息网络功能架构如图 9-0-1 所示。

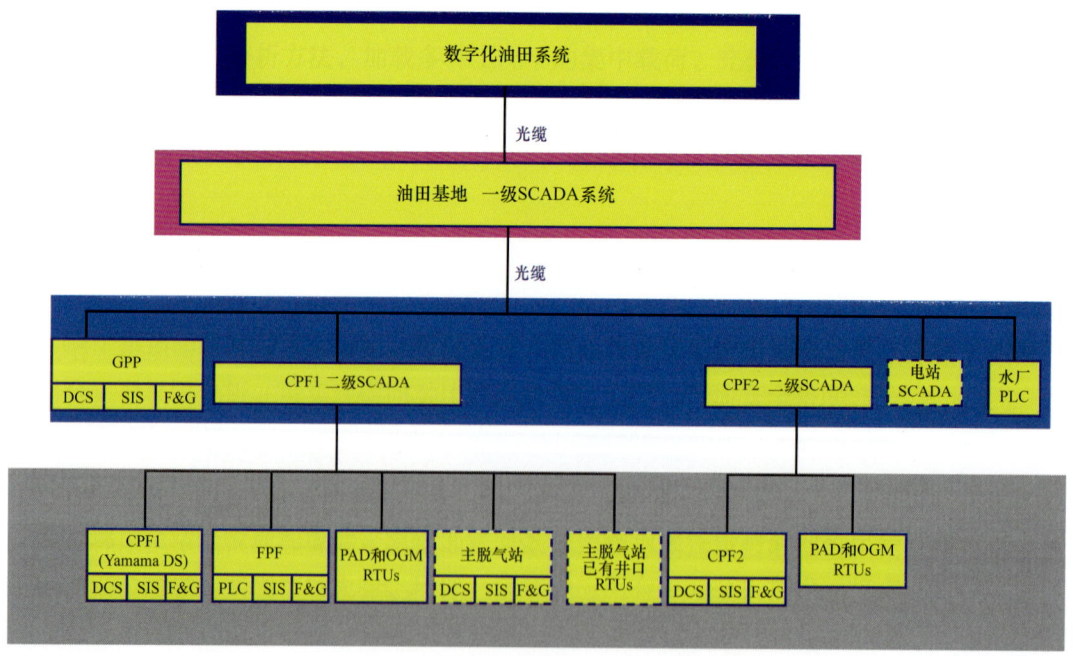

图 9-0-1　仪表自控和信息网络功能架构

本章结合海外大型油田的实际情况重点介绍"超高压安全保护技术""原油在线交接计量及检定技术""原油在线自动分析技术""智能化设计方法数据库管理技术"。

第一节　超高压安全保护技术

一、技术描述

油田管道系统经历超压情况后，可能导致管道泄漏、爆炸，从而引起人员伤亡、设备损坏和环境污染。此外，一些井口未使用超高压保护措施可能导致油井喷漏，引发火灾和环境灾难，造成生产设施严重破坏、环境污染，威胁到工作人员及附近生活人群生命和财产安全。

超高压安全保护系统（High Integrity Pressure Protection System，HIPPS）是一种用于保护高压管道系统安全的自动化防护系统。HIPPS 以其高度的可靠性和保护管道系统免受过压的能力在石油石化、天然气、水处理等工业领域中得到了广泛的应用。HIPPS 完整性管理系统是一种结合了技术和管理的系统，旨在确保 HIPPS 系统的可靠性、正确性和安全性。

HIPPS 完整性管理系统可以对 HIPPS 系统进行全生命周期管理，包括设计、实施、运行、维护和更新。HIPPS 完整性管理系统可以帮助企业有效地管理 HIPPS 系统，及时发现问题并采取有效措施，从而减少事故的发生，保护人员、设备和环境的安全。

二、技术特点

HIPPS 系统是一种自动化防护系统，其原理是在管道系统进入警戒状态时，将自动切断管道系统上游的流体输送，从而防止管道系统过压或压力失控。HIPPS 系统现场装置如图 9-1-1 所示。

图 9-1-1　HIPPS 系统现场装置

HIPPS 系统通常由传感器、控制器和执行器三部分组成，一般情况下 SIF 回路可以按照 SIL3 配置。

（1）传感器：可以检测管道系统的压力参数，并将其传回控制器。通常作为高压保护的检测元件，采用2oo3的配置压力变送器。

（2）控制器：通过对传感器传回的数据进行处理，得出管道系统是否进入警戒状态，并将相应指令发送给执行器。作为控制器的逻辑表决器，通常采用固态逻辑控制器。

（3）执行器：根据指令对管道系统进行切断或开启。执行器通常采用带有SIL认证的紧急关断阀串联。

典型HIPPS系统配置如图9-1-2所示。

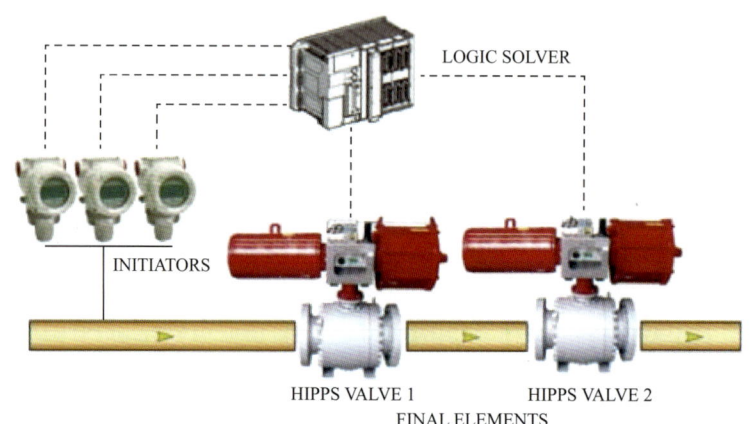

图9-1-2　典型HIPPS系统配置

HIPPS系统具有以下几个特点：

（1）反应速度快：HIPPS系统可以在毫秒级别内切断管道系统，与传统的安全阀相比，反应速度更快、更稳定。

（2）可靠性高：由于HIPPS系统通常采用多重保护层的设计，以确保在一个保护层失效时，其他保护层仍能通过逻辑控制有效防止过高压力的发生，并且HIPPS硬件组件，如传感器、执行器和控制器，会选择高可靠性的产品以减少故障发生的可能性，因此HIPPS系统的可靠性更高。

（3）自动化程度高：HIPPS系统采用自动化控制，不需要人工干预，减少了人为因素的影响。

三、应用效果

随着工业化进程的加速和技术的不断发展，高压管道系统越来越重要。然而，由于其具有安全隐患，高压管道系统安全的保护成为了一个重要的要求。

伊朗北阿项目井口装置，由于国际制裁，供货商资源有限，因此因地制宜地采用了SIL3的WESD系统，两台SIL认证的紧急关断阀串联，三台SIL认证的压力变送器的优化替代方案，开创了 HIPPS 在中国石油伊朗项目应用的先例，为油田的管道超高压保护和安全生产保驾护航。

第二节　原油在线交接计量及检定技术

一、技术描述

国内油田地理条件和环境因素相对比较友好，流量计方便依托国家鉴定站采用离线式检定。相比海外油田，可依托条件较差，而且往往涉及国际交接，比国内的要求相对要高，且所处环境较为苛刻。通常在海外油田设计过程中，原油交接计量及配套的检定设施尤为重要。原油的交接计量系统直接关系到贸易交接双方的经济利益和整个油田的正常生产运行。中国石油海外油田一般处于中东、非洲、中亚等经济相对落后、物资和设施相对缺乏的地区，因此在油田的建立过程中，在设置交接计量橇的同时，也相应配套标定检定装置，以确保生产运行的连续和贸易交接计量可靠。

原油交接计量及检定通常包含计量系统、体积管检定系统、水标定系统、流量计量及标定管理系统和采样分析系统。

（1）计量系统：通常根据原油物性和项目业主要求的计量仪表选择相应的质量流量计、容积式流量计、涡轮流量计或者液体超声波流量计，配备相应的直管、消气装置、进出口阀、流量控制阀、高精度温度压力变送器及其他管阀配件等作为一个整体的交接计量橇。

（2）体积管检定系统：通常为双向球形体积管或者活塞式小型体积管。一般体积管由双向回路和四通阀、位置开关、高精度的温度压力变送器等组成。标定过程通过流量计的实际读数值与体积管的标准容积值的比较来完成。通过标定过程可检查并确定流量计的精度。

（3）水标定系统：由计量部门认可的标准容器、水泵配套阀门、防爆电磁阀及标准压力表温度计、标定水箱等组成。通过对比体积管内流通的体积与标准容器计量的体积对比，确定偏差系数。

（4）流量计量及标定管理系统：由流量计算机、PLC 系统、上位工作站等组成。主要实现如下功能：

① 完成温度、压力、流量等信号的采集和处理；
② 检定过程的自动控制；
③ 显示动态工艺流程；
④ 历史数据的采集、归档；

⑤报表的生成打印；

⑥流量计的统计控制；

⑦体积管水标定的控制等功能。

（5）分析采样系统：依规范使用 FAST LOOP 快速回路的方式，原油由主管线经过静态混合器进行充分混合后，利用循环泵从取样口抽取原油，经过过滤器过滤后，先通过自动取样探头取样，再经过密度计进行在线密度分析，最后至橇座出口在主管线取样口流回管道。主要由过滤器、流量计、自动取样器、密度计、取样泵及相关的管阀件组成。主要实现如下功能：

①样品处理及输送；

②密度测量；

③油品自动取样存储；

④循环泵流量检测。

交接计量橇、体积管和水标橇在项目中的具体配置可参考图 9-2-1 和图 9-2-2。

图 9-2-1　中东地区某项目的交接计量橇

图 9-2-2　中东地区某项目体积管检定装置和水标装置

二、技术特点

中东、非洲、中亚等经济相对落后、物资和设施相对缺乏的地区，当地没有可依托的标定设施、机构、资源等。原油在线交接计量及检定技术同时考虑了计量设备和标定装置，从本质上解决了油田连续可靠计量的后顾之忧。

该技术采用先进的模块化、橇块化设计理念和制造技术，具有精度高、重复性好、可靠性高等特点。全方位监控流量系统，可以根据温度、压力、流量系数和重复性比较不同的计量回路，查看标定顺序流程图、测量不确定度报告、在线计算，及时发现测量结果的变化趋势。

根据工艺介质组分、温度、压力、黏度等特性和体积交接或质量交接的相关需求，选择合适的流量计量仪表和相关附属设施。在仪表安装和管道布置等方面满足操作维护和巡检需求。该技术计量精度高，可以满足相关国家及国际原油交接计量标准要求，为贸易交接双方提供了结算依据。

现场配备体积管标定系统和水标系统，根据贸易双方协定需求，周期性地对计量设施进行现场或远程标定，以满足计量精度需求，标定方便。

三、应用效果

考虑到海外油田可依托性较差，原油在线交接计量及检定技术广泛应用于中东及非洲包括伊朗北阿、伊拉克哈法亚和尼日尔等多个油田多个项目中。应用效果主要体现为：

（1）结合不同国家、地区项目特点和需求设计相应的原油交接计量及检定装置满足贸易交接双方结算需求。

（2）为海外投资利润回收提供基础数据。

第三节　原油在线自动分析技术

一、技术描述

海外项目通常具有安全风险高、操作人员少、自动化程度较高等特点。随着近年来海外油田地面工程建设领域对节能降耗、治污减排、产品质量和安全生产等要求的不断提高，对原油在线分析系统具体设计和应用也提出了更高要求。

在原油生产过程中，从油井中开采出的原油并非单一的纯质石油，而是包含有水、气和其他成分的多相流体。对于不同的油田、油区和油井及在原油输送过程中的各个环节，原油的组分都是不同的，而且也是随时变化的。

从工艺上看，生产过程中对温度、压力、流量、液位等工艺参数的保证，能够间接保证最终外输原油的质量合格，因此，对过程中物料成分的直接分析和对最终产品的成分分析是非常重要的。同时从环境保护的角度看，排放物质的成分也是要分析和在线监测的。

传统的原油分析设备安装有三种方式：第一是管线直接安装分析仪表，优点是节省投资和空间，缺点是环境适应性差、维护成本高；第二是柜内安装分析仪表，在一定程度上达到防护要求，但是对维护人员没有保护；第三是开放式分析小屋，优点是集中安装，缺点是危险区域等级未变。

本章介绍的原油在线自动分析系统正是利用分析仪表，连续测定被测原油的含量或性质的自动分析方法。在中东地区某油田地面工程项目中，设计出新型原油在线自动分析系统并应用实施，采用正压通风式分析小屋，可在线监测外输原油的含盐量、H_2S含量、含水量、饱和蒸气压这四个关键指标。同时要将自然环境对仪表和操作人员的影响降到最低，将原油有毒组分对操作人员的危害降到最低，将分析仪本体对防爆及防护的要求降到最低。

二、技术特点

基于已有技术的现状，特别是针对其缺点和不适用性，新型原油在线分析系统具备下列技术特点。

（一）在线检测一体化模块

在中东地区某油田地面工程项目中，考虑采用正压通风式分析小屋，在原油外输前在线监测原油的含盐量、H_2S含量、微量水、蒸气压这四个关键指标。分析小屋的设计包括样品处理系统、校验系统、分析仪表、加热通风和空调、气体探头和火焰探头、安全保护系统等。外围的过程取样管线、公用工程管线、火炬管线、排放管线和放空管线要连接到分析小屋附近的相应交接点上。分析仪的信号和供电电缆接至固定在分析小屋墙上的接线箱。典型的原油在线分析系统配置参考图9-3-1。

（二）功能完整，界面清晰

分析系统的设计应包括样品处理系统、校验系统、分析仪表、加热通风和空调、气体探头和火焰探头、安全保护系统等。外围的过程取样管线、公用工程管线、火炬管线、排放管线和放空管线要连接到分析小屋附近的相应交接点上。分析仪的信号和供电电缆接至固定在分析小屋墙上的接线箱。

取样装置从原油储罐入口前管线中自动快速地提取待分析的原油样品，前级预处理装置对该样品进行初步冷却、除水、除尘、加热、气化、减压和过滤等处理，预处理装置对

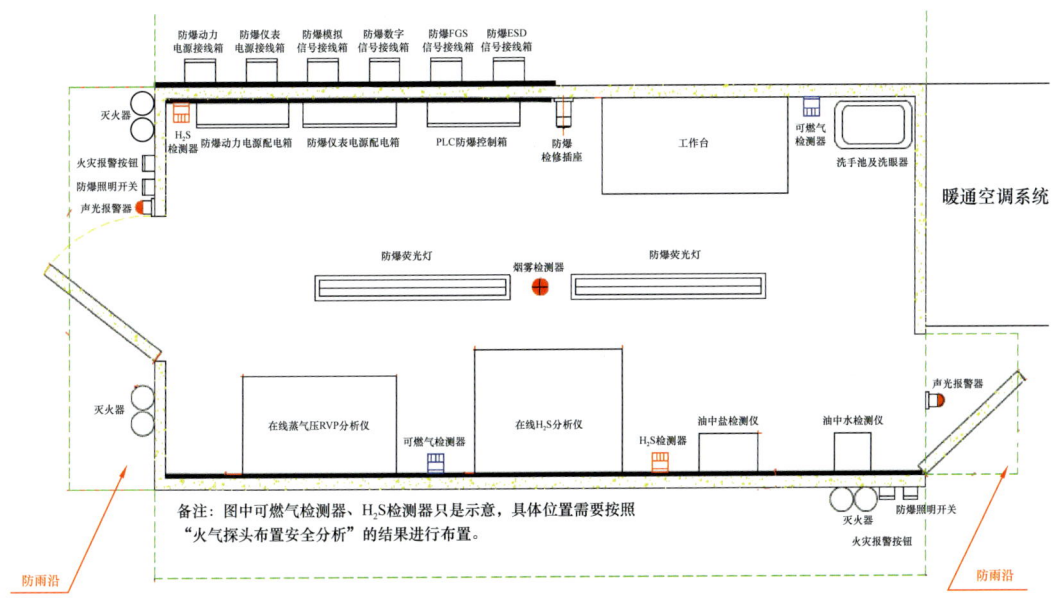

图 9-3-1　典型原油在线分析系统配置

该样品进行进一步的冷却、除水、除尘、加热、气化、减压和过滤等处理，还实现流路切换、样品分配等功能，为取样点附近的分析小屋中 H_2S 分析仪、蒸气压 RVP 分析仪、微量水分析仪和含盐量分析仪分别提供符合技术要求的样品。公用系统为整个系统提供蒸气、冷却水、仪表空气电源等。样品经分析仪表分析处理后得到代表样品信息的电信号通过电缆远传到站控系统。不合格指标出现时，将在中控室操作站及大屏幕上出现报警信号，操作人员远距离就能在线监测原油外输的动态情况。

新型原油在线分析系统流程简图如图 9-3-2 所示。

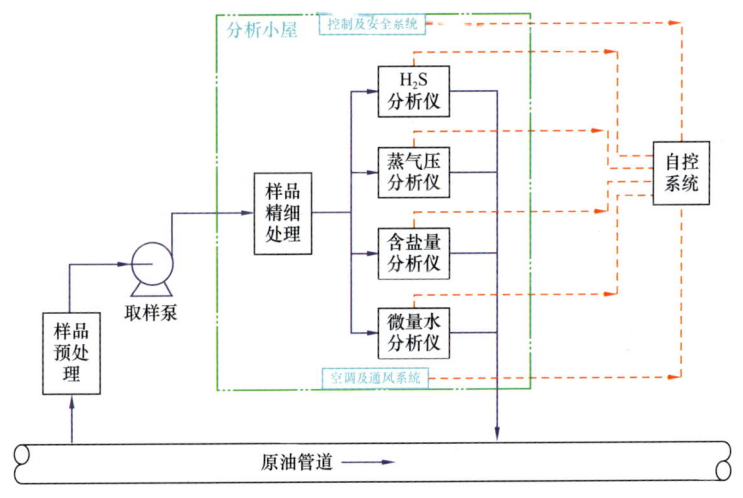

图 9-3-2　新型原油在线分析系统流程简图

（三）安全保护等级高

为了给设备和人员提供一个安全的操作环境，需要在分析小屋的旁边或屋顶上设置暖通空调。小屋内部通风要求为"稀释通风"：稀释分析小屋内部设备可能意外泄漏的可燃气体和窒息气体，使其浓度降到危险水平以下，以及"正压通风"，阻止分析小屋外部的可燃气体和有毒气体进入分析小屋。

通风系统由两个独立的风机组成（主用和备用），分析小屋内通过通风系统的连续运行保持在25Pa以上正压。正常情况下，只有一台风机运行，另一台备用。暖通空调系统控制盘安装在分析小屋内且靠近暖通空调系统。每台风机要提供主电源开关和手动选择开关"远程/启动/停止"，当选择开关不在"远程"位置时，风机将由就地控制开关控制。

分析小屋内设置可燃、有毒气体检测探头和/或氧气浓度探头（用于窒息监视）用于检测意外泄漏，保护操作人员的安全。可燃气体检测探头应布置在分析小屋内管道排放口和房屋出风口附近，以便充分地覆盖可燃气体可能的泄漏和人员可能处于危险的所有区域。有毒气体检测探头和/或氧气浓度探头则布置在可能由于设备故障或人员误操作而发生泄漏的地方。小屋屋顶必须至少设置一个烟感探头，具体数量取决于分析小屋的面积。探头信号连接到厂区的消防火灾报警系统，若小屋需要就地手动报警按钮，都应连接到厂区的消防火灾报警系统。

分析小屋报警系统的逻辑功能由安装在通风机柜中的PLC完成。PLC要符合电气区域等级，位置处在分析小屋的外面且靠近主入口，至少提供报警观察窗和蜂鸣/闪光报警功能。

在施工图阶段，是否布置可燃气探头、硫化氢探头、氧气浓度探头、火焰探头等，以及具体布置数量和位置，需要按照"火气探头布置安全分析"的评估结果进行布置。

三、应用效果

新型原油在线分析系统是集在线分析仪表的组合、成套、安装应用于一体，并配备有供电、接线、通风、照明电路及分析仪表所需载气、标准气、驱动气、控制器等基本设施，用于对被测介质进行连续自动的现场测量、分析和控制。

该系统在伊朗北阿项目中已经投入应用10年左右，系统能满足在线分析系统所要求的特殊环境条件，如温度、湿度、防尘防爆等，为在线分析仪表的现场安装、投运及维护提供极大的方便。而且有效降低对分析仪本体防爆防护程度的要求，简化采办工作难度，并且最大程度上降低了操作人员的劳动强度和风险等级，为原油多个关键指标的实时在线监测提供了有效的解决方法。伊朗北阿项目现场新型原油在线分析系统应用如图9-3-3所示。

图 9-3-3　伊朗北阿项目现场新型原油在线分析系统应用

第四节　智能化设计方法数据库管理技术

一、技术描述

长久以来，仪表专业工程设计文件基本上都是依托 Office 或 Excel 两种软件，但如今随着智能工厂仪表（Smart Plant Instrumentation，SPI）越来越广泛地应用于自控设计中，逐渐形成了以 SPI 数据库为核心，辅助以传统软件的局面，而这样的变化也为设计成果的保存和交付提供了新的选择。

SPI 其模板和深度得到海外业主的普遍认可，实际应用中不容易产生技术方面的争议。

应用阶段首先建立 SPI 数据库系统，导入数据库的信息，生成项目基本设计阶段的索引表、控制系统输入/输出表和仪表数据表。回路图、接线图及 DCS/ESD/FGS 系统相关的配置文件，可以在详细后续阶段生成。

SPI 数据库的管理和应用是保障智能化设计方法有效应用，并能成功交付设计成果给业主，得以支持后续生产经营的重要支柱。

二、技术特点

（一）SPI 软件的职责

开始应用 SPI 之前需要完成大量的准备工作，包括数据库备份、定义等一系列维护工作。所有的设定和维护工作应该由系统管理员和项目管理员完成。

1. 系统管理员

系统管理员的主要任务见表 9-4-1。

表 9-4-1　系统管理员主要任务

一般工作	（1）管理 Oracle 数据库和 SPI 软件安装
	（2）利用种子数据库进行项目的初始化
	（3）为每个项目建立相关的专业和使用人员
	（4）项目运行情况的监督追踪
	（5）SPI 软件用户沟通及软件应用
	（6）网络故障处理，并向软件协调人员提交错误处理报告
数据库管理	（7）Oracle 数据库的维护和管理（比如确定文件表格的幅面大小）
	（8）数据库的备份、恢复和删除
数据库安全	（9）系统管理员最重要的任务是定义、管理并控制每个用户的权限，以确保数据库的安全

2. 项目管理员

项目管理员的主要任务见表 9-4-2。

表 9-4-2　项目管理员主要任务

（1）定义和管理自定义字段、自定义表格和常用单位制	（10）检查 SPI 数据库的质量情况
（2）创建站场—区域—单元的架构	（11）负责排查 SPI 软件的故障错误，并向协调员报告
（3）定义用户群组	（12）更改或者上传新的数据表、安装图或者回路图的模板
（4）定义不同用户的权限	（13）管理支持表格形式的索引模块
（5）添加用户并授予权限	（14）管理各种工具包
（6）按照项目需要激活历史查询功能	（15）选定项目图标
（7）定义并管理各种报告及数据表的模板	（16）修改项目名称
（8）批准 SPI 种子库的各种变更	（17）清除被锁定的 SPI 占用点
（9）与 SPI 协调员沟通软件中的各种变更	……

图 9-4-1 至图 9-4-3 说明了 SPI 软件的三种常用功能。

3. SPI 协调员

SPI 协调员负责与系统管理员和项目管理员商量各种疑难问题和正确指导操作。为了确保数据库的一致性，实施任何改动都需要得到项目管理员的同意。一般项目中不用专门设置 SPI 协调员，除非是大型的综合项目。

按照项目需要，协调员要求系统管理员对新的 SPI 用户进行登记。同时，系统管理员需要将用户名和密码向协调员备案。

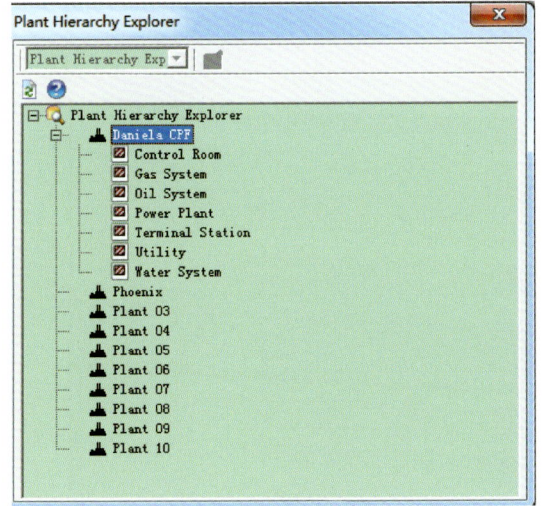

图 9-4-1 定义项目架构

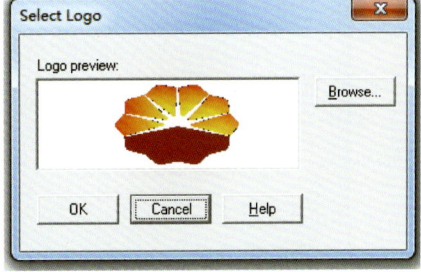

图 9-4-2 定义图标

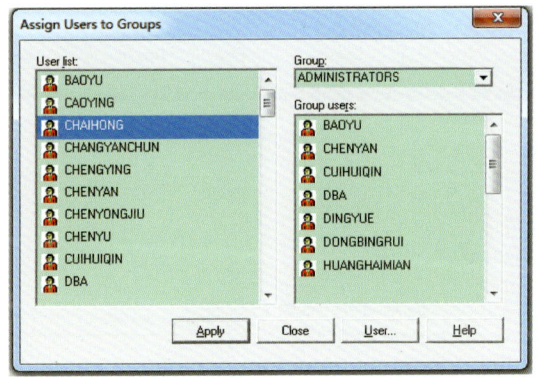

图 9-4-3 添加用户并授予权限

（二）SPI 数据库综述

SPI 基于 Oracle 或者 MS SQL 数据库，结合了仪表工程设计维护软件的 Windows 系统。它能完成大部分仪表工程设计任务。由若干模块组合而成的 SPI 软件反映出仪表设计工作的不同阶段和方面。

1. 管理员模块

系统管理员或者项目管理员在管理员模块中建立项目的各项规则，比如位号命名规则、回路编号规则、项目的层级等，并且负责在数据库里给每个用户分配权限。定义仪表命名规则如图 9-4-4 所示。

2. 导入功能

这项功能可以将数据库文本、Excel 文本或者 txt 文本等格式的文件内容导入软件。一且定制好文本格式，只需要在办公操作环境下修改好文本，例如安装材料附件清单，一次性导入系统，刷新即可。

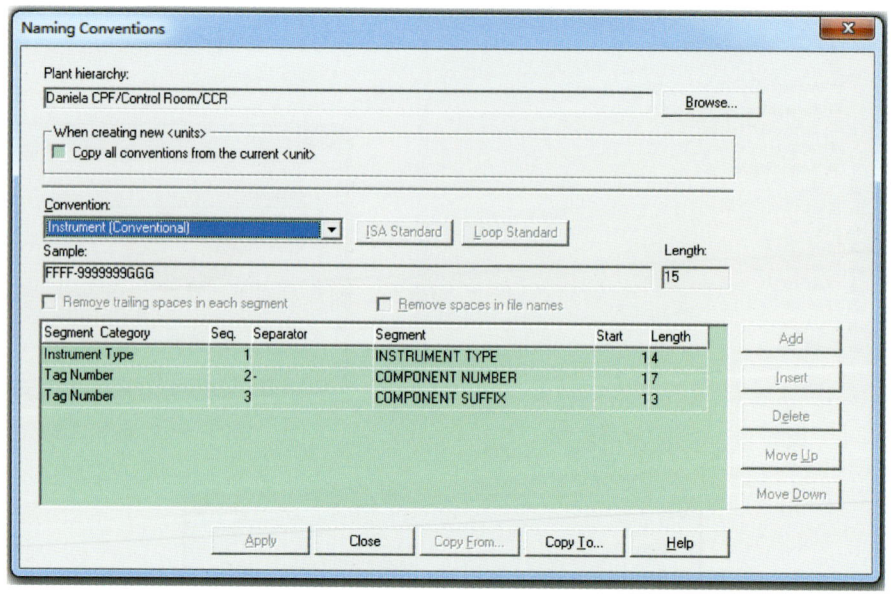

图 9-4-4　定义仪表命名规则

3. SPI 模块

SPI 软件模块化功能见表 9-4-3。

表 9-4-3　SPI 软件模块化功能

模块	功能
仪表索引表模块	根据回路和位号，排列整理出仪表的相关参数。仪表的类型和工艺数据可以轻松建立。可以在初始阶段自动生成，也可以后期手动校正。对于远传信号，同理可生成对应的 I/O 点。在接线环节中，可以按照位号生成盘柜、电缆和端子
工艺参数模块	可以根据管线号或者是仪表位号对工艺参数进行整理。如果要求严格，应该授权工艺专业工程师直接在该模块中输入相关参数。随着 SPI、智能 P&ID 和 SPF 软件的深度融合，工艺参数直接通过 SPF 的平台传递到 SPI 的相关仪表，保证数据的唯一性和准确性
计算模块	直接调用工艺参数和索引里的内容，可以计算调节阀的流通能力、孔板的尺寸、温度仪表的插深等。计算方法都是基于主流国际规范，如 ISA、ANSI、API、ISO 及 IEC 等
数据表模块	已经创建位号的仪表按不同类型生成模板不同的数据表。仪表数据表按不同的仪表类型进行区分。大的种类分为压力、温度、液位、流量等，同一种类下，比如压力，还继续细分为普通型和隔膜型等
接线模块	主要完成仪表端子的定义和接线。根据项目需求，从 SPI 数据库中可以生成标准电缆、接线箱和接线排，继而生成电缆表和接线端子图。最终，控制电缆可以一直敷设至 DCS 等控制系统的机柜端子处。用户可以轻松定义电缆的长度和路由

续表

模块	功能
回路图模块	借助外部文件的格式，按需求生成回路图。可以选择以下两种文件生成回路图：Enhanced Report 或 Auto CAD
安装图模块	材料管理系统。可以根据仪表位号或不同的安装类型，分类别统计安装材料，继而形成不同形式的报告。在这个模块下面，可以预览并生成安装图。安装图环节能生成与机械连接和电气连接有关的所有辅料，例如压力仪表二阀组，或者是气动阀门的不锈钢风管
浏览器模块	可以同时批量修改某一个特定的数据项，比如批量修改一个 OGM 站内所有模拟量的电缆型号。同样是在 Cable 模块下，用户 CY 建立的 view 可以比用户 HHM 建立的 view 多出很多数据项。满足了多人同时操作，可以各自定制
文件打包模块	专门用来管理文件。用户可以按照特定需要分类管理现有的文件，打印、管理、升版、分类等各项操作都可以轻松实现

SPI 数据库最基本的质量特征可以概括为：文件质量、数据的准确一致、图表模板的一致。项目管理员应对 SPI 数据库的整体质量进行维护和管理，同时每一个 SPI 用户都有义务确保数据库不受破坏，维持高效准确。在设计过程中，任何改动都要经过项目管理员的同意。

三、应用效果

以往传统项目大多采用电子文档交付的形式。近年来，伊朗北阿、哈法亚和非洲乍得项目先后采用 SPI 作为设计软件，同时可为业主提交电子文档和数据库形式的竣工文件，为将来进一步提升设计成果交付水平奠定了硬件条件。通过 SPI 进行设计的最终数据都保证其完整性和一致性，相关数据不会随着时间或者外部环境的改变而出现偏差。只要业主方通过正确的方法共享并及时地维护数据库，会极大提高和改善设计成果的可靠性和有效性。

第十章
全生命周期动态腐蚀防护技术

随着国家"一带一路"能源领域的合作，国内石油企业不断参与海外油田开发，而中东地区能源合作开发是我国石油天然气供给多元化的重要支撑。中东地区油气资源丰富，介质苛刻复杂，多以高硫、高盐油气资源为主，部分油田超15%（摩尔分数），CO_2含量高达10%（摩尔分数），采出水盐含量高达290000mg/L，部分油田采出介质温度高达100℃，地下水位接近−0.5m，土壤电阻率低于1Ω·m且含盐高达58600mg/L，油气管道和设施的腐蚀与开裂风险极为突出。

常规的油田建设从经济性角度考虑使用碳钢作为主要材料，但碳钢面临着中东地区油田内外腐蚀情况复杂、腐蚀介质随着开采开发过程不断变化的动态过程。同时随着我国在中东地区油田建设和运维的经验和数据积累，对腐蚀的发生是不可避免的观念也得到了更加深刻的认识，腐蚀并不能消除只能通过有效的手段和更为经济的方案去综合控制。因此，对油田全面的腐蚀与防护的研究和技术开发变得尤为重要。

当前较为先进的油田腐蚀控制方案多是从提高材料的耐蚀性能、使用有效的防腐涂层、增加在线监控系统、建立腐蚀数字化平台、实现腐蚀风险评价几个角度实施。并且在国内的多个油田中初步取得了成效，有效降低了由于腐蚀带来的经济损失，延长了管道和设备的使用寿命，但是随着对腐蚀认识的加深，以及与国际石油公司的交流和技术探讨，更加迫切地需要从油田的全生命周期角度，更为经济合理地控制腐蚀。既要实现可预见的腐蚀失效，又要降低对腐蚀控制的经济成本，从经济管理的角度去分析腐蚀问题。

针对中东地区油田腐蚀介质高腐蚀性的特点，以及地面设施面临的腐蚀控制难点，全生命周期动态腐蚀防护技术主要解决的是油田全生命周期（勘探—设计—建设—施工—运维—油田寿命终结）过程中各个环节的腐蚀问题。

如何准确识别腐蚀失效风险和预测腐蚀风险，并且从何种角度去应对出现的腐蚀问题，是需要解决的首要问题，也是腐蚀防护设计的核心，因此建立一套有效的腐蚀风险识别与预测体系是油田腐蚀控制的关键一环；在确认了可能的腐蚀风险，综合考虑工程的投资成本及运行成本，材料选择的可靠性、经济性和适用性是需要重点解决的问题，选用普通碳钢、耐蚀合金还是非金属材料，以及复合管或内涂管等，是材料选择和适用性评价需要攻克的难题。由于中东地区油田产量大、区块开发密集、井口数量众多、中央处理站所处位置土壤腐蚀性极强，安全可靠地对地下管道的外腐蚀进行控制也是一个难题；有了初步的判断分析和模拟，生产实际的波动是不得不考虑的情况，随着开发的进行，产量会出现波动，井口物流的变化会对系统的腐蚀控制造成极大的挑战。适当可靠、覆盖度完整、综合反映腐蚀变化趋势及腐蚀控制手段有效性的监测系统及平台是必备的工具，是腐蚀完整性管理控制的综合管理手段；在拥有分析模型、材料选择数据库、外腐蚀控制方案和完整性管理工具后，更需要定期控制和分析腐蚀的变化与已建系统的匹配程度，如果发现问题及时预警辅助操作者提前预判。

因此，油田地面设施全生命周期腐蚀防护是大型油田安全高效开发的关键瓶颈，该技术包括"腐蚀风险识别与定量预测技术""油田地面工程材料选择技术""大型站场复杂管网区域阴极保护技术""腐蚀监测技术""腐蚀风险评价技术"。五大系列技术在保障设施安全的前提下，优化材料与防护措施、降低工程投资、延长管道及设备服役寿命，实现各类油田管道及设备全生命周期动态腐蚀控制，为我国石油行业参与"一带一路"共建国家油气资源开发、推动国家能源多元化供给提供重要技术保障。

第一节　腐蚀风险识别与定量预测技术

一、技术描述

海外油田介质复杂多变，介质普遍高含 H_2S，部分油田 H_2S 含量超过 15%，CO_2 高达 10%，含盐高达 290000mg/L，采出水中 Cl^- 含量超过 150000mg/L。油田地层温度高，单井产量大，部分井口原油温度高达 100℃以上；井口压力高，集输系统 H_2S 和 CO_2 分压高；流态复杂多变。上述因素均显著恶化腐蚀环境。腐蚀风险识别与定量预测技术基于系统化腐蚀风险识别，考虑油田产能与开发的预期发展、生产工艺的动态变化，建立预测模型、优化参数设计、应用计算软件，实现油田地面工程不同管道设施的定量化腐蚀预测。

腐蚀风险识别与定量预测技术主要是对管道内壁腐蚀类型和腐蚀速率进行预测和定量计算，结合预期工艺窗口，评估管道在不同生产阶段的腐蚀风险，支撑管径、管壁等参数设计，以及材料选择。传统的腐蚀速率预测模型主要分为经验型预测模型、半经验型预测模型和机理型预测模型，其中：经验型预测模型主要基于实验数据和现场数据的经验拟合和外推，半经验型预测模型则在腐蚀动力学及介质传输过程基础上利用实验和现场数据进行修正和优化，机理型预测模型主要基于腐蚀电化学动力学理论和公式。随着腐蚀大数据技术的发展，利用数据库和人工智能算法建立机器学习模型进行腐蚀预测日益成为新的发展趋势。

二、技术特点

针对中东地区原油高含 H_2S 和 CO_2、采出水含盐量高的特点，结合现场工艺参数动态变化和油田产能的动态变化，明晰腐蚀机理，识别腐蚀风险，发展腐蚀速率预测模型，优化参数设计，并结合实验室腐蚀模拟数据和现场腐蚀数据的采集、积累和应用，通过优化迭代提高腐蚀预测的准确性，实现了油田腐蚀机理模型、室内腐蚀实验、现场腐蚀监测数据和软件腐蚀速率计算的有机结合，能够科学预测和评价油田地面工程全生命周期腐蚀风险，指导油田地面设施材料选择及腐蚀防护设计。

目前，常用的油田腐蚀速率计算软件有 ECE、OLI、Predict、Hydrocorr 等，以及

NORSOK M-506 经验模型。其中：ECE 软件是在 CO_2 腐蚀 De-Waard 模型的基础上研发的，后逐渐考虑油润湿的作用和 H_2S 的影响，完善了原位 pH 值的计算；OLI 软件则基于溶液体系中分子和离子浓度的热力学模型、电化学腐蚀模型和碳酸亚铁或硫化物膜的形成及溶解模型研发。相关的腐蚀速率计算软件对比分析见表 10-1-1。

表 10-1-1 腐蚀速率计算软件对比

软件名称	类型	适用设施	介质	腐蚀产物膜的影响	油的影响	多相流	腐蚀机制					
							CO_2	有机酸	酸	H_2S	O_2	细菌	顶部腐蚀
ECE	E	ALL	ALL	L	Y	Y	Y	Y	—	Y	—	—	Y
OLI	M	ALL	ALL	—	—	Y	Y	Y	Y	Y	Y	—	—
Hydrocor	E	ALL	ALL	M′	Y	Y	Y	Y	—	Y	—	—	—
Corplus	E	ALL	ALL	—	Y	Y	Y	Y	—	Y	—	—	—
Predict	E	ALL	ALL	H	Y	Y	Y	—	—	Y	Y	—	Y
FreeCorp	M	ALL	ALL	L	Y	—	Y	Y	—	Y	—	—	—
ULL	M/E	井下设施	G/C	—	Y	—	Y	—	—	Y	—	—	—
NORSOK	E	ALL	ALL	H	—	—	Y	—	—	—	—	—	—

注：M—机理模型；E—半经验；G—气；C—凝液；H—强烈的影响；M′—中等影响；Y—适用；ALL—所有；L—少量影响。

ECE 软件腐蚀速率计算的输入参数主要包括管道口径、长度、管材碳含量、温度、压力、CO_2 含量、H_2S 含量、HCO_3^- 含量、油气水输量、含水率、乙二醇、缓蚀剂效率和有效性、有机酸等，可以获得均匀腐蚀速率、点蚀速率和顶部腐蚀速率。此外，ECE 软件还建立了常用耐蚀合金的选择（基于 NACE MR0175/ISO 15156-3《石油和天然气工业 油气开采中用于含 H_2S 环境的材料 第 3 部分：抗裂耐蚀合金和其他合金》准则），包括马氏体不锈钢、316L、904L、22Cr 双相钢和 25Cr 超级双相钢、825 合金和 625 合金，输入参数主要包括温度、压力、CO_2 含量、H_2S 含量、Cl^- 含量和 HCO_3^- 含量等。

OLI 软件主要依靠电化学反应热力学和化学数据库进行预测计算，包含气体凝液腐蚀计算、海水腐蚀计算、油气混输计算、生产水腐蚀计算等模块，输入参数主要包括管道尺寸、温度、压力、H_2S 含量、CO_2 含量、含水率、气体组分、溶液离子成分、pH 值、流速、流态、金属材料成分等，可以获得腐蚀速率、点蚀电位、极化曲线、电位—pH 值图，以及随温度、压力的变化曲线等。

三、应用效果

通过腐蚀风险识别与定量预测技术的应用，能够实现油田地面设施腐蚀风险的科学评估和预判，制订合理的油田地面设施材料选择和腐蚀控制方案。腐蚀速率预测技术已成功应用于伊拉克哈法亚油田三期、Block 9 油田和阿布扎比巴布油田等地面工程建设。用 ECE 模拟软件开展碳钢管道腐蚀速率模拟计算和耐蚀合金评价如图 10-1-1 所示。

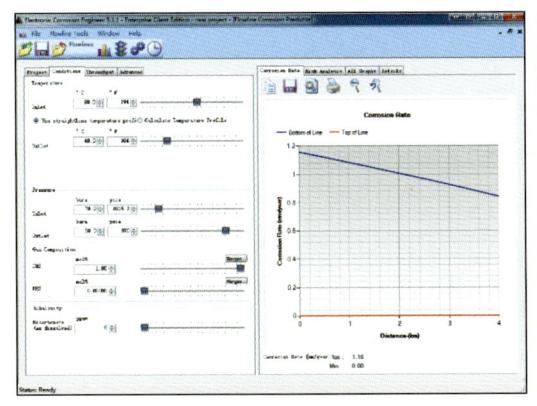
(a) 碳钢管道腐蚀速率模拟计算

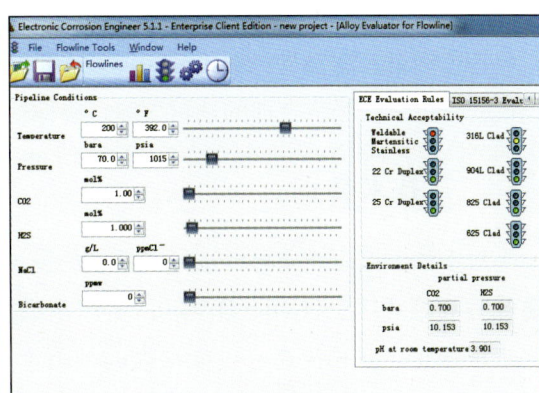
(b) 耐蚀合金评价

图 10-1-1　碳钢管道腐蚀模拟计算及耐蚀合金评价

该技术的应用获得良好的效果，不仅提供了当前管道腐蚀速率的定量计算，还可结合后期油藏开发数据，如含水率、H_2S 含量、CO_2 含量等参数的变化，开展后期腐蚀预测，为油气管道和设备的材料选择和腐蚀控制方式选择提供了相应的依据。

第二节　油田地面工程材料选择技术

一、技术描述

在腐蚀风险识别与预测的基础上，需要对油田地面工程材料进行合理选择，这不仅影响油田地面设施使用寿命，而且对工程安全生产运行产生重大影响。例如，对于同时高含 H_2S 和 Cl^- 的油田，当在高含水条件下，若采用"碳钢 + 腐蚀裕量 + 缓蚀剂"的腐蚀控制方案，管道可能在几年内甚至数月内发生腐蚀穿孔失效；若采用高耐蚀材料如 825 合金或 625 合金等，则投资提高数十倍，油田开发失去经济效益。因此，合理的材料选择对于油田地面工程建设尤为重要。

随着国际上对酸性高含盐油田管道和设备材料选择的关注，逐渐形成了相关选材标准和材料评价标准，如 NACE MR0175/ISO 15156《石油和天然气工业　油气开采中含 H_2S 环境的材料》、ISO 21457《石油、石化和天然气工业　油气生产系统的材料选择和腐蚀控制》、EFC No.16《油气开采中用于含 H_2S 环境下碳钢和低合金钢材料要求的指南》、EFC No.17《石油开采用耐蚀合金：H_2S 环境下的一般要求和测试方法的指南》及 NORSOK M-001《材料选择》等。目前，国际上逐渐形成基于全生命周期成本分析的理念，结合相应的腐蚀控制措施，实现油田地面工程的管道和设备材料的最优选择。

油田地面工程材料选择技术覆盖整个油田地面工程设备及管道金属材料和非金属材料应用，其主要针对含H_2S、高含盐油田存在的开裂风险和腐蚀风险，结合腐蚀速率预测、材料选择图谱、耐蚀材料评价和相关技术规定，为含硫、高含盐油田地面工程管道和设备提供安全可靠、经济合理的选材方案，确保油田地面工程的安全运行。

二、技术特点

对于油田地面设施材料选择，考虑的设计输入条件主要包括工艺参数（温度和压力），腐蚀性介质（H_2S、CO_2、O_2等），生产水的成分（主要是Cl^-含量），油田的产量变化、含水率变化、多相流态，可能存在的细菌（特别是硫酸盐还原菌），可能存在的有机酸，以及设计寿命的要求等；并综合考虑前期油田历史数据、操作条件、腐蚀模型、油田开发数据、含水率变化趋势，以及腐蚀失效案例等信息，分析油气设施面临的主要腐蚀和开裂风险。根据是否含有H_2S、CO_2、O_2等腐蚀性介质，确定腐蚀模型和主控机制，分别考虑硫化物应力腐蚀开裂失效和腐蚀失效，结合油田地面设施服役寿命和工程投资，确定最优的选材方案和腐蚀控制措施。建立选材流程与关键判据，制定标准化选材图，进一步直观展现整个地面设施的材料选择、腐蚀控制措施和腐蚀监测方式，便于后期对整个油田地面设施进行系统的维护和腐蚀风险评价，实现油田地面工程标准化设计和精细化设计，典型材料选择流程如图10-2-1所示，标准化材料选择图如图10-2-2所示。

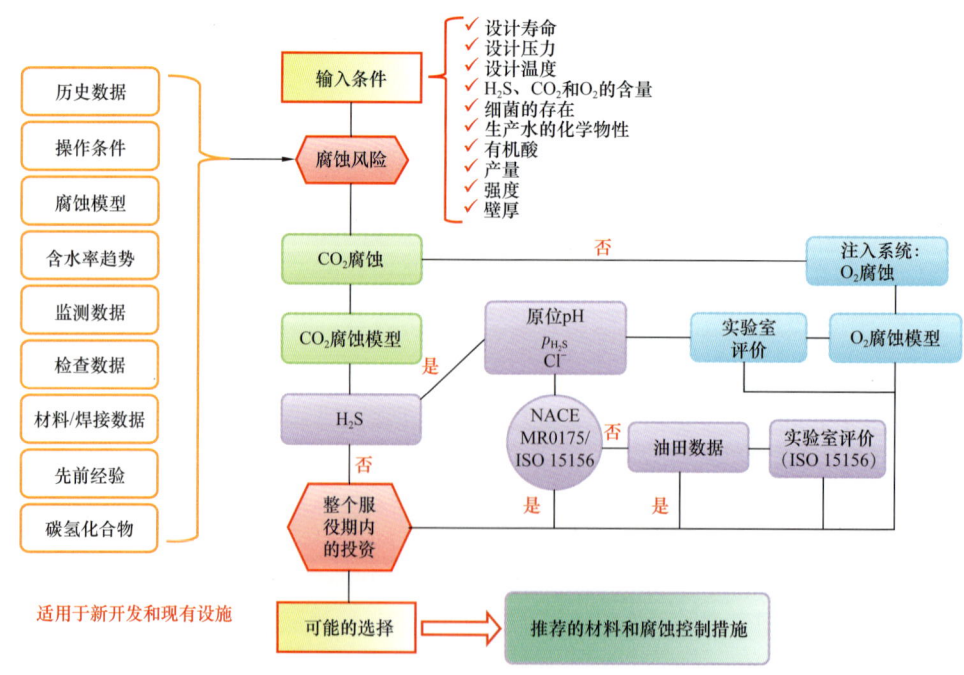

图10-2-1　典型材料选择流程

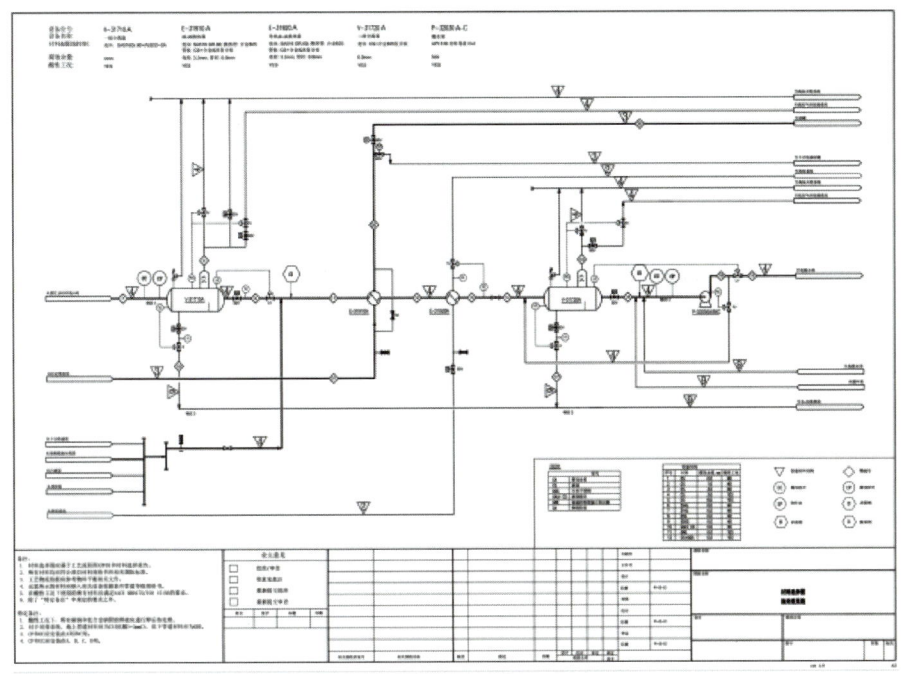

图 10-2-2 标准化材料选择图

对于酸性高含盐油田而言，应基于开裂和腐蚀失效两个方面考虑，才能做到安全经济合理地选择材料。

（一）基于开裂失效考虑

在酸性工况下，为了避免开裂引起的巨大危害，国际上制定了 NACE MR0175/ISO 15156、EFC No.16 和 EFC No.17 等相关的标准和技术文件，明确了酸性工况下基于开裂的选材原则、技术要求和限制条件，有效地避免了酸性工况下材料的开裂失效。

NACE MR0175/ISO 15156-2《石油和天然气工业 油气井采中用于含 H_2S 环境的材料 第 2 部分：抗开裂碳钢、低合金钢和铸铁》提出了 H_2S 临界分压值，以及在 H_2S 环境下详细的碳钢和低合金钢的控制 SSC、HIC 的技术要求和评定方法，并可根据 H_2S 含量、原位 pH 值确定碳钢和低合金钢 SSC 环境严重程度。严重程度划分为如图 10-2-3 所示的四个区域，在 H_2S 环境下碳钢和低合金钢的选用流程如图 10-2-4 所示。NACE TM0177《金属在 H_2S 环境中抗硫化物应力开

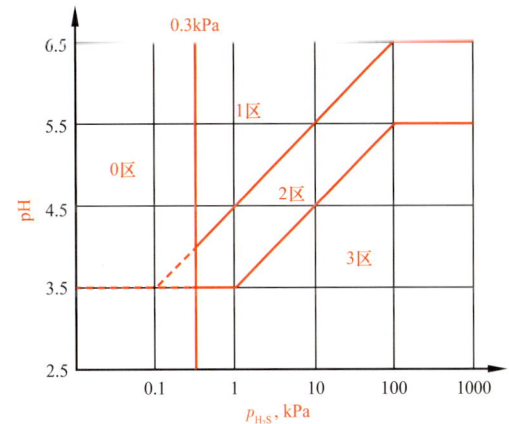

图 10-2-3 碳钢和低合金钢 SSC 环境严重程度分区

裂和应力腐蚀开裂实验室试验》、NACE TM0284《管线钢和压力容器钢抗氢致开裂评定方法》和 NACE TM0316《石油和天然气用材料的四点弯曲试验》等材料测试标准分别对其形成实验技术支撑，NACE TM0284 给出了 HIC 评定方法，NACE MR0175/ISO 15156 提出了其验收指标为：裂纹长度率 CLR 不超过 15%，裂纹厚度率 CTR 不超过 5%，裂纹敏感率 CSR 不超过 2%；部分国际石油公司企业标准提出单个裂纹长度不超过 5mm（附加要求）。NACE TM0177 给出了 SSC 的评价方法，并根据 NACE MR0175/ISO 15156 选择 80%AYS（实际屈服强度）及以上加载应力，提出了基于不同实验方法的验收指标。

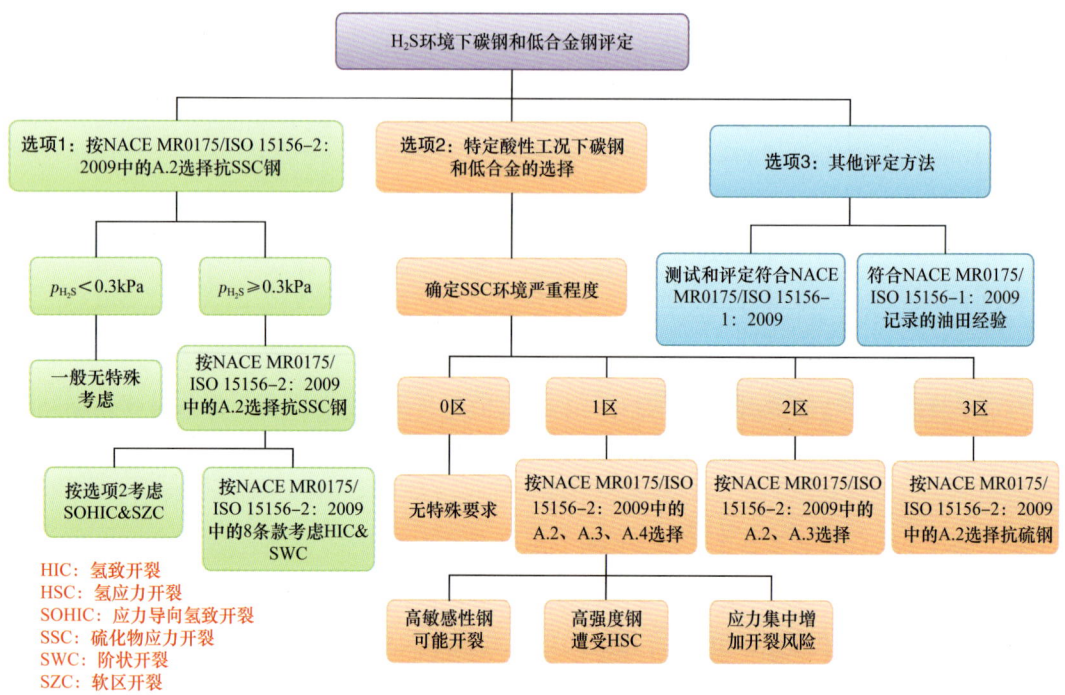

图 10-2-4　在 H_2S 环境下碳钢和低合金钢材料选择流程

NACE MR0175/ISO 15156-3 建立基于 SCC 和 SSC 下的耐蚀合金适用的 H_2S、温度、Cl^- 含量和单质硫限制边界，并提出了 H_2S 环境下耐蚀合金的一般要求，耐蚀合金详细的测试评价方法通常参照 NACE TM0177。

（二）基于腐蚀失效考虑

在确定避免开裂失效的基础上，还需同时考虑腐蚀的影响，确定最终的材料选择方案。通过腐蚀速率计算，明确服役周期内碳钢在相应腐蚀控制措施（如缓蚀剂的加注等）下的腐蚀裕量，当腐蚀裕量超过 6mm 时，需考虑采用耐蚀合金或非金属材料（受温度和压力限制）。目前，ISO 组织、NORSOK，以及国际石油公司如 SHELL、PETRONAS、ADNCO、BP 等相继明确了油田地面设施材料的选用原则，一般分为基于服役期内的碳钢腐蚀量、基于腐蚀介质推荐相应的材料两类。对于管道材料的选择，分别参见表10-2-1和表10-2-2。

表10-2-1 基于服役期内的碳钢腐蚀量推荐相应的管道材料

碳钢（CS）服役期内的腐蚀量，mm	腐蚀控制措施	管道材料
<1	无	CS+1mm/1.5mmCA（腐蚀裕量）
<3	无	CS+3mmCA
3~6	无	CS+6mmCA
<3	考虑缓蚀剂加注或脱水	CS+3mmCA
3~6	考虑缓蚀剂加注或脱水	CS+6mmCA
>6	考虑所有腐蚀控制措施	耐蚀合金CRA（316L、S31803、S32750、6Mo、Alloy 825、Alloy 625等）
>6	考虑所有腐蚀控制措施	CS+CRA 机械/冶金复合管（耐蚀合金层可选用316L、S31803、Alloy 825、Alloy 625等）
>6	考虑所有腐蚀控制措施	CS+FBE 环氧粉末（内涂）
>6	考虑所有腐蚀控制措施	非金属材料（GRE、HDPE及其内衬，柔性复合管等）

注：1. 缓蚀剂加注需要考虑缓释剂效率和缓蚀剂的有效性。
2. 酸性工况下，所有材料应满足 NACE MR0175/ISO 15156 的相关要求及项目要求。
3. 非金属材料的选择受介质、温度和压力限制，需根据实际工程项目情况确定是否可用。
4. 对于耐 CRA 内衬复合管，其衬层厚度不低于 2.5mm，通常选取 3mm；此外，站内工艺管道建议采用冶金复合管，站外可采用机械复合管。
5. 碳钢或低合金钢的腐蚀裕量一般不超过 6mm。

表10-2-2 酸性高含盐油田常用管道材料选择

介质工况		常用管道材料
油气生产系统	油气系统	CS+CA、6Mo、22Cr、25Cr、Alloy 825/Alloy 625 及相关复合管、RTP管、CS+HDPE（内衬）
油气生产系统	低腐蚀环境	CS+CA
油气生产系统	压缩机入口	CS+CA 或 CRA（如果要求）
油气生产系统	生产水系统	22Cr、25Cr、6Mo、Alloy 825、GRE 等
海水注入系统	未脱氧	6Mo、25Cr、Cu-Ni 90-10、GRE、CS+FBE（内涂）、CS+HDPE（内衬）、CS+CRA（内衬）
海水注入系统	脱氧（<10ppb）	CS+CA、GRE
生产水和地层水注水系统	脱氧（<10ppb）	CS+CA、22Cr、25Cr、GRE、CS+FBE（内涂）、CS+HDPE（内衬）、CS+CRA（内衬）
开闭排系统	开排系统	CS+CA、GRE、HDPE
开闭排系统	闭排系统	CS+CA、22Cr、25Cr、GRE、6Mo

续表

介质工况		常用管道材料
公用系统	化学药剂	316L（缓蚀剂、除氧剂）、CPVC（NaClO 溶液、杀菌剂）、CS+PTFE（内衬）/Ti（浓 HCl 和稀 H_2SO_4）
	柴油	CS
	仪表风	CS+ 镀锌、304L
	N_2	CS
	新鲜水和生活水	CS+ 镀锌、304L、HDPE、GRE
	消防系统	CS、内涂管、CS+ 镀锌（泡沫）、GRE（埋地）、HDPE（埋地）
	冷却循环水	CS+CA、GRE

注：1. 具体材料的选择依据腐蚀速率的计算、腐蚀控制措施和 NACE MR 0175/ISO 1516-3 中对于 CRA 的限制，确定最终的管道材料。
2. 酸性工况下，所有材料应满足 NACE MR0175/ISO 15156 的相关要求及项目要求。
3. 当采用腐蚀控制措施（如采用缓蚀剂等）时，碳钢服役期内腐蚀量超过 6mm 时应采用 CRA。
4. 非金属材料的选择主要受介质、温度和压力限制，HDPE 一般不超过 60℃，GRE 一般不超过 100℃。
5. 对于 CRA 内衬复合管，其衬层厚度不低于 2.5mm，一般站内建议采用冶金复合管，站外可采用机械复合管。

基于 NACE MR0175/ISO 15156 的相关要求，规定了耐蚀合金的服役边界，SHELL DEP 39.01.10.12–Gen《上游设施材料选择》提供了相应的耐蚀合金适用边界的补充，见表 10-2-3。

表 10-2-3 常用耐蚀合金管道材料适用边界

温度，℃	p_{H_2S}, kPa	NaCl, g/L	管道材料
<60	<1.5	100	316L 奥氏体不锈钢
<120	<0.8	<100	316L 奥氏体不锈钢
<200	<1	<250	22Cr 双相不锈钢（如 S31803、S32205）
	<2	<250	25Cr 超级双相不锈钢（如 S32750、S32760）
	<100	<1	25Cr 超级双相不锈钢（如 S32750、S32760）
	<1400	<250	Alloy 825 铁镍基合金

为了进一步解决标准如 NACE MR0175/ISO 15156 中耐蚀合金应用边界单一、数据不足及未同时考虑开裂与腐蚀失效等问题，在原有基础数据的基础上，通过开展大量的长周期高温高压高含硫腐蚀模拟试验，结合高温高压原位腐蚀电化学测试技术，明确不锈钢在高硫高盐条件下钝化膜退化的关键机制，即钝化膜氧化物和硫化物组成变化及元素富集—溶解，并进一步建立了耐蚀合金电化学—膜损伤—宏观失效的多尺度递进、精准预判的

失效评价方法,解决了耐蚀合金单一点蚀形貌判据的局限性,实现了耐蚀合金多维度评价。其中,耐蚀合金电化学特征识别如图 10-2-5 所示,耐蚀合金点蚀观测判定如图 10-2-6 所示。

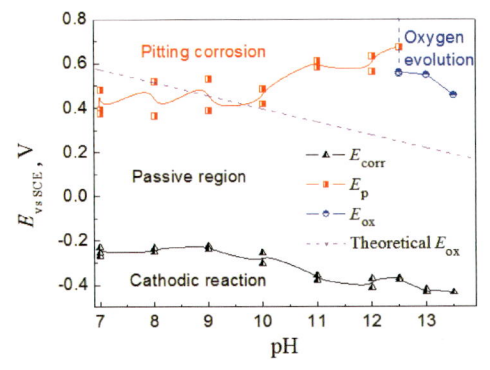

图 10-2-5 耐蚀合金电化学特征识别

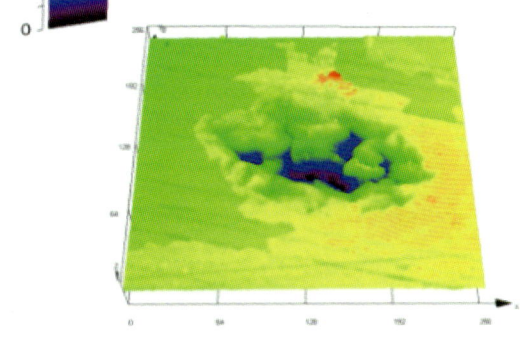

图 10-2-6 耐蚀合金点蚀观测判定

由于 NACE MR 0175/ISO 15156 中未进行全面的 316L 和 S31803 等耐蚀合金的应力腐蚀开裂测试,并未考虑点蚀的影响,在使用标准时存在灰色地带,且无法判断点蚀风险,导致部分工况下只能选择更高等级的耐蚀合金材料。因此,在耐蚀合金腐蚀失效评价的基础上,结合长周期应力腐蚀开裂试验和点蚀及缝隙腐蚀试验,构建了管道及设备基于腐蚀和开裂失效的材料选择图谱。该选材图谱涵盖了奥氏体不锈钢、超级奥氏体不锈钢、双相不锈钢、超级双相不锈钢、铁镍基合金和镍基合金,拓展了管道和设备材料在高硫、高盐工况下的服役边界和适用范围,补充和完善了国内外相关选材标准的细节,增强耐蚀合金在含硫、高含盐油田的适用性。其中,316L 不锈钢材料选择图谱如图 10-2-7 所示,S31803 双相不锈钢材料选择图谱如图 10-2-8 所示。

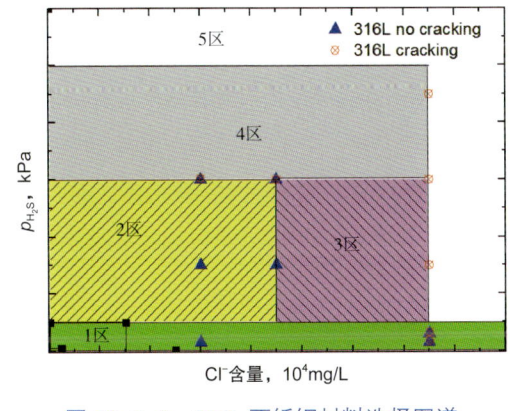

图 10-2-7 316L 不锈钢材料选择图谱

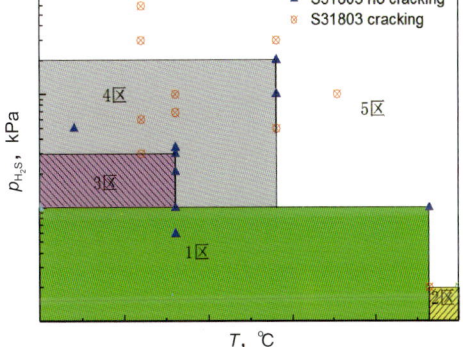

图 10-2-8 S31803 双相不锈钢材料选择图谱

在材料选择流程、材料评价方法和材料选择图谱的基础上,制定含硫、高盐油田用管道材料包括高耐蚀合金管道、冶金/机械双金属复合管、FBE 内涂管、热塑性内穿管、玻璃钢管道和柔性复合管的相关技术规定、验收和检验要求，提供了从井口到地面集输系统、站内工艺系统和注水注气系统，控制管道材料发生腐蚀和开裂失效的全方位解决方案，推广了新材料、新技术的成功应用。

三、应用效果

中东地区油田具有含 H_2S、CO_2 和高含盐的特点，Cl^- 含量一般超过 100000ppm，部分油田 H_2S 含量超过 15%（摩尔分数），腐蚀工况苛刻，并随着含水率的增加，腐蚀日益加剧，油田地面设施的材料合理经济选择至关重要。油田地面工程材料选择技术最主要解决以下问题：

（1）解决耐蚀合金材料腐蚀评价难题；
（2）降低复杂油田地面设施腐蚀和应力腐蚀开裂风险；
（3）实现耐蚀合金材料安全应用的最大化，降低材料选择冗余；
（4）有效降低油田地面设施工程投资；
（5）有效降低管道运行维护成本。

该技术已成功应用于伊拉克哈法亚油田、格拉芙油田，伊朗北阿扎德甘油田，阿布扎比巴布油田等地面工程建设项目，有效地降低了腐蚀泄漏风险，实现了油田的安全经济开发。

第三节　大型站场复杂管网区域阴极保护技术

一、技术描述

大型站场复杂管网区域阴极保护技术是对地下管网三维建模，利用边界元分析方法实现阴极保护电场和阴极保护电流分布的可视化。可实现阳极布置合理化分析、接地材料对阴极保护效果分析，以及管道外腐蚀直接评估的功能。

该技术通过使用有限元分析和现场馈电测试对管道的保护条件进行边界化处理，实验室对现场实际使用的不同接地材料和防腐层管道进行腐蚀电化学测试，获得不同管道材料和接地材料的极化参数和边界条件。通过对有限元分析的边界化处理和数值模拟，对阴极保护的可靠性进行预判，对阳极和电场的分布进行优化。

该技术同时整合了土壤电阻率、管道防腐层表面状态、接地材料等多方面的因素，综合判断阴极保护监测薄弱环节，预设阴极保护监测用测试桩，实现管道外防护状态的预判与实际判断。典型的油气站场管线和接地如图 10-3-1 所示。

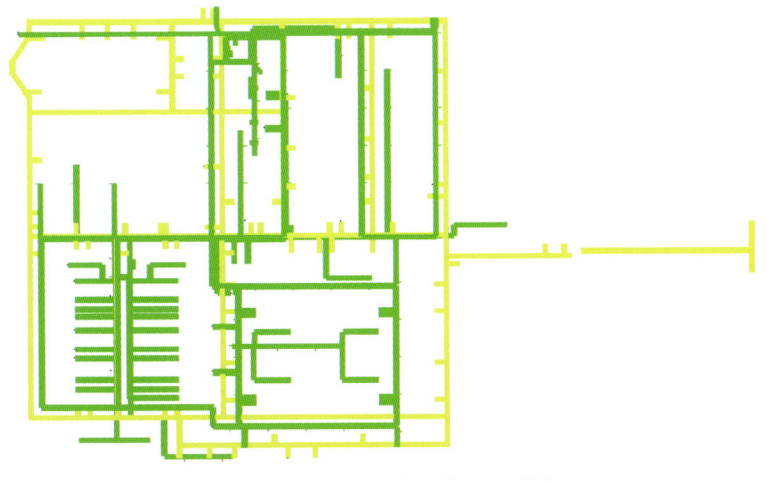

图 10-3-1 油气站场管线和接地

二、技术特点

大型站场复杂管网区域阴极保护技术实现了复杂地下管网阴极保护的数字化和可视化设计，可以直观地分析阳极地床的分布对阴极保护电流和电位变化的影响，减少阴极保护的过保护和欠保护情况的发生。优化阴极保护阳极地床布置，在综合管网复杂，地面结构复杂，管道、接地、钢筋等多因素影响下充分考虑不同因素影响阴极保护的效果，为工程设计提供理论依据和工程数据支撑。可以对不同接地材料与阴极保护系统间的兼容性进行分析，合理建议接地极与管道的相对位置和类型，避免由于接地干扰引起的管道失效。同时该技术建立了不同防腐层及接地材料的电化学特性数据库，综合土壤特性，可以从地表监测参数预判埋地管道外腐蚀程度。有效降低运行维护过程中的阴极保护的排查难度，快速判断阴极保护状态。通过该技术，全面降低了管道外腐蚀风险，结合现场的测试桩和馈电电流的变化可以实现失效位置的预判和维护方案优化。

图 10-3-2 展示了同一站场内埋地管道，在相同的保护电流需求下，使用不同的阴极保护方法的阴极保护电位的分布。电位的分布主要是通过了数值模拟分析，分析的边界条件由现场的实际电流需求实验取得。图 10-3-2（a）为使用牺牲阳极的阴极保护电位的分布，图 10-3-2（b）为使用柔性阳极作为阳极地床阴极保护电位的分布，图 10-3-2（c）为使用浅埋阳极地床的阴极保护电位的分布，图 10-3-2（d）为使用混合阳极地床方式后，阴极保护电位的分布。

该技术可以清晰直观地得到阴极保护的效果，更可以直接通过数值模拟分析把实际的保护效果在系统平台上展示，有效地提高了设计人员在阴极保护系统设计上的可靠性；同时可以为后续运维工作提供维护指导，通过周围的电位变化判断外部防腐层的劣化及可能出现的泄漏风险。

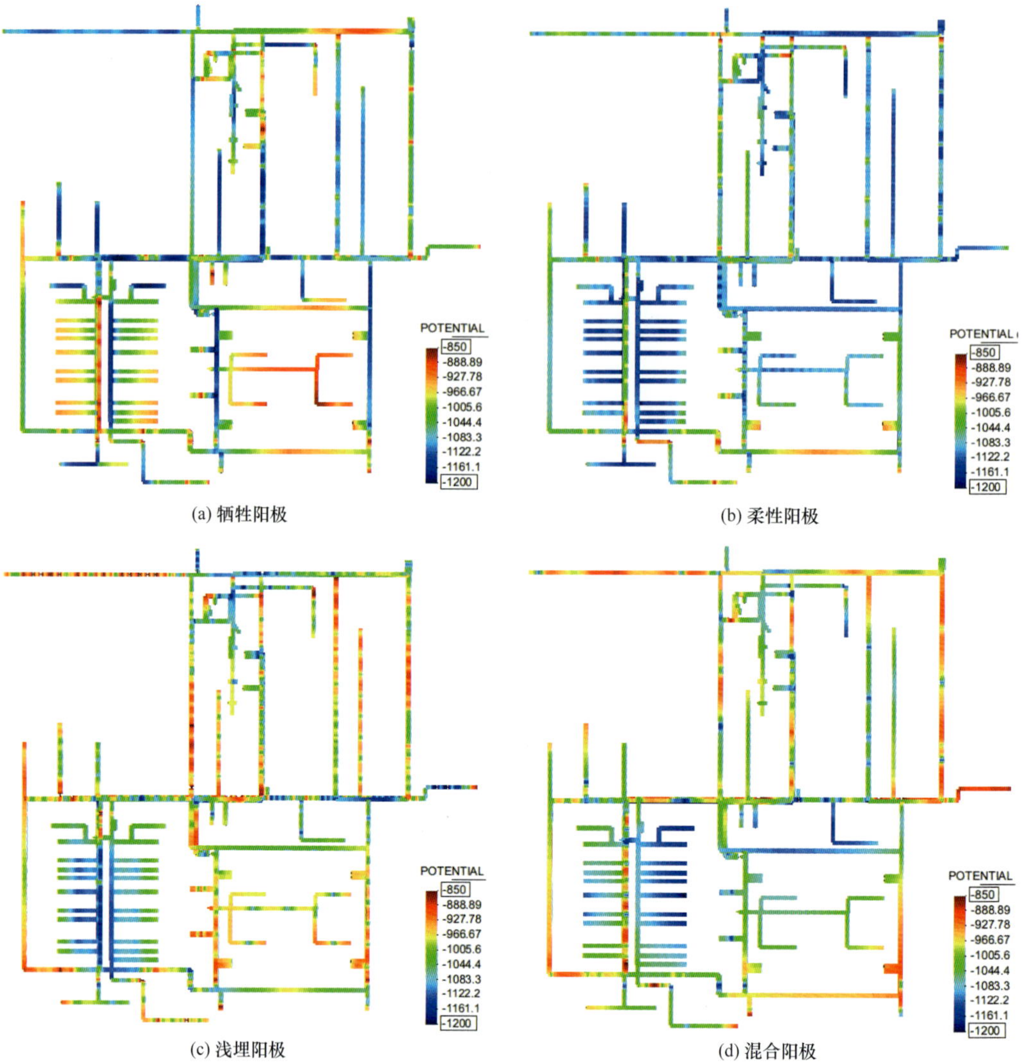

(a) 牺牲阳极　　　　　　　　　　(b) 柔性阳极

(c) 浅埋阳极　　　　　　　　　　(d) 混合阳极

图 10-3-2　接地与管道联合保护时优化方案的电位分布云图

三、应用效果

大型站场复杂管网区域阴极保护技术目前对中东地区大型油田复杂站场的地下管道进行了全面的分析和建模，并依据该技术对未实施阴极保护的地下管道进行了保护。

海外油田具有站场设施齐全、地下管道众多、升级改造后新旧管道交错、管径不同、防腐层类型不同、与接地系统有联通等特点；同时，土壤腐蚀环境苛刻，哈法亚地区的地下水位高，土壤电阻率低于 $0.1\Omega \cdot m$，属于强腐蚀地区。由于铜接地的干扰，外部腐蚀面临的情况严峻。大型站场复杂管网区域阴极保护技术主要解决以下问题：

（1）复杂站场地下管网的外腐蚀评价难题；

（2）复杂管网阴极保护有效性问题；

（3）已建设复杂管网的阴极保护改造难题；

（4）新建站场复杂管网直流干扰问题；

（5）科学有效地布置阳极底床，解决电流屏蔽问题、接地干扰问题、管道涂层老旧不一造成的电流分布不均问题、全站点联通情况下安全运行问题。

该技术已成功应用于伊拉克哈法亚油田、格拉芙油田、祖拜尔油田和鲁迈拉油田，伊朗北阿扎德甘油田，以及阿布扎比巴布等油田地面工程建设项目，有效地降低了腐蚀泄漏风险，实现了油田的安全经济开发。

第四节　腐蚀监测技术

一、技术描述

腐蚀监测技术是根据工艺流程的特点对腐蚀进行监测，通过多种腐蚀监测手段的综合应用实现对腐蚀的监测和管理的目的。

根据工艺流程一般把腐蚀监测的范围划分成井口、油处理系统、气处理系统、水处理系统等部分，并考虑原油含水率、气油比、产能剖面、流体特性、是否加药、腐蚀监测的控制水平要求等。根据海外油田的特点及项目积累的经验，逐步形成了腐蚀监测位置（corrosion monitor point，CMP）优化设计方法。

基于CMP的位置及工艺需要选择，进一步选择合理的腐蚀监测技术手段。原则上腐蚀监测的手段不少于两种方式，即同时考虑侵入式和非侵入式监测手段，腐蚀监测典型配置如图10-4-1所示。对于高腐蚀、高风险、高压不宜使用侵入式监测的位置，优先推荐使用非侵入式的腐蚀监测手段。如对整体控制水平要求高，腐蚀泄漏风险高，需使用高精度类型的监控手段。如工艺通过加药控制腐蚀，则需考虑在加药前后布控监测点以确保药剂的有效性，并且系统需要考虑具备和加药系统联动的能力。

腐蚀监测系统优先考虑对碳钢管道及设备的监测，特别是由于CO_2引起的均匀腐蚀，腐蚀监测系统应考虑覆盖全面。腐蚀监测系统应考虑验证加药系统的有效性，在加药系统的前后布置对比，通过腐蚀速率变化为业主提供药剂使用的支持。腐蚀监测系统应使用在线智能化系统，考虑完整性的腐蚀监测，为未来数字化腐蚀提前布置搜集点。井口、油处理系统、气处理系统和生产水处理系统的腐蚀监测设置如图10-4-2至图10-4-5所示。

通过在线系统把腐蚀监测的各种手段进行集成，可以把以往单一分散的腐蚀监测手段集成在一个平台，如图10-4-6和图10-4-7所示。

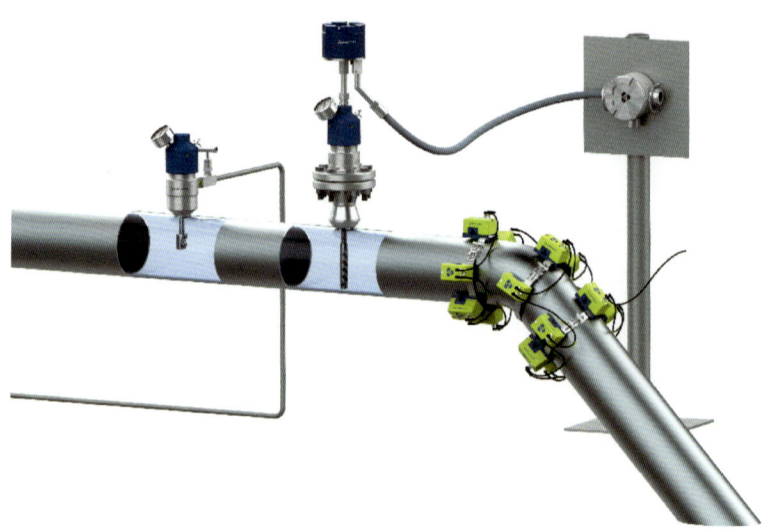

图 10-4-1　腐蚀监测典型配置

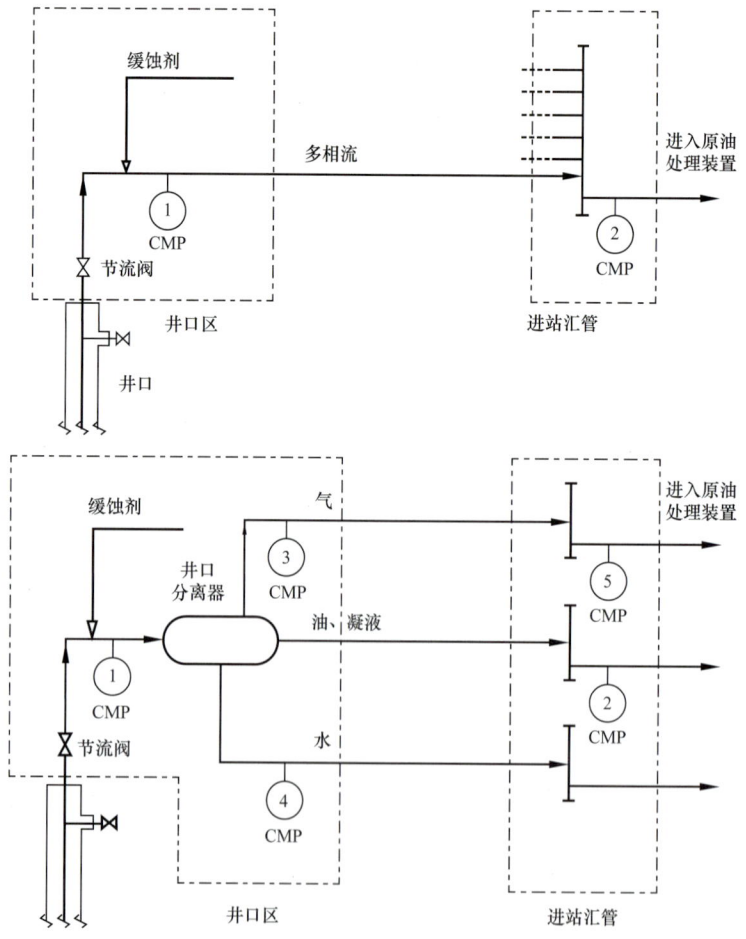

图 10-4-2　井口腐蚀监测设置

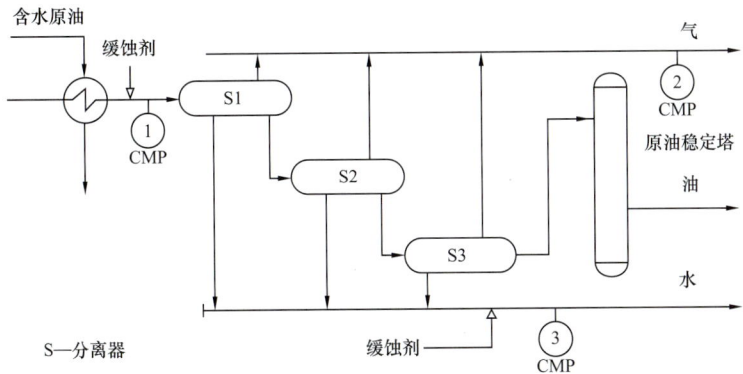

图 10-4-3　油处理系统腐蚀监测设置

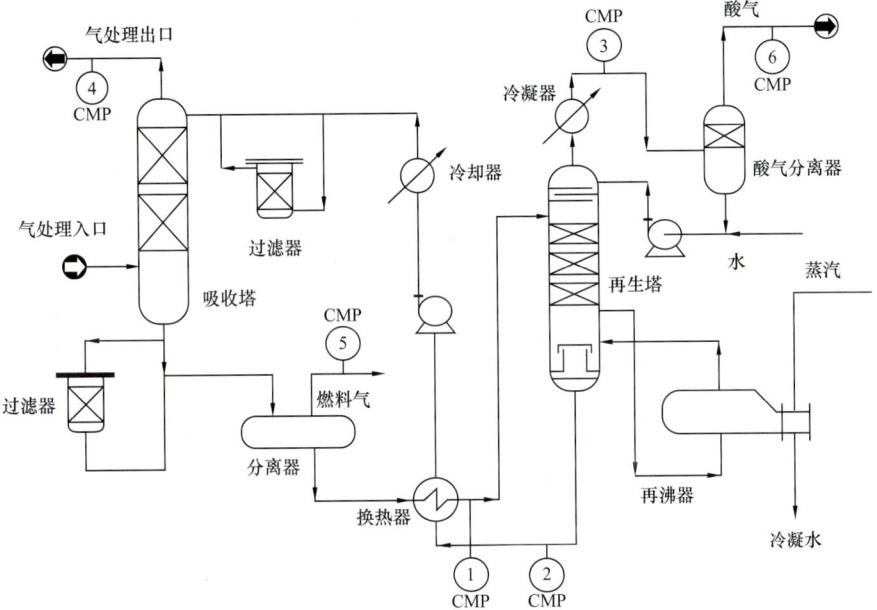

图 10-4-4　气处理系统腐蚀监测设置

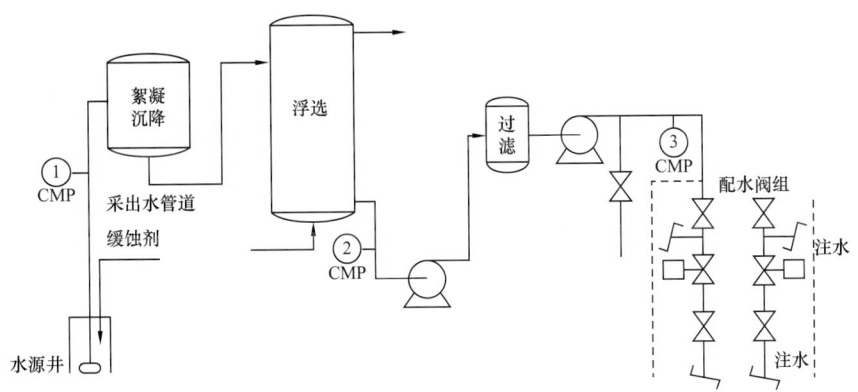

图 10-4-5　生产水处理系统腐蚀监测设置

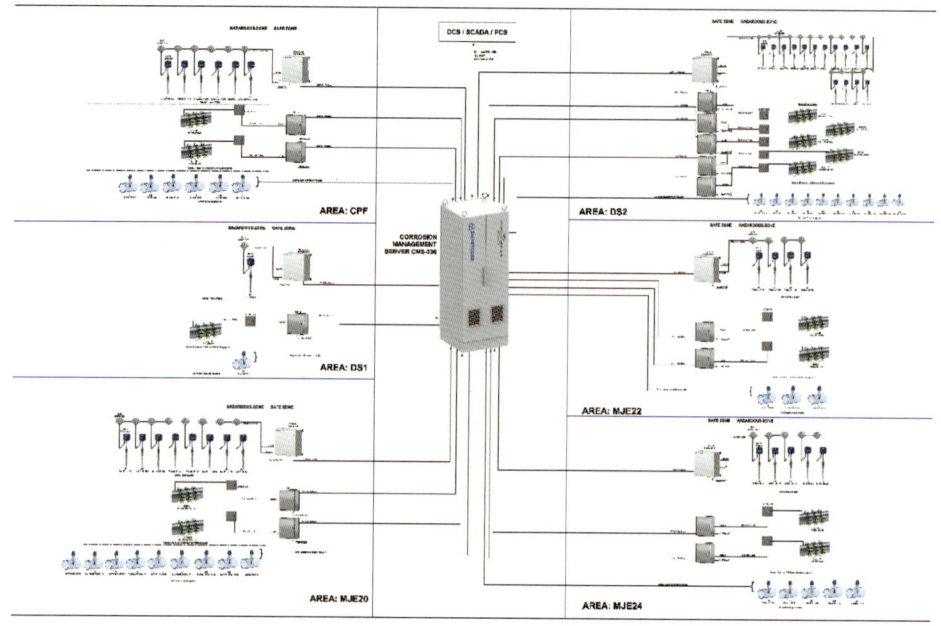

图 10-4-6　腐蚀在线监测系统

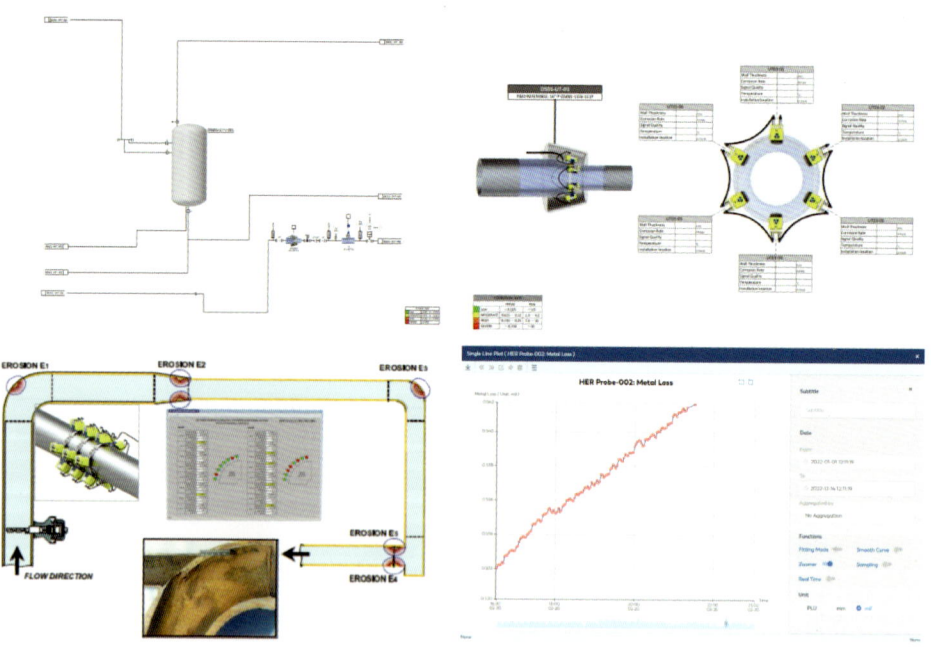

图 10-4-7　腐蚀在线监测系统

通过分析工艺参数、管道结构、剩余壁厚与腐蚀监测数据对应的关系，对搜集到的腐蚀数据进行应用与治理。构建油田地面管道和设备腐蚀检验计划，建立检验结果与油田设备管道的寿命预测的方法，能够实现油田腐蚀的有效评价，有效降低后期油田腐蚀泄漏风险。

二、技术特点

腐蚀监测技术通过一体化腐蚀监测平台，解决腐蚀监测系统无法有效利用的问题，通过多技术对比及腐蚀速率预警实现了腐蚀监测对工艺系统的主动防御措施；可实现工艺流程和腐蚀介质变化的全覆盖，通过接入工艺数据实现生产参数与腐蚀参数的互动；能够全面监测管道内腐蚀变化；实现腐蚀数据数字化，把工艺设施的劣化通过腐蚀监测进行展现；有效提高了运行维护过程中药剂的有效性；有效降低管道运行维护成本。

三、应用效果

海外油田多具有产量大、生产设施滚动开发、腐蚀性介质随产能剖面变化显著的特点，需要在生产运行过程中对重点管道系统进行布控和分析。由于设施众多，单一的腐蚀监测装置无法全面有效地发挥作用，因此采用多技术联合的方式对油田地面设施进行全面的腐蚀监测，建立后台腐蚀数据平台及腐蚀数据分析系统。及时发现腐蚀变化趋势，并且采取对应的腐蚀控制措施，降低突发的腐蚀穿孔事件的概率。

全面腐蚀监测技术主要解决以下问题：

（1）油田设施众多，腐蚀监测位置设置难题；

（2）不同腐蚀介质特点不同，开发过程中腐蚀介质动态变化，腐蚀趋势的捕捉问题；

（3）腐蚀监测系统的网络化和系统化的难题；

（4）腐蚀监测系统数据展示和腐蚀风险的识别难题；

（5）腐蚀监测系统与生产数据的联动问题。

该技术已成功应用于伊拉克哈法亚油田、格拉芙油田、祖拜尔油田和鲁迈拉油田，伊朗北阿扎德甘油田，以及阿布扎比巴布等油田地面工程建设项目，取得了良好的效果，有效地降低了腐蚀泄漏风险，实现了油田的安全经济开发。

第五节　腐蚀风险评价技术

一、技术描述

基于油田处理流程的腐蚀风险评价技术是通过对工艺流程、物流进行分析，实现对腐蚀回路和腐蚀单元的定义，分析各个单元中由于积液段、旁路、阀门的影响，可能出现的腐蚀失效机制，综合判定回路的腐蚀机制。腐蚀机制的选择根据 API RP 580《基于风险检验》中的机制判定，减薄、脆断、局部腐蚀、应力腐蚀开裂等是油田常见的失效机制。根据腐蚀失效的机制结合动态腐蚀速率分析，得到腐蚀失效概率，腐蚀失效后果结合标准和现场实际失效造成的经济损失进行判定,实现腐蚀风险的综合评价。

该技术包括三部分内容:腐蚀风险评价的平台设计、腐蚀风险评价的实施及腐蚀风险评价的实际项目使用。

(一)油田集输及处理系统 RBI 平台设计

平台设计主要是针对腐蚀风险评价的功能模块、数据采集、数据应用方式、核心计算模型的选择、腐蚀数据库的建立,以及腐蚀风险的计算、检测检验的规定进行软件开发类的需求分析和调研。

通过平台设计建立起符合油田项目的腐蚀风险评价分析流程;说明各个模块的功能作用及输入输出的需求,建立后台数据库的框架和数据格式,预留相应的端口;实现腐蚀风险评价,提供检验报告和检验周期的流程。

(二)油田集输及处理系统 RBI 平台的实施方式

通过 RBI 实施和评估服务,实现油田各个功能模块下管道和设备等的运维、监测、分析诊断等,研究静设备、管道的腐蚀机理,确定容易发生腐蚀的部位,并对部位的关键参数进行检测,进行腐蚀回路绘制及腐蚀控制手册编写。风险评价基于 API RP 580,实现腐蚀控制完整性操作窗口满足 API RP 584《完整性操作窗口》的要求。通过软件实施及风险评价可实现腐蚀预测预警、腐蚀诊断分析与检维修建议及措施,包括计算设备风险等级,风险矩阵、后果,以及腐蚀回路的平均腐蚀率、通过腐蚀经验校验检测频率、识别具有潜在危险的位置或腐蚀回路的最大腐蚀速率与平均速率之比、生成完整的检测时间表、基于 RBI 定量分析方法进行风险等级评估等,提前实现腐蚀预警,减少非计划停车次数和检维修费用,实现静设备全生命周期的管理。

(三)平台的主要功能及内容

(1)腐蚀风险评价的流程及标准化统计表确定。

(2)腐蚀风险评价分析所需的数据和资料棘突要求。

(3)腐蚀风险评价分析审查机制。

(4)腐蚀风险评价分析损伤机理分析;根据腐蚀风险评价分析的特点,主要针对特定工况下服役的设备、管道的材质、工艺、物流、腐蚀性介质、运行工况、介质流速等方面综合分析潜在的腐蚀机理。

潜在的损伤模式有以下五类:

① 腐蚀减薄:壁厚减薄;

② 环境开裂:环境或介质作用下的开裂;

③ 材质劣化:材料无明显减薄或开裂,性能明显退化;

④机械损伤：未受介质或环境影响，载荷作用下强度或刚度等性能降低。

除以上四类损伤，还有其他损伤及几种模式交互作用下的损伤。

（5）腐蚀速率确定：腐蚀速率应根据历次检验检测得到的厚度数据来计算。如果没有计算得到的腐蚀速率，则应使用确定每一潜在腐蚀机理推荐的腐蚀速率，确定腐蚀机理后再按 GB/T 26610《承压设备系统基于风险的检验实施导则》、API RP 581《基于风险的检测技术》及 ECE、OLI、Predict 等预测腐蚀速率。

$$腐蚀速率 = \max\left(\frac{上次测量最小值 - 最近一次测量最小值}{两次测量的时间间隔}, \frac{壁厚名义值 - 最近一次测量最小值}{至最近一次测量的使用时间}\right)$$

（6）腐蚀回路和单元划分：将潜在的腐蚀机理相同且彼此相邻的设备或管道评估单元划分为一个腐蚀回路。腐蚀回路划分的目的是对生产装置中的设备及管道按腐蚀回路分级别、分重点进行管理；对于腐蚀损伤程度较大的腐蚀回路给予重点关注和重点检测。

（7）腐蚀风险分析计算：针对油田特点，选择以下失效模块。

① 减薄模块：包括高温氧化腐蚀、高温硫/环烷酸腐蚀、$H_2S+CO_2+H_2O$ 型局部腐蚀、酸性水腐蚀、高温 H_2S/H_2 腐蚀、$H_2S-HCl-H_2O$ 腐蚀、有机酸腐蚀的失效机理；

② 高温氢损伤模块：包括高温氢损伤失效机理；

③ 脆性断裂模块：包括回火脆性、氢鼓泡、氢脆失效机理；

④ 应力腐蚀裂纹模块：包括湿 H_2S 环境下的硫化物应力腐蚀开裂、碳酸盐应力腐蚀开裂和碱应力腐蚀开裂、氢致开裂/应力导向氢致开裂；

⑤ 外部损伤模块：包括外部腐蚀失效机理，即无保温层的大气腐蚀和保温材料下的层下腐蚀（CUI）；

⑥ 衬里模块：计算设备衬里的失效可能性。

（8）重点难点分析：在腐蚀风险分析中，需特别注意设备检验资料的审查，根据检验资料准确判断检验的有效性，为保证风险分析的正确结果和下一步检验策略的制订打下坚实的基础。

（9）腐蚀风险检验方案制订：

① 降风险措施；

② 全面检验；

③ 检验方案制订原则。

（10）报告编制：在 RBI 风险计算结束后应根据评估结果制订科学有效的检验检测策略，同时编写承压设备 RBI 评估报告。

可依据承压设备 RBI 评估报告及基于风险的检验检测策略开展下次全面检验工作；同时，根据评估对象失效机理及评估报告给出的降风险措施，积极开展降风险在线检验，确保设备安全稳定运行至下一检验周期。

二、技术特点

实现了针对油田工艺流程的全流程分析。实现油田设计阶段的独立评估,根据工艺、介质、材料评价油田地面设施的风险,提供监测及检测建议,给运维方完整性的指导。提供检测位置报告,明确风险检测的位置,准确定位,如图 10-5-1 所示。提供了检测检验计划及检测方法,实现了方法明确,实施程序清晰;有效延长了油田管道及设备的寿命;有效降低油田管道运行维护成本。

三、应用效果

腐蚀风险评价是腐蚀控制管理的重要一环,也是油田资产完整性管理的核心环节。该技术也是目前国内各个油田逐步摸索和实践的目标。

腐蚀风险评价是通过管理的思路控制腐蚀,通过标准规范的评估来预期由腐蚀带来的风险。降低管道及设备计划外的失效,对腐蚀做到可防、可控、可管、可维护的思路。目前,建设的海外项目均以腐蚀完整性管理的思路对油田进行风险评价,实现设备管道的完整性管理。明确运行过程中的腐蚀风险,明确每次评估后的维护及检测方案手段和周期。

腐蚀风险评价技术主要解决以下问题:

(1)油田设施众多,维护资源有限的问题;

(2)腐蚀原因众多,排查困难的难点;

(3)现场不具备腐蚀分析的能力;

(4)无法量化分析腐蚀过程的难题。

该技术已成功应用于伊拉克格拉芙油田、祖拜尔油田和鲁迈拉油田,阿布扎比巴布等油田地面工程建设项目,有效降低了腐蚀泄漏风险,实现了油田的安全开发。

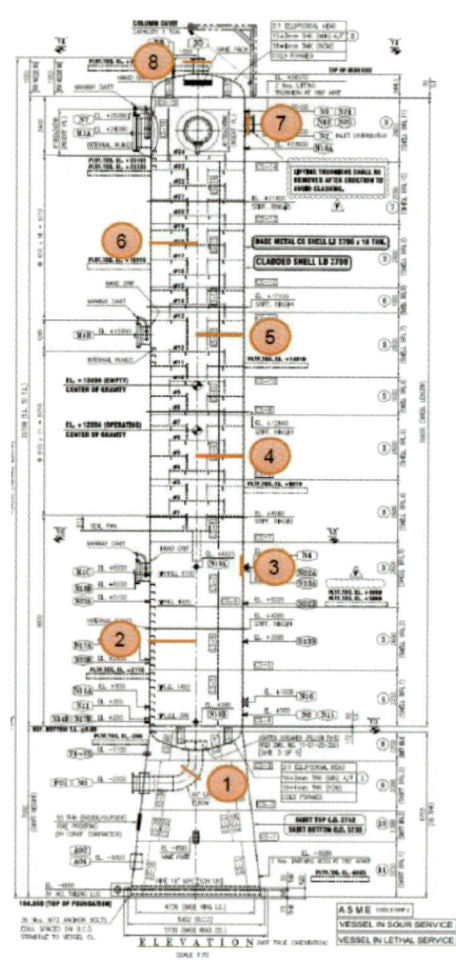

图 10-5-1 腐蚀检测点位置

注:图中①~⑧为检测点位置。

第十一章

安全风险分析技术

工程的核心价值之一是良好的安全理念，只有安全文化的不断提升，才能保证企业的可持续发展和最终成功。海外油田广泛分布在中东、非洲、中亚等地区，对安全风险分析要求普遍较高，如何保障海外大型油田的安全性尤为重要。安全风险分析技术对海外油田工艺安全设计可以提供安全的站场布局、可靠的保障安全的手段，优化油田安全系统，提高工程设计水平，也用于指导将安全投资放在关键问题上，避免投资的不合理性。安全风险分析包括以下几种：定量风险分析（QRA），火灾风险分析（FSA），站内设施布局安全分析（FSL），火气探头布置安全分析（Fire & Gas Detection Mapping Study），应急系统保障性分析（ESSA），逃生、疏散及救援分析（EERA），领结分析（Bow Tie Analysis）。

中东地区油田出产的原油多具有高密度、高黏度、高气油比、高含H_2S、高含CO_2、高含盐"六高"的复杂特性，导致原油处理难度大、腐蚀工况复杂、风险管理要求极高等一系列重大技术难题。在海外油田工程设计中，科学合理、量化可控的安全风险分析技术日趋成熟，并在实现本质安全及合理平衡投资方面起到了越来越重要的作用。安全专业作为一个独立专业，承担安全分析的工作。通过科学合理的计算，以辐射热值、爆炸超压值、风险值、风险矩阵等工具，定量分析，直观地显现当前设计的安全性能。全方位对当前工程设计的安全性能进行评定，并提出优化改进措施的建议。

海外油田地面工程常用的定性分析包括危害与可操作性分析（HAZOP）、危害辨识（HAZID）、安全完整性等级（SIL）等。定性分析根据经验或者标准规范判断存在的风险及风险的高低，辨识事故发生的频率及事故发生后的后果。定量风险分析在定性风险分析的基础上利用软件进行计算模拟给出定量数据，对定性分析进行验证及补充。

重大风险场景指在HAZID过程中根据风险矩阵识别出的高风险场景。安全关键设备（SCE）指作为风险发生或者降低事故后果的屏障，一般通过领结分析（Bow-Tie Analysis）识别总结。安全关键设备性能指标（SCEPS）指SCE需要达到的技术要求或者需要满足的标准规范、认证要求。一般QRA/FSA重点针对识别出的重大风险场景而开展。

目前海外项目安全分析大多基于风险，对重大风险场景进行辨识、分析其产生的后果和风险，这样可以在设计阶段对可能存在重大风险的场景进行管控，做到涵盖全专业（总图、仪表、土建、配管、暖通、通信、建筑、设备）、涵盖所有相关场景（如火灾、爆炸、有毒气体扩散等）。采用定量风险理念评估设计要求、验证技术完整性，各个阶段环环相扣，做到全生命周期覆盖。这些安全研究可以为运行阶段的风险管理提供输入。

本章阐述常用的安全分析技术，包括"定量风险分析技术""火灾风险分析技术""站内设施布局安全分析技术""火气探头布置安全分析技术""应急系统保障性分析技术""逃生、疏散及救援分析技术""领结分析技术"。

第一节 定量风险分析技术

一、技术描述

定量风险分析（Quantitative Risk Assessment，QRA）技术也称概率风险评价技术，是综合考虑危险后果和频率定量评价风险的一种技术。该技术旨在通过概率风险值，如个人风险和社会风险对系统的危险性进行定量计算，并以定量值综合衡量风险的危害程度。

一般而言，对受到影响的个人，可容忍和不可容忍的死亡风险之间的分界线约为每年 1.0×10^{-3}。当低于这个分界线，如果这个人了解所受风险，并为降低风险而已经采取一切合理的做法，这个风险值是可以接受的。在这个可接受的区域，目标不应只是为了把风险减少到一个固定的"可以接受的"风险级别，而是应该把风险降低至最低合理可行原则（ALARP）。对于 QRA 分析出的危险事件，首先应该寻找减少该事件发生的可能性或直接消除事件本身的方法，然后才研究如何减轻危险事件发生的后果。

QRA 应使用可靠的数据库。QRA 应使用已发布的工业数据（如 HCRD 碳氢化合物泄漏数据库、OGP 油气生产数据库等经验数据库），或核实过的经业主认可的相关工业数据。如果引用的数据对总体风险有重大影响，则应评估可能存在的不确定性范围，并进行敏感度的操作分析。如果不能判断不确定性范围，则应采用假定保守参数的方法。

油田地面工程 QRA 的主要目标是：通过识别危险源、各个风险的危害后果，判定当前设计对油田设施及相关生产活动的风险量化值。其技术特点是，以数值、风险矩阵直观判定风险的危害程度，从而确定风险是否处于可接受范围，对工程设计中的风险提出相应的安全防范措施，同时对工程设计实现本质安全提出优化建议。

定量的风险分析就是确定风险值的过程，事故发生的可能性大小及事故发生后的危害程度直接决定了最终风险值的大小。

可以通过以下公式理解定量风险的定义：

$$风险 = 事故的发生概率 \times 死亡人数$$

风险是可以计算的，风险是可以控制的，因此风险是可以削减的，安全目标是可确立的、可达的。

定量风险分析的流程包含如下内容：

（1）数据和资料收集：包括环境参数、工艺参数、图纸文件、人员分布。

（2）事故危害识别：包括识别可能导致人员伤亡的事故情形（如失效模式或者初始事件），如火灾、爆炸或者有害物质泄漏。

（3）事故后果分析：包含每一辨识出的危险结果对周围人口的影响的确定，也就是，危害事件引起的后果。

（4）频率估算：主要是评估各事故情形的发生频率。

（5）风险综合及比较：将事故情形的后果及频率综合起来评估相应的风险，并以个体风险的形式进行表述。

通过数据收集、分析及计算，可以定量显示爆炸超压值、人员死伤概率、H_2S 等有毒气体扩散范围。以定量的数值反映风险值的大小，结合风险矩阵，直观判定风险值的可接受程度，以直接客观的方式为安全设计提供定量的依据。

QRA 的后果分析和风险分析的中间成果（火灾、爆炸及可燃或者有毒气体扩散的后果模拟或者风险模拟）可用于开展火灾分析技术和站内设施布局安全分析、火气探头布置安全分析，逃生、疏散及救援分析（EERA）及应急系统保障性分析（ESSA）。

二、技术特点

（1）QRA 应使用可靠的数据库、合理的计算模型，模拟出已辨识风险的风险数值，便于项目对于风险做出直观判断。

（2）QRA 的目标是针对风险值，提出合理的技术措施来降低风险，平衡安全与投资。

（3）依托成熟计算机程序运算，结果精确。

三、应用效果

QRA 的定量风险值一般应用于设计、操作、维护、施工等工程方面。首先，QRA 风险值可以定量显示油田地面工程场站或具体设备发生爆炸的概率。发生爆炸后的冲击波超压值，因此该值可以大规模应用于设计期间设备的位置布置。其次，QRA 的分析可以定量显示有毒气体扩散的具体范围，可以用于确定站场的应急预案、逃生路线、安全操作所需要注意的事项等。

某海外油田开展了 QRA 分析，分析得出站场内个人风险值满足业主个人风险标准。同时针对主要风险源给出了进一步降低风险的建议，如建筑物抗爆的要求和人员在高风险区域停留时间的要求。QRA 平衡了安全水平与投资。同时，QRA 可以显示 H_2S 的扩散范围，用以划分危险、严重危险等区域，借助安全区域的划分，间接指定进入场站人员需要穿戴的个人防护用具（PPE）的类型，以及制订不同区域的最快逃生路线。

QRA 得出个人风险等高线，可用于站场选址和征地。同时，QRA 可确定建筑物抗击爆炸冲击波的能力，为其他专业抗爆设计提供依据。

第二节 火灾风险分析技术

一、技术描述

火灾风险分析（Fire Safety Assessment，FSA）技术是一项系统化和结构化的安全分析技术，通过对火灾危害进行识别，并根据定量分析结果做出全面的、综合的分析和评估。以定量的火灾风险值对工程设计提出合理建议，为工程资产管理者做出安全决策提供依据。特别是如何设置设备安全间距，合理布局防火分区，设计布局消防设备，消防通道及逃生路线。FSA 利用 QRA 分析过程中的火灾后果和风险的模拟结果开展。

主动防火措施指需要人或者设施发生动作而完成的防火保护措施（如消防泵、消防环网、喷淋系统、消火栓和消防炮等）。被动防火措施指不需要人或者设施发生动作而完成防火保护的措施（如防火涂料、防火墙等）。防火分区是指将厂区内的设备按照危险等级或者自然屏障进行划分。一个防火分区内的火灾、爆炸及可燃气体泄漏不应影响其他防火分区，避免事故蔓延升级。防火分区可用于消防水量核算、工艺系统关断放空设计及火气探测。

FSA 主要侧重于基于火灾、爆炸和毒气扩散等危害来计算风险结果，依据项目要求来衡量项目设计过程中，防火分区如何划分、防火分区划分是否合理（从而为火炬放空计算及关断原则提供依据）、主动消防设计是否满足要求、设备或者结构的防火是否满足要求的问题。针对当前设计在火灾防范方面存在的缺陷，根据量化分析结果给出合理的优化建议和推荐做法，并为开展主动消防（AFP）、被动防火（PFP）、逃生疏散及救援分析（EERA）、应急系统保障性分析（ESSA）等安全分析提供有效的输入数据。

危害识别是火灾安全分析的起点。根据工艺流程的 P&ID、PFD、总图及物料平衡表对每个隔离单元的物料进行全面的评估，形成危险源及相应后果的清单。危险源的信息也可从该项目执行的现有 QRA 研究、HAZID 和 HAZOP 研究及其他风险评估和管理研究中获得。

石油和天然气工艺设施会发生大量的火灾事件。这些火灾包括小型电气火灾及大型碳氢化合物工艺火灾等不同类型和规模的事故。FSA 应重点关注那些会直接或通过升级对人员或设备总体风险水平产生重大影响的火灾事件，即碳氢化合物引起的火灾或者爆炸。

由于物料组分和储存压力不同，常见的油田站场的碳氢化合物泄漏分气相、液相、气液两相。可燃介质的气相的泄漏尤为危险，因为它们很容易被点燃。气相的泄漏会引起可燃气体扩散。与可燃泄漏相比，泄漏气体扩散云团如果被点燃，具有大范围的瞬间破坏性。而泄漏液体中的可燃气体从液体中挥发出来才会引发火灾或者爆炸。

泄漏的原因可能是外部或内部腐蚀或者侵蚀、设备磨损、冶金缺陷、操作员失误导致第三方损坏等。

通常，油田站场物料的泄漏形式分为以下几类：

（1）灾难性破坏：容器或储罐完全破裂后立即释放其内容物，释放量取决于容器容积的大小。

（2）泄漏：连接管线中的局部管线管道发生了位移破坏，导致管道的两端分别面向大气泄漏物料；该开口的横截面积小于管道的横截面积（例如，管道缝裂口）。

（3）破裂：管道的侧面破裂；开口的横截面面积通常将等于管道的横截面积（例如，管道受外部冲击导致断裂）。

（4）微孔泄漏：泄漏通常是由阀门或泵密封件的密封失效、局部腐蚀或侵蚀作用引起的，并且泄漏的大小通常在"微孔"到"小孔"之间（例如，腐蚀或侵蚀泄漏）。

（5）通风孔、排水孔、取样口故障：小直径的管道或阀门可能发生故障，从而将蒸气或液体意外释放到环境中。

（6）正常操作释放：工艺存储容器的通气、泄放阀排放、储罐密封气的排放等正常且可接受地释放到大气中的操作。

（7）有许多因素决定了碳氢化合物气体释放的释放速率和初始几何形状。最重要的因素是气体是处于压力下还是在常压条件下释放。

油田站场泄漏物料的属性决定了火灾场景的类型、发生可能性和影响严重程度。全面系统地识别、分析工艺生产装置和储运场所内物料的火灾爆炸危险的特性，从而预测、推演危险事故场景，这是开展FSA的基础条件。油田典型事故后果事件树如图11-2-1所示。

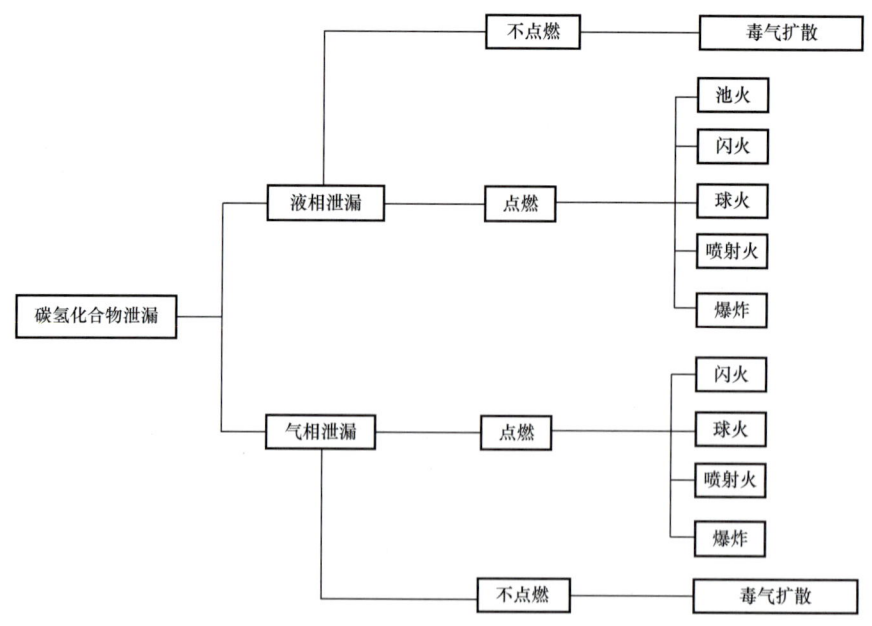

图11-2-1　油田典型事故后果事件树

为了便于进行危害识别，应将油田工艺系统流程根据工艺设计隔断原则将整个工艺流程分为相对独立的若干隔离段。在划分隔离段时需要考虑以下问题：工艺单元物料属性、物料的相态、隔离阀门位置等。

在开展危险源识别的过程中，需要重点分析危险性较高的单元。根据物料属性选择原则，危险性较高的单元应至少满足以下四个条件中的一个：易爆炸物体、易燃物体、有毒气体、混合介质。

同理，如果在风险识别过程中发现某单元满足以下四条原则中任意一条，可不对此单元进行进一步的安全分析。

（1）物质的物理形态：在正常状态下不能构成重大事故场景；
（2）容量及数量：容器容积及储存数量不能构成重大事故场景；
（3）位置及数量：设备本身不是重大事故场景且位于重大事故场景的安全距离外；
（4）分类：本身不在重大事故场景范畴内。

二、技术特点

（1）FSA 的分析流程复杂，综合考虑因素较多，需要跨专业、跨部门收集数据输入，并以科学的计算方法，计算得出定量的风险值。

（2）定量地显示不同工艺装置的火灾发生概率。结合风险矩阵，为决策者提供风险是否可以接受的依据。

（3）能定量显示不同火灾辐射热值的影响范围。为工艺设计、电气、仪表等相关专业的设计提供依据。

三、应用效果

海外某油田开展了 FSA，该分析给出了不同热辐射火灾及不同发生概率的热辐射范围，据此可以判定厂区内哪些设施需要设置被动防火，从而为其他专业防火材料的开料和应急阀门执行机构的防火要求提供依据，哪些设施需要设置主动消防和主动防火的方式及防火分区，从而确定消防水量，校核消防设计的合理性，为主动消防原则的制订提供依据，为厂区关断和放空计算提供依据。FSA 还可以为火气探头布置研究提供输入，降低了被动防火的投资。例如，工艺主管廊的被动防火涂层的涂装范围，经过 FSA 的定量分析，分析出哪些地区的管廊不存在火灾风险，哪些火灾风险处于不可接受范围，从而将被动防火涂层的涂装范围精确到米，在保证了本质安全的前提下，节省了安全投资 40%。

通过开展 FSA，可以得出火灾发生的概率及火灾产生的不同辐射热值的影响范围，据

此直观判定当前设计的安全性,主要判定以下几个方面:

(1)设备的安全间距是否合理;

(2)当前厂区的防火分区;

(3)当前设计的被动防火措施;

(4)当前设计的主动防火措施。

通过对比风险值的可接受程度、火灾辐射热的具体数值,调整当前设计,平衡工程本质安全要求及投资。

第三节 站内设施布局安全分析技术

一、技术描述

站内设施布局安全分析(Facility Sitting Layout Analysis,FSL)以下简称"布局分析",是一种依据项目站场火灾和爆炸定量模拟计算的结果,来分析站场布局规划是否合理、各区域间距是否满足要求,最后给出结论和建议的分析方法。该分析的工作范围一般包括厂区内所有处理、输送、存储可燃介质的工艺设备和单元。

要对厂区布局进行分析,首先要确定评价准则。地面油气工程对设施造成损害的事故一般包括火灾和爆炸。布局分析主要针对的建构筑物,如重要的梁、柱子、防火墙、控制室,以及重要设备如压力容器、压力管道等。火灾和爆炸对这些设备设施的破坏,将会导致事故的蔓延和扩大。然而,如果通过布局分析发现结构的损坏可能会造成严重后果,可能还需要对厂区构筑物进行热辐射和爆炸冲击波的敏感性详细分析。需强调的一点是,如果采用本质安全原则,厂区构筑物受到的损害可能性将会大大降低。例如,采用当地或国际公认的布置原则不仅可以降低火灾和爆炸的可能性,还可以降低事故蔓延的可能性。分析流程以火灾热辐射后果分析、爆炸超压后果分析、可燃气体扩散后果分析为主,通过以上后果分析的数值结果并结合相关标准中的要求来判定厂区布局合理性。

火灾对于厂区构筑物的影响见表11-3-1。表11-3-1给出了在250kW/m² 热辐射的强度下,不同持续时间对不同构筑物的影响。表11-3-2给出了不同构筑物和容器受热失去金属强度所需要的温度。

值得注意的是,以上这些数据只是指导性的,如果构筑物的坍塌会造成极为严重的后果,就需要更为详细地分析以确定热辐射强度对构筑物的影响。一般来说,对于简单的线性物体,只需要得出中点截面的温度分布,通过二维热量分析就可计算出结果。对于较为复杂的物体,虽然可以简化计算,但是通常都要计算每个部分的完整温度分布。尤其需要考虑高温条件下物质的变化,高温对于构筑物的影响包括以下三个方面:

表 11-3-1　受到火灾影响的管架/压力容器/设备和钢结构的失效时间

火灾场景	失效工况	失效时间
热辐射强度为 250kW/m² 火焰影响无防火的管廊支撑	管廊支撑过度变形导致金属强度降低和坍塌	小于 5min
热辐射强度为 250kW/m² 火焰影响无防火的阀门	阀门失效，金属强度降低	小于 5min
热辐射强度为 250kW/m² 火焰影响无防火的法兰或管嘴处	法兰或管嘴失去金属强度	小于 10min
热辐射强度为 250kW/m² 火焰影响无防火的安全阀	安全阀未达到设定压力开启	小于 10min
热辐射强度为 250kW/m² 火焰影响无防火的爆破片	爆破片未达到设定压力开启	小于 10min
热辐射强度为 250kW/m² 火焰影响无防火的压力容器	压力容器破裂	小于 40min（失效时间取决于火焰的大小、容器的尺寸、介质、壁厚、放空的孔径等）
热辐射强度为 250kW/m² 火焰影响与压力容器连接的管线。压力容器和管线都没有防火保护，管线将热量传导到容器壁，导致容器金属强度丧失	压力容器破裂	小于 40min（失效时间取决于管线尺寸和火焰强度）
热辐射强度为 250kW/m² 火焰影响无防火保护的压力容器支撑	压力容器支撑过度变形导致管嘴法兰的密封性丧失	小于 5min
热辐射强度为 250kW/m² 火焰影响无防火保护的钢结构	钢结构失去荷载能力，过度变形导致管线部件密封性丧失	小于 15min（失效时间取决于钢结构的尺寸）
热辐射强度为 250kW/m² 火焰影响无防火保护的钢结构组件连接处	钢结构坍塌导致支撑管线破裂，随后发生大规模危险介质泄漏	小于 30min（失效时间取决于钢结构的尺寸）
热辐射强度为 250kW/m² 火焰影响无防火保护的储罐或罐车	常压储罐坍塌导致大规模泄漏	小于 40min（失效时间取决于储罐的尺寸、液位、壁厚、压力泄放装置的尺寸）

表 11-3-2　常用关键温度

受到火灾影响的钢结构	失效温度，℃
陆上油田钢结构	550~620
LPG 储罐（法国、意大利）	427
海上油田钢结构	400
LPG 储罐（英国、德国）	300
海上油田铝结构	200
安全相关控制盘	40

（1）弹性模量的降低及由此引发的挠性的降低；

（2）钢结构屈服强度的降低；

（3）热张力的影响。

火灾热辐射强度推导原理如下：评估火灾对于钢结构的影响包括火灾场景、热量从火灾到构筑物流动特点、构筑物材料在高温条件下的反应、防火系统的特点等，必须首先确定实际的火灾场景和热辐射。

通常用以下变量随时间的变化来定性火灾场景：

（1）热量释放率；

（2）毒物产生率；

（3）烟雾产生率；

（4）火灾尺寸（包括火焰长度）；

（5）持续时间。

某些特殊的定量分析可能需要其他变量，如温度、辐射率及火灾位置。一般情况下，在确定火灾强度时要考虑以下因素：

（1）火灾种类是池火还是喷射火，火灾是受限制还是不受限制；

（2）火灾是在通风条件下还是受到燃料控制；

（3）火焰是受到阻碍还是不受阻碍；

（4）火灾燃料的组相，是单相组分还是两相组分；

（5）燃烧介质的气油比；

（6）热辐射随空间和时间的变化值。

本章阐述了喷射火和池火的细节，通过这些细节可以比以前更加精确地计算火灾对流和辐射的传递性能。表11-3-3至表11-3-6分别给出了高压气体喷射火、高压两相喷射火、池火及压力容器火灾的特点。表11-3-3至表11-3-6中的信息摘自于OGP434-15中的设施受损害准则。

表11-3-3 高压气体喷射火的特点

泄漏速率，kg/s	0.1	1	10	>30
火焰长度，m	5	15	40	65
辐射通量，kW/m²	80	130	180	230
对流通量，kW/m²	100	120	120	120
总辐射通量，kW/m²	180	250	300	350
火焰热辐射率	0.25	0.4	0.55	0.7

表 11-3-4 高压两相喷射火的特点

项目	30% 气相，70% 液相				闪蒸液体火灾
泄漏速率，kg/s	0.1	1	10	>30	1
火焰长度，m	5	13	35	60	—
辐射通量，kW/m²	100	180	230	280	160
对流通量，kW/m²	100	120	120	120	70
总辐射通量，kW/m²	200	300	350	400	230
火焰热辐射率	0.3	0.55	0.7	0.85	1

表 11-3-5 池火的特点

液池直径，m	甲醇池火 5	小碳氢化合物池火<5	大碳氢化合物池火>5
火焰长度，m	等于液池直径	2 倍液池直径	不大于 2 倍液池直径
物质燃烧速率 kg/(m²·s)	0.03	原油：0.045~0.06 柴油：0.055 煤油：0.06 凝析液：0.09 C_3/C_4：0.09	原油：0.045~0.06 柴油：0.055 煤油：0.06 凝析液：0.10 C_3/C_4：0.12
辐射通量，kW/m²	35	125	230
对流通量，kW/m²	0	0	20
总辐射通量，kW/m²	35	125	230
火焰热辐射率	0.25	0.9	0.9

表 11-3-6 压力容器火灾的特点

项目	喷射火		池火
	0.1kg/s<泄漏速率<2kg/s	泄漏速率≥2kg/s	
局部热量峰值，kW/m²	250	350	150
平均热辐射值，kW/m²	0	100	100

整体热负荷影响工艺装置或构筑物平均热负荷，同时作为影响工艺装置压力的主要输入热量。局部热负荷（热辐射的峰值）影响工艺设备或构筑物的一小部分区域，局部热辐射峰值决定了工艺装置单元和管线的破裂温度。

二、技术特点

（1）分析流程复杂，综合考虑因素较多，需要跨专业、跨部门收集数据输入，并以科学的计算方法，计算得出定量的风险值。

（2）通过定量数据（火灾/爆炸的程度和范围）校核设施间距及平面布置是否合理。

（3）以间距矩阵的方式体现设施布置要求，更加直观。

三、应用效果

海外某油田开展了 FSL，此分析给出了不同工艺单元之间的间距要求，对于不满足间距要求的设施给出了具体建议，即设备需要向什么方向移动及移动距离，从而使厂区平面布置达到最大限度的安全化和合理化。例如，经过 FSL 的分析，主变电站的位置处于辐射热值影响范围内，将变电站横向移动 15m 即可处于安全区域，定量指明了安全间距，避免了由于移动过大导致的电缆投资大幅增加。

通过开展 FSL，可以得出不同单元后果（火灾/爆炸）的影响范围，从而校核间距要求。据此直观判定当前设计的安全性，主要有以下几个方面：

（1）单元的火灾或者爆炸后果影响范围；

（2）单元间距是否合理；

（3）给出调整单元间距或者其他降低风险的措施；

（4）通过对比风险值的可接受程度、爆炸及火灾的具体数值，调整当前设计，平衡工程本质安全要求及投资。

（5）指导厂区内的临时建筑物的设计。

第四节　火气探头布置安全分析技术

一、技术描述

火气探头布置安全分析（Fire & Gas Detection Mapping Study）是一种基于可燃气体、有毒气体扩散分析模型，利用合理的方法论，科学分析判定火气探头覆盖率合理性的安全分析。

火气探测系统是油田地面工程、化工装置、天然气处理装置、发电厂等的风险控制措施，特别是针对油田地面工程和天然气处理厂等工艺设施，在面临危险事件时，可以有效实现联动隔离、泄放及启动主动消防等系统。火气探头布置是火气探测系统可靠性的关键。火气探头布置安全分析就是在设计阶段，利用成熟的分析方法，借助计算软件进行三维模拟，分析火气探头布置的科学性和合理性，以达到探头满足覆盖范围要求，平衡投资与本质安全的要求。

火气探头布置安全分析是国际通行，且目前国内逐渐应用的一种安全分析。在实际设计应用中，火气探头布置安全分析可以有效平衡探头布置的可靠性、合理性和经济性，是一项行之有效，能够切实做出设计指导的分析手段。火气探头布置安全分析流程如图11-4-1所示。

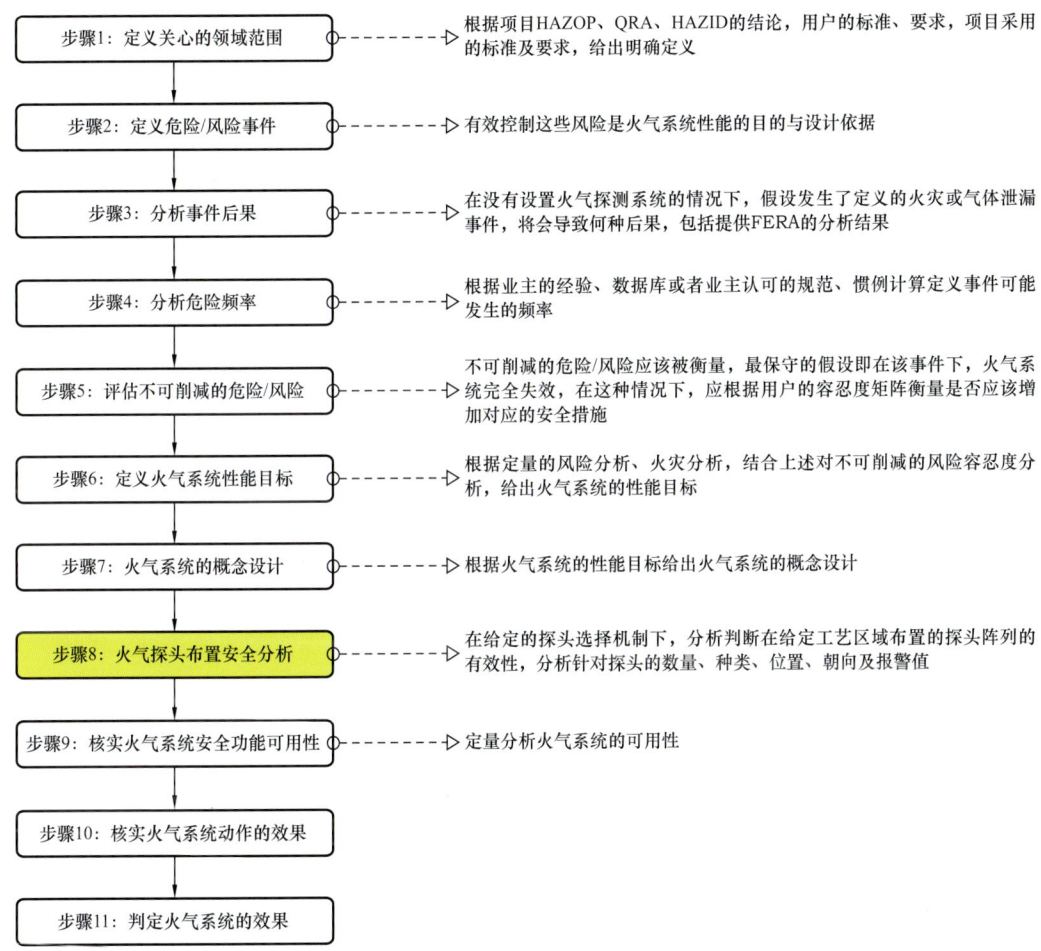

图11-4-1 火气探头布置安全分析流程

该分析技术可应用在新建工程、改扩建工程的不同阶段，包括初步设计、详细设计、施工及操作维护阶段。但是无论处于哪个阶段，在开展本分析前，火气系统的设计原则必须首先确定。

前期设计阶段，可开展初步的火气系统设计。在此阶段，如果要开展本分析，需要收集输入信息文件，诸如主要设备清单、工艺流程图、HAZOP分析报告、工艺设备布置图、火灾安全评估报告、防火原则报告等。通过上述文件，结合主要工艺设备，对风险进行评价，制定合理的火气系统设计目标。在选用的探头类型及探头设定点确定的情况下，建立初步的覆盖范围目标，进而通过软件对探头的布置进行分析，是否可以达到覆盖范围目标的要求。由于在这一阶段，3D模型往往没有建立，或仅具有初步的2D布置图，因此在这一阶段，仅能根据主要设备的布置，对探头的布置进行初步的评价。

在详细设计阶段，需要重新对工艺的危险性进行分析，同时重新核定火气系统设计的性能目标，细化火气探头布置方案。在这一阶段的分析，可依靠已建立的3D模型，当60%的3D模型建立之后，就可以开展详细设计的火气探头布置安全分析。由于工艺装置区的设备布置及3D模型较初步设计都有可能发生一些变化，因此需要重新评估火气探头的覆盖范围目标。随着项目的进度深入，当90%的3D模型建立之后，需要对火气探头的布置进行最终的分析，根据覆盖范围目标，对火气探头的布置数量、位置、类型进行调整，以实现火气系统设计性能的要求。

二、技术特点

（1）火气探头布置安全分析突破了传统上的二维探头布置的局限性，从三维角度校核探头布置的合理性及探测角度的要求，对于油气站场的安全性提高起到了关键作用。

（2）依据规定的探头覆盖率对探头布置进行校核，给出每个探头的X/Y/Z坐标、火焰探测器俯仰、平面旋转角度，可直接用于探头安装。

三、应用效果

海外某油田开展了火气探头布置安全分析，该分析对火气探头的数量进行了优化，并且给出建议移动探头的位置及角度，从而满足覆盖率的要求。例如，根据国标要求，法兰、阀门等泄漏源都需要按要求布置火气探头，但是对于探头的覆盖范围没有综合性的分析要求，本分析结果定量地辨识出了可能发生泄漏的所有泄漏源，并实现360°监控，在保证了本质安全的前提下，将全场的探头数量减少了35%。

通过开展火气探头布置安全分析，可以得出不同区域的不同探头的覆盖率及设置角度。据此直观判定当前设计的安全性，主要有以下几个方面：

（1）识别风险类型（如火灾、可燃、有毒），确定需要的探测器类型；

（2）不同区域的不同探测的覆盖率；

（3）根据探头覆盖率校核探头的位置、高度及角度是否合理；

（4）给出建议调整探头布置及数量；

（5）通过对比风险值的可接受程度、探头覆盖率的数值，调整当前设计，平衡工程本质安全要求及投资；

（6）保证真正有风险的地方被探头充分覆盖，避免整个厂区不管风险高低都设置大量探头，从而增加不必要的投资及维护检修工作。

第五节 应急系统保障性分析技术

一、技术描述

应急系统保障性分析（Emergency Systems Survivability Analysis，ESSA）的目的是评估工程中是否已采取了所有合理可行的措施，并能确保应急系统的可靠性，对应急系统的保障性进行分析。

ESSA 就是针对每个重大事故事件（MAE）进行评估，总体方法工作如下：首先，根据危险源辨识（HAZID）确定重大事故危害（MAH）；其次，根据领结分析（Bow-Tie Analysis）辨识健康、安全、环保关键设备系统（HSECES），还需要辨识与应急系统有关的 HSECES，同时辨识在重大事故危害（MAH）发生时，应启动哪些应急系统；下一步，辨识每个应急系统的功能、组成部分和所处位置，总结设计意图，并且根据保障性分析，详细说明每个应急系统的考核标准；之后，辨识整个应急系统及其各部分的脆弱性，旨在减少重大事故事件（MAE）。

如果该应急系统容易受到威胁，需辨识该应急系统是否为故障安全型，例如紧急关断阀（ESDV）在信号丢失时是否为自动关闭。

若该系统是非故障安全型，则辨识容易受威胁的应急系统是否冗余，例如是否有重复组件、提供类似功能的替代系统等。

辨识确定出应急系统的任何严重不足之处，以及潜在的对该系统设计、所处位置或性能标准的修改。

需要对每个应急系统进行以下内容的分析：

（1）应急系统说明；

（2）每个重大事故事件发生的情况下，评估应急系统的脆弱性；

（3）审查系统的故障安全功能；

（4）如果系统不是故障安全的，但容易受到重大事故事件的影响，建议采取缓解措施；

（5）系统是否冗余；

（6）对泄漏孔径的评估是定性和定量的（基于可靠的泄漏量，例如 25mm），有必要的话，需要通过 FSA 详细分析、辨识重大事故事件。FSA 具体分析过程和方法参考本章第二节的内容。

二、技术特点

（1）从健康、安全、环保关键设备系统表和性能标准中，辨识出所有在紧急情况下和指挥、控制、逃离、疏散相关的可以降低人员风险的应急系统；

（2）为了增加应急系统的保障性和完整性，提出降低潜在风险的建议。

三、应用效果

海外某油田开展了 ESSA，该分析从紧急关断系统、消防系统、逃生路线及紧急集合点、紧急通信系统着手进行研究，判断这些系统是否会在重大事故场景中启用，是否会被重大事故场景损坏，是否为失效安全型并能在规定时间内完成其功能，是否有冗余或者具备相似功能的其他系统。经过研究得出该厂区应急系统满足要求。

第六节　逃生、疏散及救援分析技术

一、技术描述

逃生疏散及救援分析（Escape，Evacuation and Rescue Analysis，EERA）是一项 HSE 风险评估和管理技术，用于评估和设施有关的应急措施和安排的执行情况。它包括对逃生、疏散和救援（EER）措施的执行情况和应对最不可信的危险情景的安排的审查。

EERA 应该考虑站场内采取的 EER 措施和安排，并且应该证明这些措施和安排对所有可信的重大危险事故都是足够且合理的。逃生疏散及救援分析应包含以下内容：首先是记录 EER 的关键信息，包括：（1）选择哪些重大危险事故为代表性事故并阐述其原因，如何确定设备布局，以最大限度地降低事故发生的风险；（2）选择在代表性事件中使用的硬件系统及其原因，所选系统的作用和主要特征，并将作为相关性能标准的输入条件。考虑相关措施所适用的人员数量，控制 EER 事件的管理方案，制订应急程序和演习的原则。其次是目标分析，对具有代表性事件场景的 EER 方案的目标和要求进行测试，确认措施和安排的充分性或改进的必要性。最后是耐受时间分析，评估进行 EER 所有阶段所需的时间，包括对所有可信的重大危险事件的临时安全避难所的耐受时间评估。

重大危险事件应根据相关 HSE 风险评估和管理的研究确定，比如 FSA、QRA、COMAH 报告（包括领结分析和危害影响登记表）。EERA 应涵盖该设施所有可信的重大危险事件。EERA 得出的典型重大危险事件包括但不限于：

（1）因烃类气体泄漏导致可能产生的喷射火、池火和蒸气云爆炸；

（2）因酸气泄漏导致暴露在 H_2S 环境中；

（3）油罐失火；

（4）升级事件，比如沸溢和蒸气爆炸；

（5）相邻的主要危险设施（包括长输管线在内）的升级事件；

（6）外部事件（比如极端天气）。

满足逃生疏散救援目标和可接受标准（由应急响应策略定义）的措施是特定于某个设施的，并应涵盖适用于该设施相关的所有重大事件场景。可接受标准需要满足以下两个条件：逃生疏散救援措施完整性所需要的条件，耐受时间——保持完整性所需条件的时间。

下面将按照几个常见的重大危险事件场景介绍其 EERA 分析的注意事项。

（一）H_2S 泄漏

逃生疏散救援分析应确定因 H_2S 泄漏而造成的风险的相应缓解措施和安排。下列有毒气体浓度适用于 H_2S 逃生疏散救援计划：

（1）紧急感知区域的 H_2S 极限浓度为 10ppm；

（2）应急计划区域的 H_2S 极限浓度为 100ppm；

（3）用于疏散的 SO_2 浓度为 5ppm（平均 15min）。

在进行详细设计时，应根据适当的风险模型制订应急响应计划，以确保在发生碳氢化合物（及 H_2S）泄漏时，所有可能暴露于含 H_2S 气体的人员都有适当的逃生救援措施和安排。

在空气中 H_2S 含量可高于 10ppm 的地方，除正常操作所需的设备外，还应提供以下设备：备用自用急救呼吸器及备用瓶（按所使用的数量增加两套）、备用逃生工具（按所使用的数量增加两套）、便携式可持续读数和报警的 H_2S 监测仪、个人 H_2S 监测仪、便于取样的便携式 H_2S 探测器、便携式 H_2S 区域报警器和便携式屏障、机械式的抢救设备、担架及控制室中显示紧急设备位置的示意图。

所有在站场内（有潜在 H_2S 泄漏风险的区域）巡防、工作或者执行特殊（紧急）任务的人员需要具备与预期执行任务相适应的能力水平，且必须接受相应的培训，比如 H_2S 相关知识和急救方法等。

固定式 H_2S 探测器宜安装在 H_2S 高风险的区域，例如：

（1）气体中含 H_2S 浓度体积分数超过 1.0%（10000ppm）的工艺装置区；

（2）含有 H_2S 的液体，类似的 H_2S 释放，该液体可能导致在设施边界以外发生重大危险的可能性；

（3）气体中含 H_2S 浓度体积分数超过 0.1%（1000ppm），特别是可能阻碍泄漏气体扩散或逃生困难的区域安装固定式 H_2S 探测系统。

（二）火灾

逃生和疏散路线的布局应避免人员受到火焰的直接影响。逃生和疏散路线的设计应保留足够的空间而不是靠特殊保护。

逃生和疏散路线结构的完整性不宜单独考虑，而应该侧重考虑支撑它们的结构元件。

为了维持逃生和疏散的开放式道路的结构完整性，应考虑防火保护措施。虽然这些道路在火焰或辐射强度下可能无法通行，但在火焰或辐射强度消退后，这些防火措施可保持结构完整，以供继续使用。

（三）热辐射（人员暴露）

裸露的、被衣服保护的或者在不同热辐射强度下间接暴露的皮肤，在一段时间后会感受到的疼痛。人体暴露于热辐射的接受标准为不超过相关防护条件和预期辐射强度所能承受的最长疼痛时间。

可以通过使用固体屏障、金属丝网、喷水或提供个人防护安全装备来降低和减缓热辐射的影响。

热辐射在均质介质中是直线传播的，当在热辐射源和受体之间存在一个直接的固体屏障时，热通量将无法透过。当确定热辐射直线传播时，则应该考虑火灾的连续影响。

金属丝网对于热辐射的阻挡影响取决于被金属丝网包围的面积，例如丝网的包围面积为40%，40%的热辐射会被阻挡。金属丝网的钝度和暗度是一个重要的变量，亮金属丝网对于热辐射的阻挡程度比普通丝网要低。

（四）爆炸

在对潜在爆炸的影响进行评估时，如果能够证明逃生疏散路线仍可通过，没有爆炸碎片阻碍，则认定该逃生疏散路线是可接受的。此外还应评估潜在爆炸对支撑逃生疏散路线的结构元件的影响。

二、技术特点

（1）记录 EER 的关键信息并提供控制 EER 事件的管理方案，制订应急程序和演习的原则；

（2）对具有代表性事件场景的 EER 方案的目标和要求进行测试，确认措施和安排的充分性或改进的必要性；

（3）评估进行 EER 所有阶段所需的时间，包括对所有可信的重大危险事件的临时安全避难所的耐受时间评估。

三、应用效果

海外某油田开展了 EER 安全分析，从火气探测和报警、逃生救援、撤退及紧急集合等方面进行分析，得出火气探测和报警系统满足要求，逃生路线及紧急集合点的设置满足要求，为站场应急预案的制订提供了依据。

第七节 领结分析技术

一、技术描述

领结分析（Bow-Tie Analysis）是基于定性危险源识别过程中，识别出的重大危险源开展分析。目的是能够分析重大危害失控的原因及后果，并提出相应的预防保护及减缓屏障，并提供系统的风险管理方法，对项目生命周期内的危害进行动态识别、记录并管理，最终形成健康、安全、环境体系案例的一部分。

领结分析是使用事故树和事件树相结合的方式，对确定的重大危害来进行分析，目的是识别重大危害失控的原因及后果，识别相应的预防及减缓屏障及其有效性，并根据屏障的脆弱性增加升级因子及对应措施，在分析过程中识别关键的系统和设备，并给定性能标准，来保证系统的安全，避免重大风险的发生。

领结分析的流程包含有以下步骤：

（1）识别危害；
（2）确定主要危害；
（3）确定顶事件；
（4）确定初始原因；
（5）确定最终后果；
（6）确定预防屏障（保护措施）及减缓屏障（削减措施）；
（7）确定升级因子；
（8）确定升级因子保护屏障；
（9）确定安全关键要素和性能标准；
（10）确定安全关键任务。

图 11-7-1 为领结分析主要流程。

一个完整的领结分析至少包含以下主要要素：识别危害、顶事件、原因（威胁）、预防性屏障（措施）、减缓性屏障（措施）、升级因子、升级因子屏障和后果。

二、技术特点

领结图与其他风险评估方法（例如 HAZID、HAZOP、SIL、QRA 等）的结果不同，领结分析能够将危害的原因及后果之间的关系清晰地用图形展示出来，工作人员可轻松直观地了解导致危害的事件原因之间的关系，从事件发生开始，然后采取缓解措施以限制其后果。对项目生命周期内的危害进行动态识别，便于风险的控制和追踪，以保证其长期有效性。

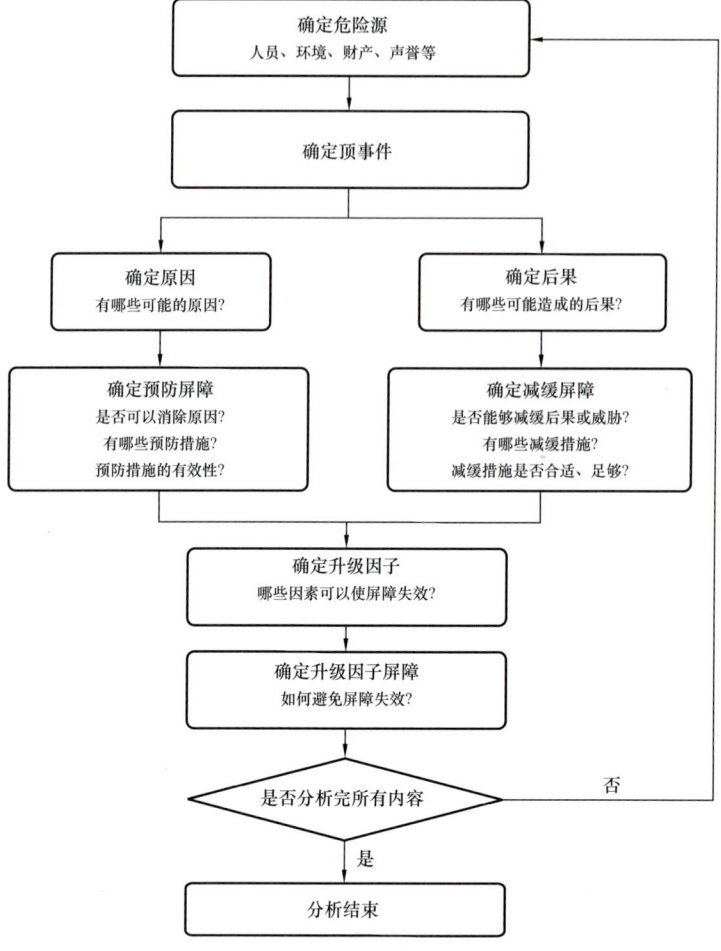

图 11-7-1 领结分析主要流程

完整的领结分析如图 11-7-2 所示。

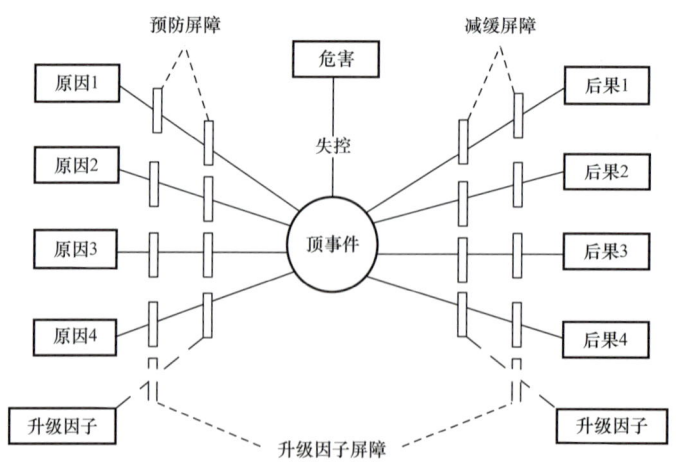

图 11-7-2 领结分析示意图

三、应用效果

海外某油田开展了领结分析,通过该分析形成了 HSE 关键设备列表和 HSE 关键设备性能要求。HSE 关键设备列表可用于指导设计和操作运维工作,对这些设备加以重视,同时 HSE 关键设备性能要求用于指导 HSE 关键设备的设计及投产后操作维护的要求。

第十二章
营地设计建造技术

海外油田多处在偏远荒芜地区，社会依托匮乏，没有可利用的市政供水、供电、供热、外部通信和生活污水处理系统，缺少稳定可靠的生活物资供应渠道。同时有些项目所在国社会环境动荡，甚至处于战争状态，油田建设人员人身安全受到不同程度的威胁。为了保障油田勘探、开发、建设及后期运营维护工作顺利实施，海外油田项目需要在油田内部建设生产生活营地，配套建设供排水及污水处理系统、供配电系统、供热及空调系统、通信系统及蔬菜种植基地等，具有一定的安全防范能力，为项目人员日常工作和生活提供后勤服务和安全保障。

海外油田营地设计应根据"省心、省力、省人、省钱、省时"和"集中统一、资源共享、功能齐全"的原则，体现"模块化、标准化、集约化、信息化、专业化"的设计理念。海外油田营地选址应根据油田开发规划，选择方便日常生产活动、自然条件良好、远离当地村镇和危险源的地方建设。根据"大环境、大安保、大后勤，统一协调管理"的"三大一统一"管理模式，在一些高风险国家，营地选址应考虑各乙方单位自建营地的用地需求。

营地功能一般包含办公、会议、餐饮、住宿、娱乐、休闲、医疗健身、后勤服务等，为了保障油田的正常生产，营地还需要配备必要的加油、停车、仓储及维抢修设施等，在营地距当地机场较远并存在陆路交通风险时，可建设通勤机场，降低长距离陆路交通带来的安全风险。典型营地总平面布置如图 12-0-1 所示。营地建设应充分考虑项目所在国家（地区）地理气候条件、民俗宗教信仰、社会安全风险及法律法规要求，树立健康、安全、环保、节能、防恐的建设理念，科学选址，充分利用场地，合理划分功能分区、有序组织交通流线，灵活布局建筑，美化立面造型，做到功能齐全、布局合理、规模适当，为项目人员提供一个安全、舒适、高效、便捷的办公空间与生活环境。

按照建设功能和使用性质，海外油田营地一般分为临时营地和永久营地。临时营地主要是指在项目建设初期，为满足参建各方现场人员办公、住宿和生活后勤保障而建设的临时设施。为了加快施工进度，减少现场工作量，临时营地建设多采用工厂预制现场组装建筑及橇装化设备，具有建设速度快、规模小、标准低、设备设施简陋、生命周期短等特点，同时存在单体面积小、内部空间狭窄、使用舒适度差等问题。永久营地是为了满足油田长期生产运营而配套建设的设施，其功能分区严谨，布局合理，功能齐全，主体建筑多采用混凝土框架结构和钢架结构。随着装配式、模块化建设方式的发展，营地办公、住宿等建筑单元也逐渐向工厂化、模块化、预制装配化建设方式转变。永久营地的建设适当提高了建设标准，丰富了建筑功能，改善了海外员工办公生活条件。

本章针对海外油田营地建设特点，介绍了"安全防护技术""装配式建筑建造技术""钢管桩、钢管螺旋桩技术"。

图 12-0-1　中东地区油田某营地总平面布置图

第一节　安全防护技术

一、技术描述

营地安全防护技术是在海外高风险国家（地区）修建营地设施时，针对常见的外部非法侵入、武器袭击、车辆冲撞等恐怖活动，为确保营地人员及建筑安全所采取的防护技术。该技术应根据不同的社会安全风险等级、政治环境，结合油田建设特点、建设地地形地貌和自然条件等因素进行设计和建设，做到安防设施与主体工程同时设计、同时施工、同时投产。安全防护技术主要包括：营地周界防护设施、营地入口防冲撞设施、车辆安检设施、人员安检设施、建筑物防弹设施、人员掩体设施等。

（1）营地周界防护设施：在营地周界所建立的物理防护设施，主要用于防止外部人员窥视、非法进入、车辆暴力侵入、外部爆炸物投掷等情况发生。防护设施一般沿营地用地边界线修建，并具有一定的宽度，主要包括围栏、壕沟、土堤、T墙、巡检道路、瞭望塔等设施。

（2）营地入口防冲撞设施：在营地车辆出入口设置的防护设施，主要用于缩短道路直线距离、降低车速、紧急状况暴力阻止车辆行进等，包括S形路障、减速带、液压控制升降柱、破胎器等。

（3）车辆安检设施：对进入营地的车辆进行安全检查的设施。设施包括检查人员值班室、车辆检测停车场、检查棚等，检查方式包括视觉观察、仪器检查和动物检查等。一般情况下，车辆安检设施与防冲撞设施统一考虑设置。

（4）人员安检设施：对进入营地人员进行身份识别、随身携带物品安全检查的设施，一般建在车辆安检设施附近。车辆在安检前，随车人员需下车，步行通过人员安检后，再登乘通过安检的车辆。人员安检设施包括身份识别、X光检查、人工检查等。

（5）建筑物防弹设施：针对人员居住房屋和具有重要功能的建筑物所设置的防弹设施，可以有效抵御轻武器直接射击。建筑物防弹主要考虑子弹直线射击和抛物式弹药爆炸伤害。对于直线射击，通常是考虑加厚建筑物外墙或者在外部设置混凝土防弹墙，对于抛物式武器主要在建筑物上方设置防弹网，同时设置屋顶覆土层或加厚屋顶结构厚度。

（6）人员掩体设施：在发生枪击时，为营地人员提供临时躲避的建筑物。掩体可依托钢筋混凝土建筑设置，一般设置在地下室或者一层中间位置，对外墙面及单层建筑屋顶需采取加强措施，也可由集装箱改造而成，并通过覆盖土袋等方式加厚四周及顶部厚度，抵抗武器袭击。掩体是临时措施，是在恐怖袭击发生时人员临时躲避场所，当情况缓解后，人员需根据具体情况考虑其他方式疏散。掩体一般需设置防止外部人员进入措施，并提供应急通信、供电、空调、排风排烟设施，储备适量的食物、饮用水和药品。

二、技术特点

营地周界防护设施是沿营地用地界线呈带状设置的物理防御设施，将营地与外部隔绝，防止人员攀爬、车辆侵入、外部窥探等。外侧设置围栏，防止人员进入；壕沟主要是防止车辆及人员侵入，应有一定的宽度和深度，同时壕沟的坡度需根据地质资料确定，既不利于人员攀爬，同时在壕沟注水的情况下边坡还能保持稳定，不会出现水浸坍塌情况；

土堤主要是起到视线阻隔作用，为内部安防人员提供安全防护；瞭望塔是安防人员日常值班场所，具有一定的高度，视线无遮挡，相邻的两个瞭望塔设置距离应满足平时巡视瞭望要求，瞭望塔需配备夜间照明装置和通信设施。营地应在不同方向上设置两个以上出入口，周界防护设施应与出入口有效连接，确保自身功能完善。营地周界防护设施断面如图 12-1-1 所示。

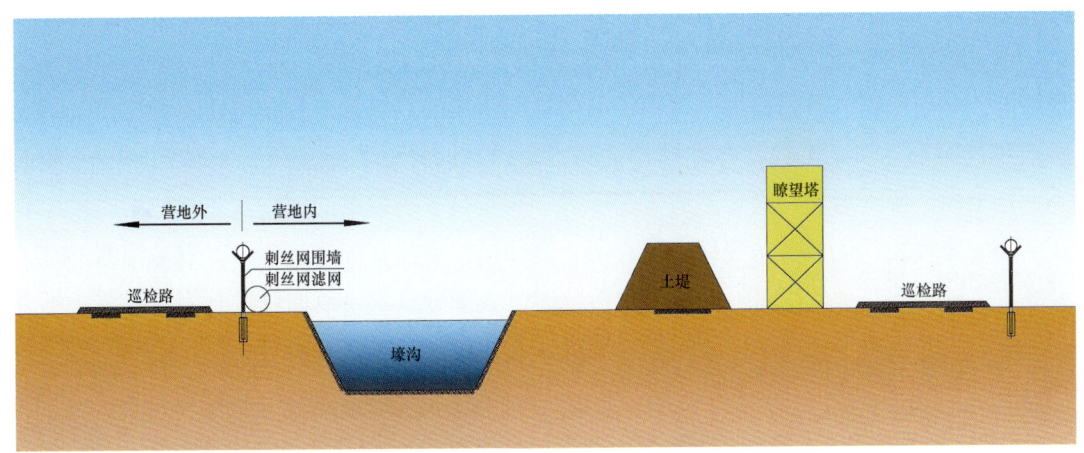

图 12-1-1　营地周界防护设施断面

营地入口防冲撞设施是通过合理设置路障，控制和降低车辆速度，防止车辆冲撞检查设施。通过在入口外 200m 范围内主路上设置可移动阻挡物，让车辆呈"S"形路线行进，有效降低车速；临近入口，设置待检区，防止车辆堵塞交通。检验区匹配设置车辆检验设施、人员检验设施等，并通过设置单独通道实现车辆和人员分流。车辆检验区内侧可设置液压升降柱或破胎器等设施，防止危险车辆闯关。

人员掩体和建筑物防弹设计可以抵御轻型武器水平射击，以及类似迫击炮等抛物式武器上部袭击。掩体可根据营地设施布置进行设置，如可布置在建筑物地下室或首层中间部位，直接面向外部的墙体和窗户需进行加固处理，并能抵御轻型武器射击。对于单层独立设置的重要建筑物，可通过外围堆砌填土编织袋或设置具有一定厚度的 T 墙来防止水平子弹射击。建筑物上部通过设置防爆网并加强屋顶结构抵御爆炸力。

三、应用效果

在中东地区某油田营地，采用主动安全防护理念，通过在营地外围设置"五道防线"、入口检查站、居住区周界报警系统等设施，有效防止了各种恐怖袭击的发生，保证了人员安全。在沙漠地区，防护技术进一步采取了对毒蛇侵入、流动沙漠的防控措施，取得了良好的效果。

第二节　装配式建筑建造技术

一、技术描述

装配式建筑是根据设计图纸和技术规定，在工厂制造后运输到现场组装而成的建筑。营地的装配式建筑主要包括钢结构建筑、冷弯薄壁轻钢结构建筑和集装箱式模块化建筑。

（1）钢结构建筑（图12-2-1）：是由型钢和钢板制成的梁、柱、桁架等构件构成承重结构，并与屋面、楼面和墙面等围护结构共同组成的建筑物。钢结构建筑相比传统的混凝土建筑而言，强度更大，弹性模量更高，因而在同样受力条件下，钢结构的构件截面小、自重轻，便于运输和安装，适于跨度大、高度高、承载重的结构。在营地主要用于有大空间的建筑物，比如多功能厅、健身房、篮球馆、中控室等建筑单体。钢结构施工时大大减少了砂、石、灰的用量，在建筑物拆除时，大部分材料可以回收再利用或降解，不会产生垃圾。并且由于构件工厂化制作，现场安装，缩短了建设工期。

图12-2-1　钢结构建筑

（2）冷弯薄壁轻钢结构建筑（图12-2-2、图12-2-3）：又称薄钢结构，是钢材经过冷加工后通过改变截面形状的方式获得更大承载力并作为主体受力结构的建筑。建筑外墙采用不燃水泥基板材及耐火石膏板等作为基本材料，内部填充防火材料，以延长墙体耐火时间。外保温方式保证了墙体龙骨空腔中的温度始终高于露点，不会产生冬季结露现象，彻底解决了钢结构建筑冷热桥问题及内部结露等难题，节能效果优异。内墙采用双面双层耐火板材，中间填充耐火保温隔热材料，确保耐火时间的同时，也提高了隔音性能。

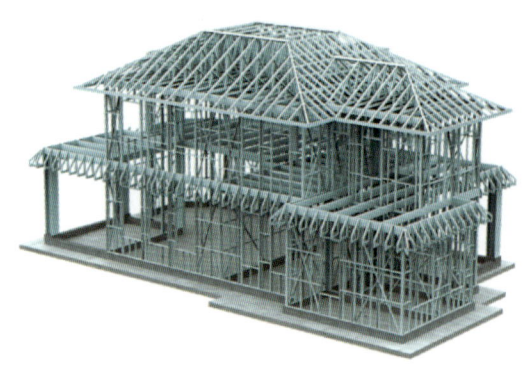

图12-2-2　冷弯薄壁轻钢结构建筑示意图

图 12-2-3　冷弯薄壁轻钢结构建筑工厂预制

（3）集装箱式模块化建筑（图 12-2-4）：以标准尺寸单元作为模块单元在工厂中进行预制生产，现场通过可靠的连接方式组装成为建筑整体。模块单元的围护结构、设备管线、室内装修等均在工厂完成制作，形成标准化的装配式模块单元，出厂后可直接以集装箱形式运输到施工现场，现场仅需要高强度螺栓将各模块连接，并将模块与基础、上下水管线及供电、通信系统相连即可，大大减小了现场的施工量。营地宿舍的建设通常以标准房间为模块单元进行组合和拼接，进行标准化设计、工业化生产、一体化装修和装配化施工。

图 12-2-4　集装箱式模块化建筑

二、技术特点

跟传统建筑形式相比，装配式建筑建造技术的突出优势表现在成本可控、进度可控、质量可控和现场施工安全可控等方面。

（1）预制装配式建筑安全性更高，规避现场建设风险。

由于海外的油田主要业务所在区域普遍环境恶劣，社会动荡，安保费用高，现场缺少建设依托；当地用工素质差，国内人员动迁手续繁杂且周期长，因此会出现人工费用高且缺乏熟练技术工人的情况。而预制化建筑的设计与建造，能够转变传统工程的建设模式，实现"工厂预制最大化，现场施工最小化"的目标，进而有效解决现场社会安全风险大、作业安全风险点多问题。

（2）预制装配式建筑的良好结构体系，减少混凝土用量。

承重体系为钢结构，钢结构自重轻，只有传统钢筋混凝土建筑的30%～50%，大幅度减少基础混凝土量，减少投资。而且强度很大，延展性好，抗震性能优越。

（3）预制装配式建筑节能环保，能够有效降低建筑垃圾数量。

钢材100%可回收，装饰装修材料采用可回收材料，降低碳排放量，减少建筑垃圾，符合可持续发展理念。

（4）预制装配式建筑的建设效率提高。

大量工作从现场转移到工厂中，施工效率高，建设周期只有传统建筑的1/3；同时，将现场分散的优势技术人员和工人集中到工厂，质量可控。

（5）预制装配式建筑总体成本更加可控。

降低现场作业成本、现场管理成本和征地成本等。

三、应用效果

中东地区某油田营地（图12-2-5）采用工厂预制建筑，将150人营地建设周期缩短至四个月，和传统建筑相比，建设周期缩短了一半，大大减少了现场施工量，降低了安全风险。非洲某沙漠地区油田营地采用装配式冷弯薄壁型钢体系，标准化设计、工厂化预制、模块化建造，针对当地环境特点提升建筑防火、隔热、隔音、防风沙、防蚊虫等功能，提高了房屋的舒适度，同时建设周期缩短1/3，大幅降低现场作业成本和人员社会风险。

图12-2-5　中东地区某油田营地

第三节 钢管桩、钢管螺旋桩技术

一、技术描述

钢管桩是一种由钢管制成的桩,有各种直径和规格,通过液压或锤击设备将其打入地下,代替混凝土基础,桩顶衔接负载,满足抗压和抗拔的要求,具有施工便利、缩短工期、安全环保等特点。钢管桩适用于填土、粉土、黏性土、砂土、松散—中密的碎石土、全风化岩和强风化软质岩等地层。

钢管螺旋桩是带螺旋叶片的金属管桩,螺旋桩的安装采用带信息化施工系统的专用设备(图12-3-1),利用液压系统进行驱动,通过垂直度监测仪、扭矩监测仪和舱内监视系统,实时监测扭矩和垂直度数据,将带有螺旋叶片的钢结构桩体,科学精确地拧入地下并直达持力层,为地面上的建构筑物提供强大的承载力。桩体表面的镀锌层具有耐腐蚀的特点,可保螺旋桩在地下75a仍具有可观的承载力。

图12-3-1 螺旋桩施工设备

钢管桩、钢管螺旋桩大量应用于光伏发电站、集成房屋、轻钢房屋、电力与通信铁塔、围栏护栏、灯杆、广告牌等基础。

二、技术特点

跟传统的混凝土基础相比,钢管桩、钢管螺旋桩适用范围广,施工简便快捷,无固化时间,低噪声无振动,且施工过程中,叶片对土层扰动小,对处理沙漠土、软土、膨胀土、冻土地基非常有效,提高了工程效率,节约了工程建设成本。同时,材质可回收循环使用,节能环保。

三、应用效果

非洲某沙漠地区油田建设采用钢管桩、钢管螺旋桩基础（图12-3-2），避免了带水作业，大大缩短了施工工期，规避了恶劣的天气影响，降低了现场施工风险。同时，可重复使用的钢管桩不破坏地面植被，方便迁移及回收。

图12-3-2　非洲某沙漠地区油田钢管桩、钢管螺旋桩应用示例

第十三章
数字化和智能化运维技术

随着"中国制造 2025"的发布和以"云计算、大数据、物联网、移动通信、人工智能"为代表的高新技术的持续发展，信息技术迅速全面地渗透到人类社会的各个方面，信息化已成为世界经济和社会发展的大趋势，极大地推动了经济全球化的进程。运用先进信息技术提升传统工业，实现"信息化"和"工业化"的有机融合，推动数字化转型和智能化发展，已经成为传统工业适应历史发展趋势、实现产业升级的必由之路。

油田地面系统是油田运营的作业面，是油田数据的主要采集处，是监管地质、油藏的窗口，也是主要的运营成本消耗处，在油田承担着十分重要的角色。海外油田生产运行中普遍存在业务运行孤立、设备资产庞杂、安全形势严峻、自然环境恶劣、油气生产分散、决策依赖经验等特点，苛刻的自然和社会条件导致油田总体管理运行面临多方面的挑战，迫切需要利用先进的数字化、智能化技术解决油田地面管理和运维的现实困难，为油田整体实现从地下到地上、从生产到经营的数字化转型奠定基础。

数字化和智能化运维技术针对海外油田生产管理和运行维护的特点，面向海外油田地面系统全生命周期、全生产流程的业务需求，围绕生产管控、工艺运行、设备维护、HSSE、培训等主营业务，以油田地面工程数字化交付为前提，依托先进信息技术，通过业务和技术"双轮驱动"，形成适用于海外油田特点的数字化和智能化整体解决方案，实现工业化和信息化在海外油田的深度融合，建立涵盖油田多部门多专业的、集油田生产、运行和综合管理为一体的数字化、智能化系统，致力于在油田数字孪生中实施全面实时监控和优化，实现全生命周期的数据化模型化驱动、可视化流程化管控、一体化智能化分析。

数字化和智能化运维技术主要包括"IntField 油田智能化运维技术""数字化交付技术""可视化生产运行技术""设备资产管理技术""仿真培训技术"等。这些技术将在未来的海外油田地面工程建设和生产运行中逐步推广应用，助力油田生产安全、降低管控运营风险、改善工作条件、提升经济效益、提高工作效率、降低运行成本，促使数字化和智能化成为未来油田核心竞争力之一，为油田的转型、发展提供重要保障和支撑。

第一节　IntField 油田智能化运维技术

一、技术描述

IntField 是针对海外油田特点形成的数字化、智能化运维完整解决方案。基于 IntField 的油田智能化运维技术，以油田地面工程数字孪生作为统一虚拟可视化环境，将可视化生产运行、设备资产管理、仿真培训等各业务场景应用高度融合，实现各类业务数据的统一存储、管控与共享。油田各部门、各岗位用户通过基础集成平台统一门户，访问基于油田数字孪生所构建的各业务场景应用，调取所需数据，执行生产、运行和管理任务。

（一）IntField 油田智能化运维架构

IntField 油田智能化运维架构包括感知层、传输层、孪生层、应用层、管理层，如图 13-1-1 所示。

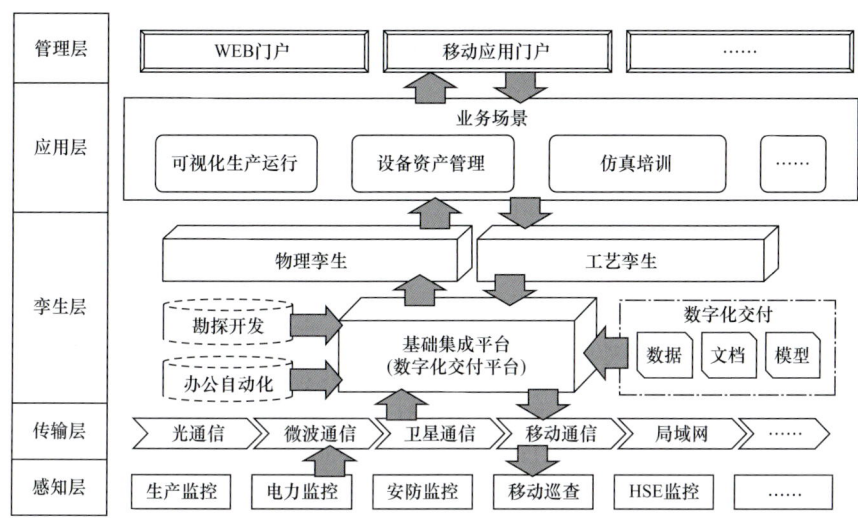

图 13-1-1　IntField 油田智能化运维架构

（1）感知层是数字化、智能化业务场景建设的数据源，通过生产监控系统、电力监控系统、安防监控系统、移动巡查系统、HSE 监控系统等采集油田地面设备设施产生的各业务领域实时数据、图像和信息，反映油田生产运行的实际状况，为各类油田生产、运行和管理业务提供数据支持。

（2）传输层是各类感知数据进行实时传输的通信链路。感知层中各类监控系统采集的数据、图像等通过传输层的光通信、微波通信、卫星通信、移动通信、局域网等通信链路传输到孪生层。

（3）孪生层是油田地面生产运行各类业务数据进行治理、存储、检索、分析、交互和可视化呈现的基础环境。孪生层中，油田地面工程全周期数据、文档、模型等通过数字化交付平台按照统一的数据标准及相关规定进行校验、关联与治理，实现数据资产化。数字化交付平台还将作为统一的基础集成平台实现各类业务数据（包括油田基础数据、数字化交付数据、感知层采集数据、应用层各类业务场景产生的分析数据等）的统一存储、管控与服务，并为勘探开发、办公自动化等系统数据接入预留接口。基于基础集成平台，将构建油田地面设备设施的数字孪生，包括物理孪生和工艺孪生，作为应用层各类业务场景建设的可依托虚拟化环境。

（4）应用层是针对油田地面生产运行中各类业务需求建设的业务场景，包括可视化生产运行、设备资产管理、仿真培训等。各业务场景依托油田数字孪生建设，统一从孪生层的基础集成平台获取所需各类业务数据，并将产生的培训分析数据存入基础集成平台。

（5）管理层是油田各业务部门、各岗位人员访问所需业务场景应用，调取业务数据，执行相应生产、运行和管理任务的人机交互门户，包括 WEB 门户、移动应用门户等。

（二）数据存储与管控

针对油田不同数据采集系统所采集的各类数据，构建包含多个不同类型数据库的数据湖，并提供 OPC（OLE for Process Control）、REST（Representational State Transfer）、JDBC（Java Database Connectivity）等多种标准化数据接口，支持各类数据源接入，统一进行数据存储规划，并在数据存储的基础上实施包括数据治理、数据检索、数据交互等安全、高效的一站式数据服务，为各个业务场景应用提供统一数据支持。根据油田生产、运行和管理实际情况，将数据源主要划分为结构化数据、非结构化/半结构化数据和时序数据。

（1）结构化数据：主要包括工程设计、施工、物资采购、企业管理、生产设备基础资料等以二维表结构进行逻辑表达的各类基础信息。

（2）非结构化/半结构化数据：主要包括各类图纸，报告，图片、视频、数字化交付数据库源文件、三维模型源文件、智能 P&ID 源文件等数据结构不规则或不完整，没有预定义数据模型的数据。

（3）时序数据：主要包括实时生产、实时设备监测、图像识别中的实时预警及追踪信息等根据时间变化的数据。

根据上述各类数据源规划相应数据库，并通过设备编号、站场编号等统一主数据编号信息将各类数据库中的数据进行串接，实现数据的统一管理和共享。数据存储架构如图 13-1-2 所示。

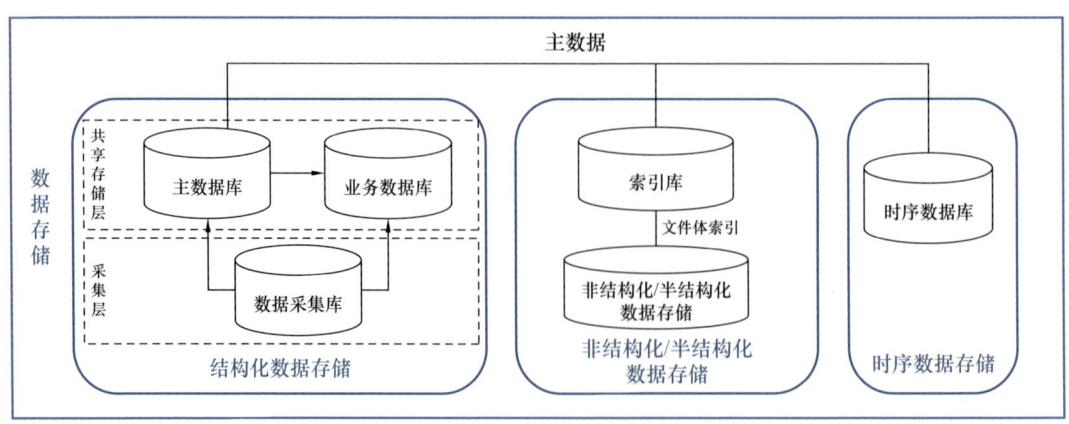

图 13-1-2　数据存储架构

针对结构化数据存储设计数据采集库，统一存储采集的各类结构化数据。此外，考虑海量结构化数据的高速查询和有效管理，将数据采集库中结构化数据进一步划分到主数据库和业务数据库中。主数据库用于存储主数据编号（包括站场编号、设备编号等）、组织机构、人员等基本信息。业务数据库用于存储各类监测系统的历史数据、设备维护维修记录、巡查记录等生产、运维及管理过程中所产生的结构化数据。

非结构化／半结构化数据入湖后通过数据预处理自动建立索引。非结构化／半结构化文件体通过文件管理微服务存储至非结构化／半结构化数据存储空间。非结构化／半结构化数据相应的站场编号、设备编号等主数据编号信息作为每一个非结构化／半结构化文件体的相应索引，存储至索引库，并与主数据库中的相应编号信息对应，进而实现数据文件在非结构化／半结构化数据存储空间中的快速定位，并对外提供包括文档列表查询、文档属性查询、文档上传、预览、下载等服务。

时序数据通过平台数据流微服务存储至时序数据库，存储数据的设备编号、站场编号等主数据编号与主数据库相应信息对应，以实现时序数据的查询、提取等数据服务。

对各类型数据进行容灾备份，以保证数据存储安全。

（1）结构化数据存储安全：通过客户端验证控制、服务器配置、用户及角色管理、超级用户管理等实现安全加固。数据库部署在一主一备两台虚拟服务器上，实行热备份策略。同时使用备份工具结合服务器定时任务，自动在文件系统中定时创建数据库备份，定期进行数据转储。一旦发生灾难，数据库管理员使用恢复工具重建数据库实例，快速恢复生产环境数据。

（2）非结构化／半结构化数据存储安全：基于非结构化／半结构化数据存储自身高可用策略，消除单点故障，实现 $7\times24h$ 不中断服务。使用纠删码技术存储数据，快速完成数据恢复，而且数据可用性不会中断，性能也不会明显退化。非结构化／半结构化数据最终存储至磁盘阵列中，制订备份策略（2 份或 3 份）可以确保数据始终保持可用状态。当发生数据丢失时，确认数据丢失的详细情况，以便确定恢复某一天的数据。启动相应的备份任务进行数据恢复。查看恢复日志、恢复结果等信息确认恢复是否完全正确。

（3）时序数据存储安全：基于时序数据库自身高可用策略，消除单点故障，实现 $7\times24h$ 不中断服务。基于 Hbase 的分布式列存储特性实现数据高可用。时序数据持久化存储至时序数据库中，制订备份策略（2 份或 3 份）可以确保数据始终保持可用状态。当发生数据丢失时，确认数据丢失的详细情况，以便确定恢复某一天的数据。启动相应的备份任务进行数据恢复。查看恢复日志、恢复结果等信息确认恢复是否完全正确。

（三）数字孪生

IntField 油田智能化运维技术以油田地面工程数字孪生作为统一虚拟可视化环境，实现各业务场景应用的高度融合。基于数字化交付的数据、文档、智能P&ID、三维模型、地理信息等，将设备设施物理实体映射到三维虚拟环境，并构建生产运行仿真模型，形成油田地面数字孪生体。进而，通过实测、仿真、分析等实现生产运行全生命周期的感知、分析、诊断、预测。

数字孪生中需要对数据资产、工程实体对象、工艺机理及处理方法、油田业务活动等进行建模，包括数据模型、实体模型、分析模型和业务模型，如图13-1-3所示。

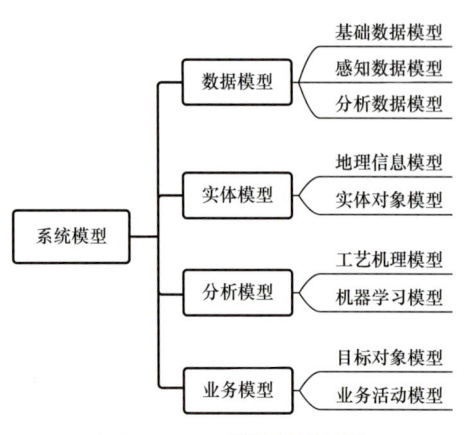

图13-1-3 系统模型分类

数据模型对油田生产、运行、管理中各类基础数据、业务数据等进行分类和定义，统一数据管理和应用规则，包括基础数据模型、感知数据模型、分析数据模型。实体模型是在油田三维地理信息上融合油田设备设施实体对象的三维模型，包括地理信息模型和实体对象模型。分析模型描述解决油田生产、运行、管理中特定问题的逻辑思维方法，包括工艺机理模型和机器学习模型。业务模型用于描述各类油田生产、运行、管理中业务活动的标准化作业程序和流程，包括目标对象模型和业务活动模型。

数字孪生包括物理孪生和工艺孪生。

物理孪生在基于勘察测量数据、油田卫星地图等信息所构建的三维地理信息系统上，融合设备设施的三维模型，并以工程对象为核心，关联工程建设、生产运行维护过程中产生的数据和文档资料，实现虚拟工程对象与油田实体间的数据交互与融合，真实再现油田全貌及设备设施。油田地面工程物理孪生效果如图13-1-4所示。

图13-1-4 油田地面工程物理孪生效果图

工艺孪生基于油田的工艺智能P&ID流程，关联流体物性数据和建设数据，建立覆盖油井、集输到处理、外输的工艺动态机理模型，全流程仿真工艺生产过程，进而对生产过程进行智能化分析、预测、优化等。油田地面工程工艺孪生效果如图13-1-5所示。

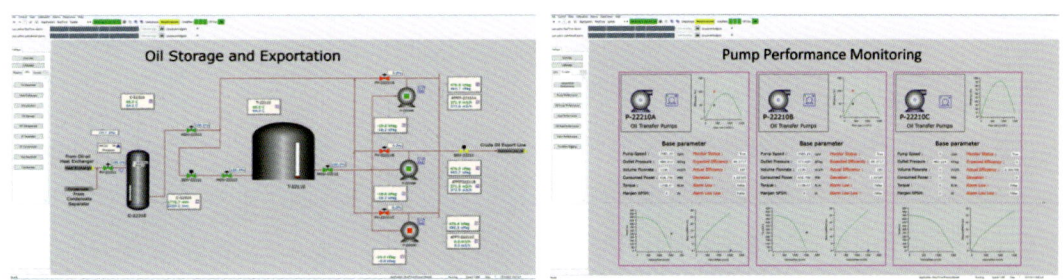

图 13-1-5　油田地面工程工艺孪生效果图

二、技术特点

IntField 油田智能化运维技术具有以下技术特点：基于油田生产管理和运行维护的特点，面向数字化、智能化建设需求，以油田数字孪生为统一的可视化环境，将自控系统、通信系统、信息系统与油田的设计、建设和运行融为一体，形成油田数字化、智能化的完整工程解决方案。

三、应用效果

IntField 油田智能化运维技术已在中东、西非地区油田得到了应用。该技术实现了各类业务数据的高效共享和各业务场景的集成运行，有效解决了油田数据采集系统大多相互独立运行、所采集的各类数据未实现统一存储规划、无法进行高效的数据共享和交换、场景应用相互孤立运行等问题，消除了信息孤岛，实现各系统、应用共存互融，弹性扩展，提高了软硬件资源的使用效率，提升了各类数字化、智能业务场景应用的用户体验。

尼日尔油田针对多业务系统共存互融、数据共享需求，采用 IntField 油田智能化运维技术实现了生产运行相关业务系统的集成运行和数据高效共享，提高了业务执行效率和油田管理水平。

第二节　数字化交付技术

一、技术描述

工程建设、生产运维等阶段将产生大量的数据和文档资料，需要通过数字化交付技术，按照统一数据标准、统一编码规范、统一文件格式、统一录入规则等原则，依据海外项目特点和所在资源国相关规范要求，对新建工程进行数字化交付，对已建设施进行数字化恢复，整合建设期和运维期的数据资料，形成油田数据资产，提升数据、文件的检索效率和利用率，支撑数字化、智能化业务场景建设。

(一）数字化交付

新建工程将在建设过程中进行伴随式交付，涵盖设计、采办、施工、项目管理的全过程，并对建设过程进行可视化管控，交付关联的模型、文档、数据。数字化交付实施流程如图13-2-1所示。首先，制定技术规定和程序文件以指导数字化交付工作，并部署数字化交付实施所需的软硬件基础设施。随后，开展设计、采办、施工、项目管理等各阶段的数据交付。进而，通过数字化交付平台进行数据关联，为业务场景提供数据支撑。

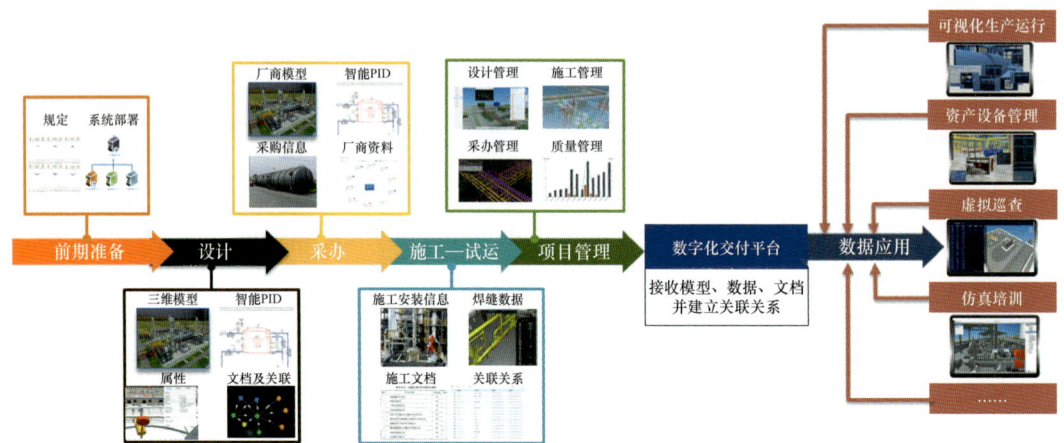

图13-2-1　数字化交付实施流程

（二）工厂分解结构

工厂分解结构定义了数字化交付所包括的油田群、区块（或合同区域）、站场、工艺处理区、线路等详细物理区域范围及各物理范围的从属逻辑关系。图13-2-2给出了油田地面工程数字化交付典型工厂分解结构。

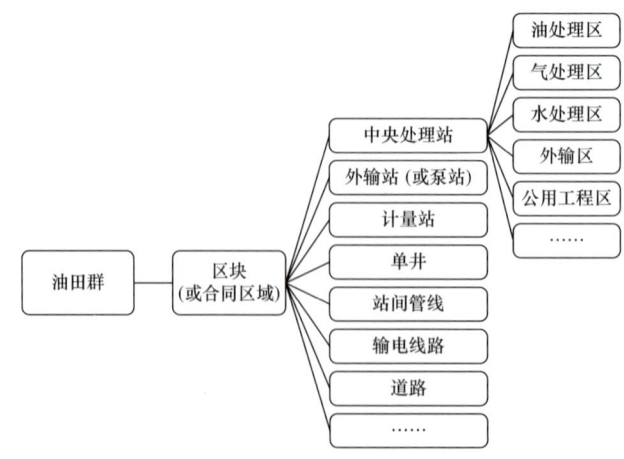

图13-2-2　油田地面工程数字化交付典型工厂分解结构

（三）工程对象分类

将油田地面工程的各类设备设施抽象成工程对象，以对象为核心，梳理对象的分类、每类对象所需要交付的属性数据、文档数据。图 13-2-3 给出了油田地面工程主要设备设施分类。

➤ 设备类
• 容器类、球筒、火炬及放空管、换热器、加热炉、泵、压缩机、储罐、空冷器等

➤ 管道类
• 外输管道、集输管线、站内管线、管件、阀门、管道特殊件

➤ 仪表及通信类
• 温度仪表、压力仪表、流量仪表、液位仪表、通球指示仪、仪表阀门等

➤ 电气类
• 变压器、发电机、电源装置、配电箱、变频器、软启动器、电动机、输电线路等

➤ 建筑及结构类
• 建筑物、管廊、防晒棚、设备基础、储罐基础、管墩、钢结构平台、道路等

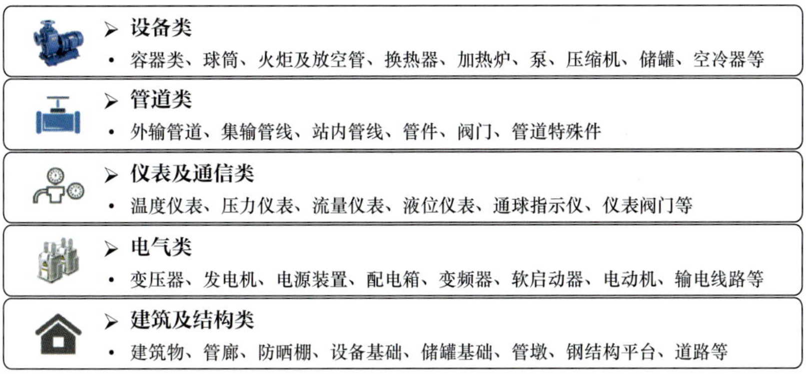

图 13-2-3　油田地面工程主要设备设施分类

（四）交付数据类型

基于工厂分解结构和工程对象分类对油田地面工程的数据、文档、三维模型等进行数字化交付，并按结构化数据、非结构化数据、半结构化数据进行分类存储，具体数据交付内容包括：

（1）结构化数据：油田地面工程建设期产生的设计、采购、施工、试运验收相关的结构化数据由结构化数据库存储管理。

（2）非结构化数据：油田地面工程建设期产生的设计、采购、施工、试运验收相关图纸、文档资料、影像资料等非结构化数据由非结构化数据库存储管理。

（3）半结构化数据：所构建的油田地面工程三维模型、智能 P&ID 文件由半结构化数据库存储管理。

（五）数据关联与应用

数字化交付以各类设备设施工程对象为核心，将对象与相应数字化交付的结构化数据、非结构化数据、半结构化数据进行关联，从而形成油田地面工程的统一数据资产，如图 13-2-4 所示。数字化交付所构建的数据关联关系将直接映射到数字孪生环境中，实现数字化交付数据的高速检索与高效应用。

（六）数字化恢复

针对已建油田地面设施的数字化恢复，参照数字化交付的相关要求，重点恢复工程建

设阶段设计、采办、施工的结果数据，生产历史数据、运行维护记录等。数字化恢复应基于设计和建设的数据资料对三维模型进行深化和完善，必要时通过激光点云扫描、倾斜摄影等手段进行逆向建模。对埋地管线、光缆等基于设计及施工资料结合现场勘察的方法进行三维模型恢复。

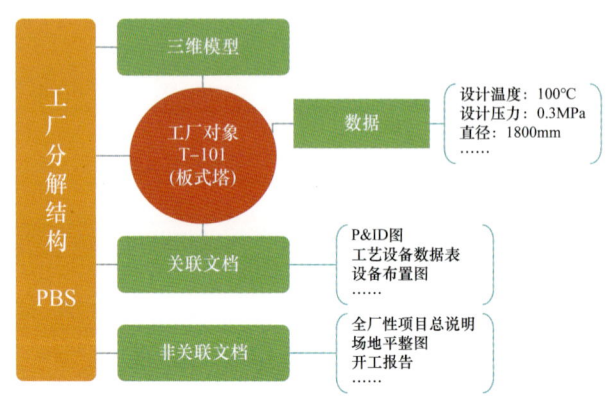

图 13-2-4　油田地面工程数字化交付数据关联

二、技术特点

数字化交付技术具有以下技术特点：

（1）统一数据标准。

工程建设数字化交付过程涉及多个参建方，通过数字化交付平台对各方提交的属性数据、文档、三维模型、智能 P&ID 等进行数据校验，保障不同版本数据文件的一致性、完整性。

（2）工程进度可视化。

将施工、采购进度计划、状态与相应工程对象三维模型联动，通过时间轴播放，三维模型颜色变化反映采购、施工实时状态，实现进度可视化展示。

（3）多方在线共享。

实现工程对象三维模型、图纸、资料的多方、异地同步共享、审阅、批注和问题跟踪，业主和各参建方高效协作。

基于油田数字孪生，在统一的虚拟环境中直观、沉浸式展示油田地形地貌、设备设施和生产运行的真实状况，实现生产、运行、管理各业务的全域感知、深刻洞察、主动响应和协同共享。

三、应用效果

数字化交付技术已在西非地区油田的新建工程数字化交付和已建设备设施数字化恢复中得到了应用，提高了工程建设的管控水平，构建了反映油田真实状况的数字孪生，作为统一的依托环境,提升了数字化、智能化业务场景的建设效果。

尼日尔油田二期地面工程建设项目采用了数字化交付技术,对 EPC 建设过程进行可视化管控,有助于缩短工期,实现工程建设的高效、高质量管控与交付。

乍得油田在先导区域对已建设施采用了数字化恢复技术,构建了油田数字孪生,为后续数字化、智能化运维场景建设提供了共享的基础环境。

第三节　可视化生产运行技术

一、技术描述

可视化生产运行技术将油田地面设施三维模型与三维油田地理信息系统融合,构建立体可视化生产运行环境,并整合数字化交付数据及文档,接入生产、健康、安全、安保、环境管理等各类监控系统的实时感知数据,实时展示有关的动态、静态信息或警报,并结合生产、安保、HSE 业务需求,利用人工智能算法对监控系统所采集的视频图像进行智能分析,自动识别人员及车辆入侵、大面积泄漏、火灾等异常情况,实现生产、安保、HSE 各类业务在统一虚拟环境中的集中监控、统一联动、协同共享。

(一)生产运行可视化展示

可视化生产运行技术将对设备设施的设计三维模型进行轻量化和优化处理。通过轻量化将三维模型所关联的几何信息、属性参数等进行简化,缩小文件尺寸,实现三维模型轻量化率 50%~90%,加快模型加载速度,提升展示效果。对轻量化后的三维模型进行配色、贴图、渲染等优化处理,使最终三维模型真实还原设备设施物理形态、纹理、色调等,实现现场情况真实复现。三维模型优化处理效果如图 13-3-1 所示。

 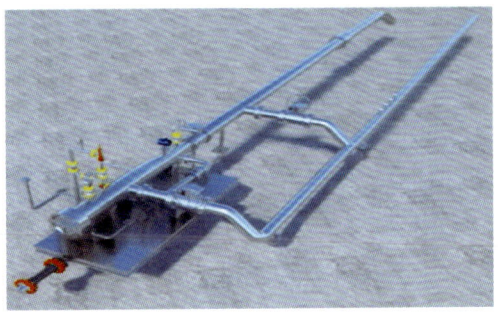

图 13-3-1　三维模型优化处理效果图

可视化生产运行环境如图 13-3-2 所示。基于油田卫星影像、实际地理信息、地形地貌、勘察测量数据等地形数据、油田的矿权范围等构建三维地理信息系统,并融合轻量化及优化处理后的设备设施三维模型和油田站间管线、输电线路、道路、光缆等,形成无级缩放的立体可视化生产运行环境,实现宏观的油田全貌地理信息到微观站场三维模型的平滑切换,流畅、精准地服务于油田生产管理与运维操作。

图 13-3-2　可视化生产运行环境

可视化生产运行环境中,通过设备设施三维模型的颜色变化、模型透视化等手段直观展示生产运行实时状况、报警信息等。主要展示信息如下:

(1)容器类设备三维模型透视化展示实时液位/界面;

(2)转动设备三维模型,以不同颜色区分运行/待用/故障等状态;

(3)工程对象相关工艺参数的集中显示,并以对象的颜色变化区分超限报警;

(4)开关类自控阀门,以阀门颜色变化区分开关状态。

容器类设备三维模型透视化展示效果如图 13-3-3 所示。

图 13-3-3　容器类设备三维模型透视化展示效果图

可视化生产运行环境中,工程建设期数字化交付的数据、文档及运营期的生产运行历史数据、维保资料等静态数据和各类生产监控系统的实时感知数据将关联到相应设备对象三维模型,并根据需要进行显示和隐藏,实现工程建设期和运维期关键参数、工程文档等的快速查询,以及智能 P&ID 与三维模型的联动。工程数据和文档展示效果如图 13-3-4 所示。

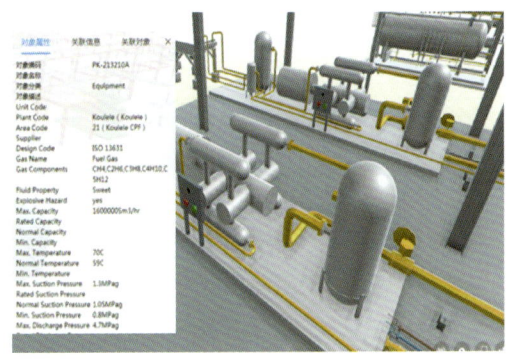 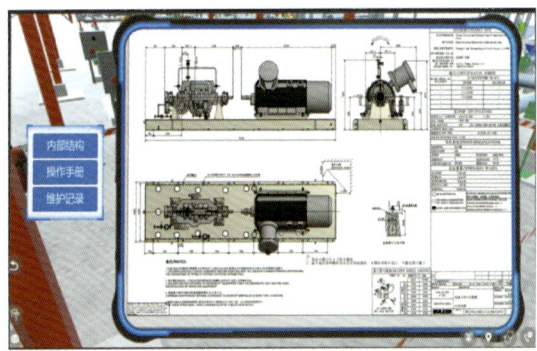

图 13-3-4　工程数据和文档展示效果图

可视化生产运行环境中,通过地面透视化手段直观展示站内及站间管线、光缆等埋地设施的路由、埋深等信息,提升改扩建等作业的安全性、可靠性,防止动土作业破坏地下设施。埋地设施可视化展示效果如图 13-3-5 所示。

图 13-3-5　埋地设施可视化展示效果图

基于可视化生产运行环境实施生产运行辅助决策功能,按照 HAZOP 分析、生产操作规程等,对生产运行报警及原因进行分析,给出处理措施,形成专家知识库,为生产提供相关指导。生产运行辅助决策展示效果如图 13-3-6 所示。当发生生产运行参数报警,操作员查阅系统分析给出的可能报警原因和相应处理措施,以及该报警历史原因及处理记录,辅助操作员快速排查、处理生产报警问题。

图 13-3-6　生产运行辅助决策展示效果图

（二）安保信息综合管控

在油田可视化运行环境中，基于油田地理信息系统和三维可视化环境实时监控油田车辆状况、人员流动、异常入侵等安全防范信息，油田现场视频监控设备的有效覆盖范围应能够覆盖安全保护重点区域，从而在可视化运行环境中展示相关实时视频图像，并通过人工智能算法分析识别异常目标、行为和事件。主要监控的安全防范信息包括：

（1）车辆在油田区域的活动位置、活动轨迹、行驶速度等，发生超速、偏离限定活动区域、连续行驶或停车时间过长等异常情况自动报警；

（2）现场人员在油田区域的活动位置、活动轨迹等，发生偏离限定活动区域等异常情况自动报警；

（3）由门禁、周界防范等设备管控的限制区域划分，进出油田限制区域的人员和车辆身份信息，异常侵入时自动报警，并联动相应视频监控设备，展示现场实时状况。

（三）动态、静态风险信息管控

在三维可视化环境中，依据相关风险分析研究所划分的爆炸危险区域，以从冷到暖的颜色变化区分从低到高不同级别的危险区域，并展示管控措施等相关风险信息，实现安全生产风险分区分布"一张图"可视化展示。进而，在三维可视化环境中标识油田所有风险源点、重点防范管控区域、应急物资等。油田现场视频监控设备的有效覆盖范围应能够覆盖上述区域，从而在三维可视化环境中展示上述区域的实时视频图像，实现风险点的动态管控、风险分布密集度的分级管理、静态和移动风险点管理、风险点标识及动态预警等功能。主要标识静态风险信息包括：

（1）划分的爆炸危险区域；

（2）危险化学品的储存位置、种类和数量；

（3）消防设备和器材、应急物资的位置、种类和数量；

（4）工艺或设备上可接触的可动零部件、超高温或低温部位、高电压设备等危险部位；

（5）油气设施和装置的动密封点和静密封点；

（6）由门禁周界防范设备管控的限制区域；

（7）废气、废水、废渣的排放位置；

（8）有毒作业场所。

在三维可视化环境中，标识动态风险信息实时监测点。当监测数据超过安全值时，对应测点的三维模型对象根据超标范围、扩散区域等改变颜色并报警，提醒现场人员及时撤离。主要标识动态风险信息包括：

（1）实时火灾报警；

（2）有毒气体、可燃气体泄漏检测点的实时气体浓度，浓度达到报警限时，显示模拟的气体扩散覆盖区域，并以覆盖区域颜色变化报警；

（3）所有废水、废气、辐射、气象监测点位置等进行标注，并显示监控点实时排放情况及超标报警。

（4）实施溢油、污油处理、烟气排放等重点环保节点的信息化配套建设，依托大数据分析技术，构建环保风险预警模型，形成实时监测、超前预警、即时报警的管控模式，保障油田生产清洁、绿色。

（四）HSSE异常事件自动识别

结合安保、HSE业务需求，利用人工智能算法对门禁系统、CCTV系统所采集的视频数据和图像进行人员和车辆的智能识别与分析。基于三维可视化环境，针对疫情防控违规、人群车辆聚集等异常情况发出警报。主要视频分析功能包括：

（1）对门禁系统采集图像进行是否戴口罩或安全帽等识别；

（2）对站场CCTV采集视频进行分析，识别现场劳保穿戴（包括安全帽、防护眼镜、手套、防护鞋、工服等）；

（3）对无人值守站场CCTV采集视频进行分析，识别是否出现异常人员、车辆进入。考虑不同时间段的异常识别，即仅特定时间段内，某区域出现人员、车辆视为异常。此外，自动识别无人值守站场管线大面积泄漏、火灾等突发事件。

（4）考虑油田现场视频监控范围内出现明显可疑物识别。

（五）虚拟巡查

虚拟巡查针对油田站内、站外不同巡查任务需求，综合运用固定式巡查数据源和移动式巡查数据源所采集的巡查实时数据和历史记录，并通过三维可视化环境展示。巡查实时数据包括巡查设备实时位置及实时运行参数、所采集的实时数据、视频图像等。历史记录包括巡查历史轨迹、所采集的历史数据、视频图像等。此外，采用人工智能算法对巡查过程所采集的视频图像进行智能分析，异常事件自动识别。

固定式巡查数据源在固定采集点采集现场的各类实时监控数据和视频图像。固定式巡查数据源主要包括生产监控系统、视频监控系统、环境监测系统等。

移动式巡查数据源通过无人机、机器人等移动巡查设备，根据预定轨迹自动移动或远程操控移动模式动态采集要求巡查范围内所需的实时数据和视频图像。

二、技术特点

可视化生产运行技术具有以下技术特点：

（1）在融合工程建设数字化交付三维模型、数据和工程文档的三维地理信息系统中增加时间维度，即将设备设施关联与时间相关的建设进程信息、生产监控历史数据、视频监控历史图像、安防监控历史信息等。在油田运维期，可以查看实时的生产运行状况，并对历史进行复盘分析，优化后续措施和方案。

（2）实现油田人员、关键设备、部位、车辆等安全保护业务的全面感知，实现行驶车辆、人流、异常入侵等业务的精细化管控，一点预警多点联动，控制事件影响并及时响应，打造安保业务的综合管控体系，保障油田人财物安全，全面提升油田整体安保水平。

（3）直观展示站场风险区域划分、实时可燃气体监测、环境监测、气象数据等，指标异常报警，对风险源点、应急物资进行统一管理，在三维空间对其分布进行展示，发生事故时可调取最近物资进行事故救援，及时启动应急预案，提醒现场人员撤离，辅助规划疏散路线。

（4）通过人工智能算法自动识别异常情况，监测和分析潜在威胁，主动采取应急响应措施，建立主动防御的智能 HSSE 管控体系。

三、应用效果

可视化生产运行技术已在中东、西非地区油田得到了应用。通过可视化生产运行技术形成多岗位、多业务协作的统一可视化协同运营环境，提高油田生产、安防、环保等业务的管控水平。

尼日尔油田二期地面工程在数字化交付的基础上采用可视化生产运行技术构建虚拟可视化运行环境，实现现场生产状况可视化监控、虚拟巡查等。油田生产运行业务各岗位人员可以在统一环境中执行各项生产和安全运行任务，全面掌握综合信息，共享资源，协同调度指挥，提高协作运行与管理效率。

乍得油田在先导区域数字化恢复的基础上采用可视化生产运行技术构建虚拟可视化运行环境,实现现场生产状况可视化监控、可燃气体报警监控、安保综合监控、HSSE 监控等,降低安全、HSE 事故发生率,减少安保、HSE 人员,降低用工成本,有助于海外油田减少现场操作及管理人员,提升生产运行管理业务的整体执行效率和质量。

第四节　设备资产管理技术

一、技术描述

设备资产管理技术基于数字化交付成果,整合运维期的运行维护信息,对庞杂、分散的设备资产全周期数据、资料、维保作业流程、备品备件库存等进行统一的数字化管理。进而,基于设备设施实时监测数据和历史运行维护信息,对关键设备进行在线监测、分析诊断、预测性维护、能耗评估及优化,预测设备的健康度,评估运行状况,提供科学合理的设备维修维护策略。

设备资产管理具有设备资产数据管理、维保作业流程管理、备品备件库存管理、动设备预测性维护功能。

(一)设备资产数据管理

基于数字化交付标准类库和数字化交付工厂分解结构规划设备资产管理体系,对油田地面设备设施进行分级分类管理,进而将数字化交付的设备属性数据、文档资料,以及运营期采集的设备运行数据、维保记录等存入设备资产管理系统,并采用图形化的数据分析工具,按类别、按区域统计设备及其故障和维保情况,分析设备设施健康状况指标,实现设备资产的全生命周期数字化管理。

设备资产对象关联数据主要包括:
(1)数字化交付设备属性数据(位号、名称、工艺设计参数、安装位置、供货商等);
(2)数字化交付设备图纸、文档、厂家资料等;
(3)生产运行期录入的设备运行状态(运行、停用、报废等);
(4)设备维检修记录;
(5)设备关联备品备件。

设备资产数据管理主要功能包括:
(1)设备资产目录树:基于数字化恢复的标准类库和工厂分解结构构建设备资产数据管理目录树,实现各类设备资产对象的查询定位。
(2)设备资产检索:按照数字化恢复标准类库、数字化恢复工厂分解结构、对象命名或编号及以上信息，以组合方式快速查找设备资产对象。

（3）设备资产基础数据管理：实现各类设备资产数字化恢复属性数据、文档的检索。

（4）设备资产维保记录管理：实现各类设备资产维检修工单记录的检索，对各类维检修进行统计。

（5）设备资产备件管理：实现各类设备资产相关备品备件基础信息、库存信息等的检索与统计。

（二）维保作业流程管理

根据设备资产维保程序规定、岗位设定和不同维保业务需求，设计各类标准化设备资产维保工作流程，在设备资产管理系统中创建相应维保工单审批流程、执行和审批角色、工单填报信息等，并与人力资源、物资、技术标准、安全规范、维修成本等信息关联，检维修情况易追溯，实现维保流程在线执行和信息高效集成、共享。典型设备资产标准化维保工作流如图13-4-1所示。

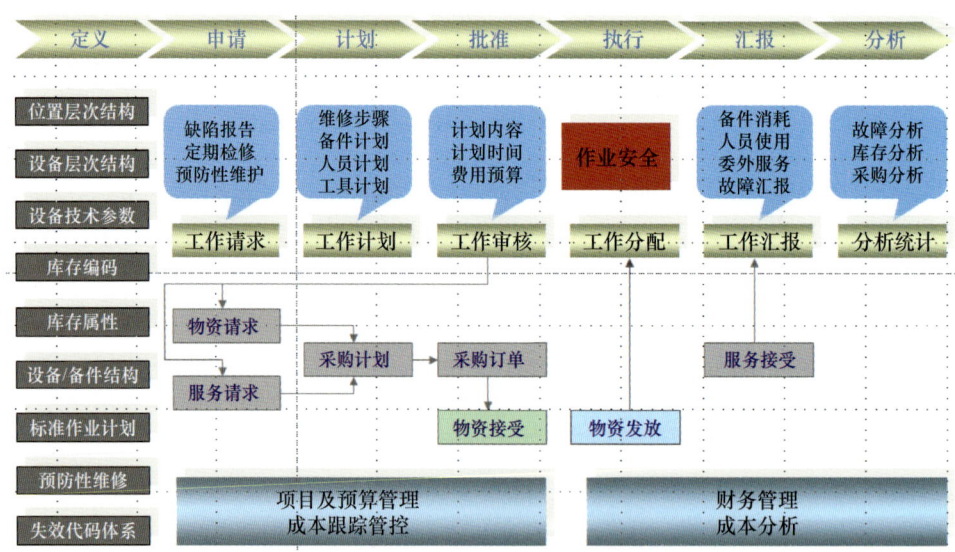

图13-4-1 设备资产标准化维保工作流示意图

通过设备资产维保工单的数字化管理，实现设备资产的各类维保统计功能，辅助分析设备资产相关故障发生情况。

维保工单主要统计功能包括：

（1）各类设备资产执行相关各类维保工单次数统计；

（2）各类维保工单执行次数统计；

（3）各类维保工单执行时长统计；

（4）各类维保工单核算成本统计；

(5)维保人员执行维保工单任务次数统计。

设备维保辅助分析主要功能包括：

(1)某类设备资产出现相关故障的次数（频率）；

(2)出现类似故障设备集中的区域；

(3)某类设备相关故障维修的平均时长；

(4)某类设备相关故障维修的备件消耗；

(5)某类设备相关故障的维修成本。

（三）备品备件库存管理

对备品备件的库存信息进行数字化管理，实现备品备件的库存量、消耗量、资金占比等各类统计功能，并将库存物料、备品备件及维保工具信息与设备维保工单关联，根据备件的采购周期等信息设定备件相应库存预警值，保证库存资产的合理配置，库存低限时自动报警。

设备资产备品备件管理主要统计功能包括：

(1)各类备品备件库存量统计；

(2)各类备品备件消耗量统计；

(3)各类备品备件库存资金占比统计；

(4)各类维保工单备品备件消耗量统计；

(5)各类备品备件库存不足预警。

（四）动设备预测性维护

对带有在线机械监测系统的动设备进行在线分析诊断，基于机理规则与数据双驱动模型预测设备的健康状况，通过提取运行的实时故障特征并与专家知识库故障案例自动匹配，提前分析预警设备故障，及时采取维保措施，避免设备故障扩大化。典型动设备故障诊断如图13-4-2所示。

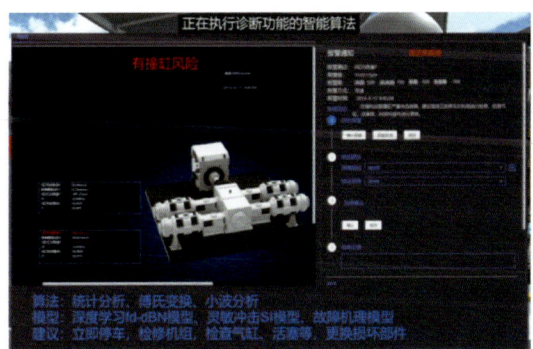
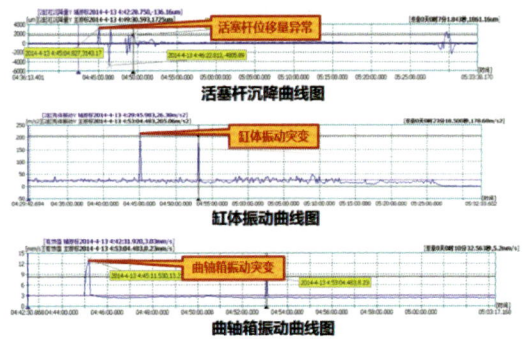

图13-4-2　动设备故障诊断示意图

故障判断方法通常包括知识对比法和智能学习法。知识对比法是将采集到的信号与现有的"故障知识"进行对比，如果信号特征与某种故障信号特性类似，则判定为该故障。智能学习法是给定故障数据，通过机器学习，自动识别和判定故障。综合以上两种诊断方法，建立适应油田动设备通用故障诊断模型，如图 13-4-3 所示，其中专家知识库、神经网络等模型均具有通用性，即可针对油田各种动设备进行诊断。

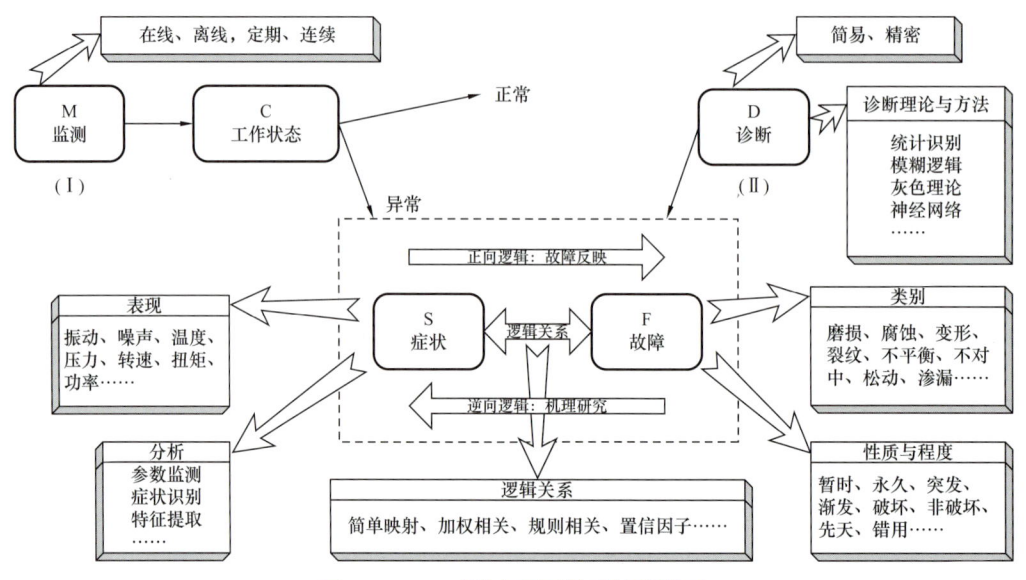

图 13-4-3　动设备通用故障诊断模型

通过设备资产管理技术将设备设施运行监测、故障诊断、工程资料及维护记录查询、专家支持、维保工作管理、备品备件库存管理及采购等设备设施维护流程整合，提高业务执行效率和管理水平。设备资产管理业务流程如图 13-4-4 所示。

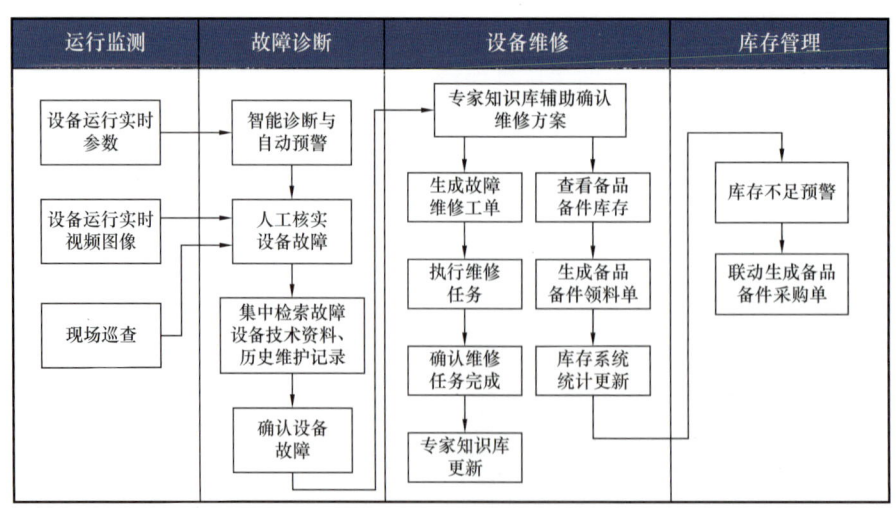

图 13-4-4　设备资产管理业务流程

二、技术特点

设备资产管理技术具有以下特点：

（1）事件数据自动驱动设备维护业务。

以设备在线监测、故障诊断等产生的异常报警驱动设备维护业务流程，以备品备件不足自动预警驱动采购流程，实现设备维保业务流程的高效运转。

（2）维保业务在线可控。

在线进行申请、审批、采购、执行、验收等设备维护业务流程，人、财、物高度关联，实时协同支撑，过程记录在线实时存储，自动更新，易追溯，执行效率高。维保过程透明可控。通过设备资产维保工单的数字化管理，实现设备资产的各类维保统计功能，辅助分析设备资产相关故障发生情况。

（3）专家系统知识库迭代积累。

设备故障及维护信息存入专家系统知识库，对专家系统知识库进行持续迭代积累，对故障诊断模型、算法和设备维护持续优化，提高设备故障预警准确度，降低漏报率和误报率，逐步提升设备故障诊断和维护效果。

三、应用效果

设备资产管理技术已在中东地区油田得到了应用。通过设备资产管理技术的应用，可以实现设备资产数据统一存储、系统自动统计备品备件库存、检维修进展情况在线记录、提前分析判断设备故障等，提升设备维保业务的执行效率和管理水平。

伊拉克哈法亚油田采用了设备资产管理技术，通过实施设备数据管理、维保工单管理、备件库存管理等，提高设备资产数据查询效率，提升设备维护业务流程审批和执行效率，节约库存及备件紧急采购成本。

第五节 仿真培训技术

一、技术描述

仿真培训技术基于三维油田地理信息系统与设备设施三维模型相融合的离线可视化环境，遵循设备和工艺的操作规程，构建互动式的培训场景，代替传统图文或实景培训，以生动、灵活、互动、可追溯的高效方式，实现高逼真度的沉浸式虚拟仿真操作培训。

仿真培训技术具有工艺流程模拟培训、设备维保培训、设备操作培训、应急演练培训功能。

(一)工艺流程模拟培训

根据油田地面生产运行工艺流程,将物理孪生的油田地面设施与工艺孪生的油气处理流程相结合,在离线的物理孪生中模拟生产工艺流程,直观地展示被操作工艺管线和设备的运行状态变化,形成完整的工艺流程模拟展示。

实施工艺流程模拟培训过程中,用户界面将在数字孪生中展示被操作工艺介质和设备的运行状态变化。例如针对原油系统处理流程培训,三维模型通过颜色变化展示原油经过管道或阀门等设备的全动态过程,管道或阀门等设备内会看到流体在其中流动的状态变化。在设置远程仪表的监测点可查看生产数据根据工艺动态过程的模拟变化。通过工艺流程模拟培训使培训用户全面掌握工艺流程、生产参数变化等。工艺流程模拟展示效果如图 13-5-1 所示。

图 13-5-1　工艺流程模拟展示效果图

(二)设备维保培训

针对油田地面生产运行中的大型关键设备,按照设备构造图、部件图、设备操作维护手册等工程文档资料,对其在虚拟环境中的三维模型进行拆解,展示设备内部的各部件组成,集成设备相关部件型号、规格、库存情况等基础信息,并通过三维模拟展示不同工况下介质在设备内的流动情况,帮助培训用户掌握设备内部构造、工作原理及维保措施。根据典型设备构造图形成的三维拆解展示效果如图 13-5-2 所示。

(三)设备操作培训

实施设备操作培训过程中,用户界面将在数字孪生中展示被操作设备的运行状态变化。例如在生产分离器操作中,阀门开关操作时,阀门前后开关状态变化会有颜色区分。打开阀门时，能看到流体在管道和容器内流动的状态变化，并用颜色变化模拟操作流程。在设置远程仪表的监测点可查看生产数据根据工艺动态过程的模拟变化。通过设备操作培训使培训用户全面掌握设备操作过程、设备运行原理等。设备操作培训展示效果如图 13-5-3 所示。

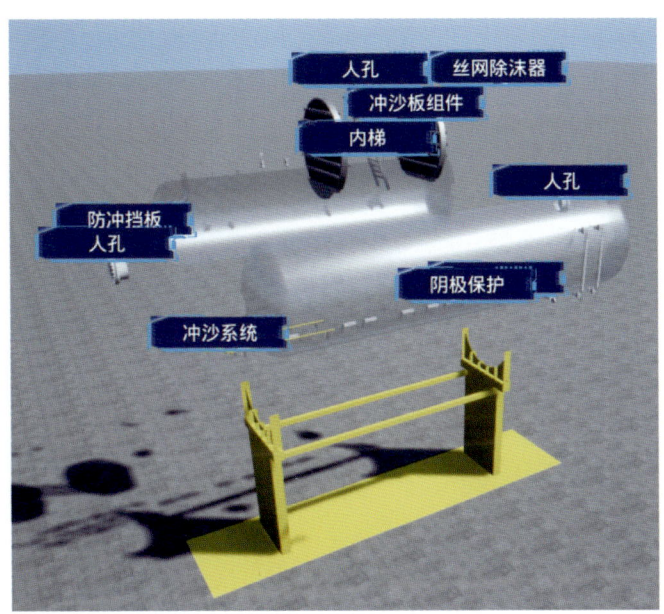

图 13-5-2　典型生产分离器三维拆解展示效果图

图 13-5-3　生产分离器操作培训展示效果图

（四）应急演练培训

按照油田企业消防演习和应急预案的相关规程，在离线的三维可视化环境中标识潜在危险源、应急物资存储位置、紧急撤离路线等信息，模拟典型事故的发生（如管线泄漏、火灾、爆炸、恐怖袭击、自然灾害等），以及后续的应急响应处理程序和操作（如流程切断、关键危险作业、应急设备操作、躲避、紧急疏散等），以沉浸式虚拟培训代替现场实景培训，辅助分析并发现油田生产运行中的潜在风险点和已有应急预案可能存在的问题，进一步规范演练程序，提高培训用户紧急情况下的应急能力，降低安全环保风险。应急演练培训展示效果如图13-5-4所示。

图 13-5-4　应急演练培训展示效果图

二、技术特点

仿真培训技术具有以下特点：

（1）通过高逼真度的沉浸式虚拟环境直观地展示培训场景，代替单一的文字及图片资料。

（2）通过虚拟化环境模拟危险作业和事故应急演练场景，辅助分析并发现油田生产运行中的潜在风险点和已有应急预案可能存在的问题，进一步规范演练程序。

（3）培训用户可在任意时间根据需求对重点培训内容进行多次重复练习和考核。

三、应用效果

仿真培训技术已在西非地区油田得到了应用。通过该技术可以直观地展示培训场景，实现在虚拟环境下任意时间多次重复、强化培训内容，提升培训效果。

乍得油田采用仿真培训技术，通过实施工艺流程模拟培训、设备操作培训、设备维保培训等，提升油田员工业务能力，减少培训人力、耗材等成本，显著提高培训质量和效率。

第十四章
模块化建设技术

油田地面工程模块化建设是将场站按功能、区域划分为不同的模块进行设计，在工厂内建造，现场安装的建设模式，包括模块化设计、工厂化建造、包装运输、现场安装和试运投产等环节。

模块化建设模式的发展经历了起步、形成、成熟和发展四个阶段，始于20世纪40年代的美国，并应用于海洋工程。20世纪70年代以后，欧美国家模块化技术迅速发展，现在国外模块化技术已经非常成熟，在陆地项目上的应用也越来越广泛。

模块化建造技术的发展也经历了三代：第一代模块化主要集中在结构和管架方面，对钢结构和管道进行集成模块化设计和制造，加快了现场的施工进度。第二代模块化主要集中在设备及和设备相连的管道、电气仪表，进行集成模块化设计和制造，包括保温涂漆等。60%~70%的结构和管道、20%的电气仪表等实现了模块化设计，目前已经广泛应用于石油化工工程项目建设中。从2009年开始发展第三代模块，在过去两代模块化实施的基础上，向着大型化、高度集成化方向发展，使得装置的模块化率越来越高，现场的施工量越来越少。目前国际知名工程公司建造的工艺模块的重量可达万吨以上。

模块化建设在国内外油田工程建设领域虽已应用多年，但在油田地面建设中仍以橇和一体化装置为主，大规模的模块化建设模式在油田尤其是海外油田较为罕见。海外油田普遍环境恶劣，夏季气温高达55℃以上；政局动荡，建设过程常被迫中断，人员安全风险高；社会欠发达，物资常依赖进口；国内人员动迁周期长；陆海联运长达数千千米，时间长达2~5个月，普遍运况恶劣；不同国家运输条件差异大，非洲沙漠地区运输长度限制只有12m，中东部分地区可允许35m；站场建设规模差异大（每年百万吨到千万吨不等）；站场建设周期通常为2~4年。海外油田的上述特性，对设计、采办、运输和施工提出巨大挑战，采用不同的建设模式对工期和经济效益影响巨大，常规或橇装化建设模式已远远不能满足实际需求，模块化建设模式可有效解决上述问题，实现快速建站。

2002年在苏丹6区站外系统开始橇装化探索，随后在叙利亚格贝比、阿尔及利亚图瓦（TOUAT）、哈萨克斯坦北部扎齐等项目的大型集中处理站开展并实施了大规模橇装化技术，积累了丰富的橇装化建设经验。从2018年开始在中东和非洲地区等多个油田地面项目开展模块化建设模式并达到了第三代模块化建造技术水平，以标准化设计为基础，信息化管理为手段，采用高度集成模块，实现了现场施工最小化的目标，涵盖油田井口、计量站、集中处理站、注水站等，油田地面工程模块化建设主要包括："模块布局与划分、拆分与复装技术""三维设计与工厂加工图交互技术""设计建造一体化技术""管系及结构整体稳定性分析技术""模块化价值分析评价技术"五项关键技术，通过模块化建设关键技术应用，在资源国极其恶劣的条件下，可实现工程建设项目按时高效完成，大幅提高工程质量，有效降低安全风险，实现"高质量、高速度、低成本"油田建设。

第一节 模块布局与划分、拆分与复装技术

一、技术描述

海外油田地面工程项目模块化建设包括模块布局与划分技术及模块拆分与复装技术。

模块布局与划分技术是针对油田地面工程涉及的不同类型场站内的工艺设备、电仪设备和建构筑物根据整体的布局进行模块划分；模块拆分与复装技术是配套模块布局与划分技术，结合工厂建造与运输情况进行模块在建造工厂的预组、拆分和现场的复装。模块布局与划分技术涵盖的因素包括项目采办策略、工艺流程和操作要求、不同的生产单元工艺特点、设备操作特点和方便性、运输路径和限制条件、工厂建造能力和工厂现场机具吊装能力，以及设备和管道布置情况等。模块拆分与复装技术涵盖的因素包括模块拆分点的方式和方法、整体模块安装工序、模块复装顺序、复装要求、吊装要求与专用工具等。

（一）站外中小站场模块布局与划分、拆分与复装技术

海外油田地面工程站外典型中小站场主要包括井口（场）、计量站、阀组间、增压站、注水（泵）站、接转站、配注站、供水站、清水处理站、采出水处理站等，这些典型站场可采用系列化、标准化模块。井口可设置井口模块、可自由组合的标准管汇模块、分离计量模块、除砂模块、过滤器模块等；计量站可设置多通阀模块、测试分离器模块、两相分离模块、收球筒和发球筒模块、可自由组合的标准管汇模块、排污罐模块等；注水（泵）站可设置进站汇管模块、注水泵模块、泵进出口模块、汇管管廊模块、可自由组合的标准配水阀组模块等。图14-1-1为非洲地区某油田OGM站模块化建设完工效果图。

图14-1-1 非洲地区某油田OGM站模块化建设完工效果图

（二）集中处理站模块布局与划分、拆分与复装技术

集中处理站除大罐外，设置不同规模系列典型单元模块，包括工艺设备模块、管廊模

块和建筑模块（站控室模块和配电室模块），并配套拆分与复装技术。不同的项目可以选取对应的规模和涉及的典型单元模块实现高质高效低成本工程建设，集中处理站主要设置进站汇管单元模块、原油接收和处理单元模块、压缩机增压单元模块、闪蒸气回收单元模块、原油外输计量单元模块、热煤油单元模块、化学加药单元模块、火炬单元模块、公用工程单元模块、管廊单元模块、配电室模块及站控室模块等典型单元模块。图14-1-2为 500×10^4t/a 集中处理站模块化建站模型。

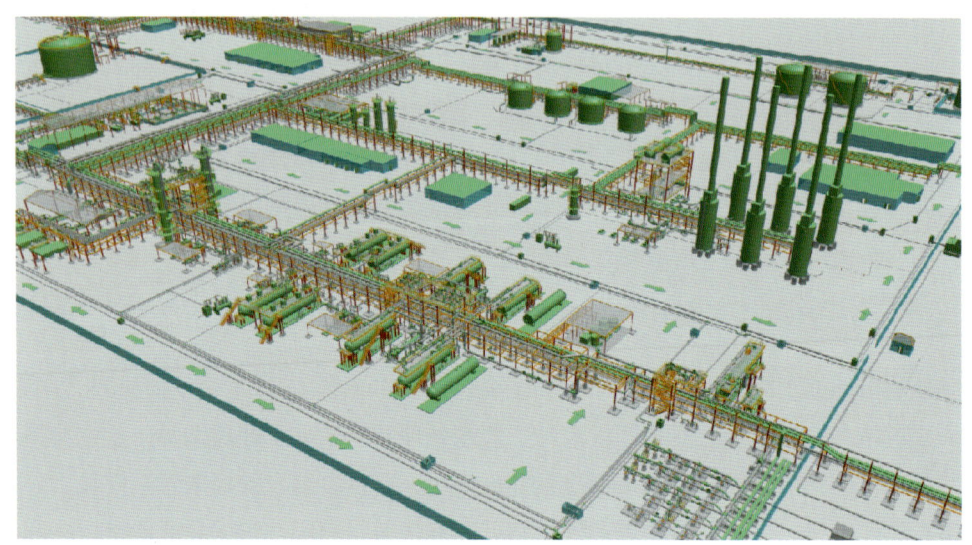

图14-1-2　500×10^4t/a 集中处理站模块化建站模型

二、技术特点

（1）通过系列化、标准化模块，实现菜单式选型的模块化快速建站。

按照海外油田地面工程业务类型、区域、规模、单元、油品性质等不同系列进行归类，形成系列化、标准化模块（图14-1-3），实现菜单式选型的模块化快速建站，实现现场人工时投入减少50%以上，项目建设周期缩短20%以上，建设成本降低10%以上。

（2）有利于标准化建设、智能化运维，提高了智能化建设水平。

三、应用效果

模块布局与划分、拆分与复装技术已经成功应用于海外油田大型及中小场站，特别对于自然条件恶劣，社会依托条件差，治安环境差的资源国，相较于传统建设模式，可以有效降低工程项目建设成本、大幅缩短建设工期、提高工程质量和安全性。

非洲某沙漠地区油田地面工程项目具有"高健康风险、高社会安全风险、高环境风险、高生产安全风险、高交通安全风险"和"超10000km海运、超2000km的内陆运输、超 400km 的沙漠运输"的典型特点，面对恶劣的工程建设环境，因地制宜，在全油田推广应用标准化模块建站模式，通过六大类合计 600 余套模块的应用，将模块化建设的优势发挥到了极致，极大地降低了现场作业量和建设成本，在提高建设效率的同时，也提高了建设的安全性。

业务系列	区域系列	规模系列	单元系列	油品系列
• 油气集输 • 油气处理 • 水处理及注水 • 油田自备电站 • 油田业主营地 ……	• 伊拉克 • 伊朗 • 阿拉伯联合酋长国 • 非洲沙漠区—尼日尔 • 非洲雨林区—乍得 • 南美区—委内瑞拉 • 中亚	• 100×10⁴t/a • 200×10⁴t/a • 250×10⁴t/a • 300×10⁴t/a …… • 500×10⁴t/a	• 井口 • 计量 • 分离 • 脱水 • 脱盐 • 换热 • 储存 • 外输 ……	• 轻质原油 • 中质原油 • 重质原油 • 超稠油 ……

图 14-1-3　系列化、标准化模块

另以中东地区某油田地面工程 OGM 站项目为例，当地自然条件恶劣，油田雨季时间长达六个月，现场正常施工时间短；现场依托性差，基础设施薄弱，人员和安全问题突出，安保成本高；同时项目涉及多个站场，每个站场工艺单元都具有类似性。经综合分析后，该项目工艺和总图进行标准化设计，建设应用模块布局与划分技术，设置多通阀模块、测试分离器模块、两相分离模块、收球筒和发球筒模块、排污罐模块等。实现工厂化预制达到 90%，大大减少了现场施工工作量，施工周期由两个月缩短至一周，降低人员现场操作风险，真正实现高质量、高效率和低成本建站。该项目标准化 PFD 设计和标准化平面设计如图 14-1-4 和图 14-1-5 所示，标准模块模型如图 14-1-6 所示。

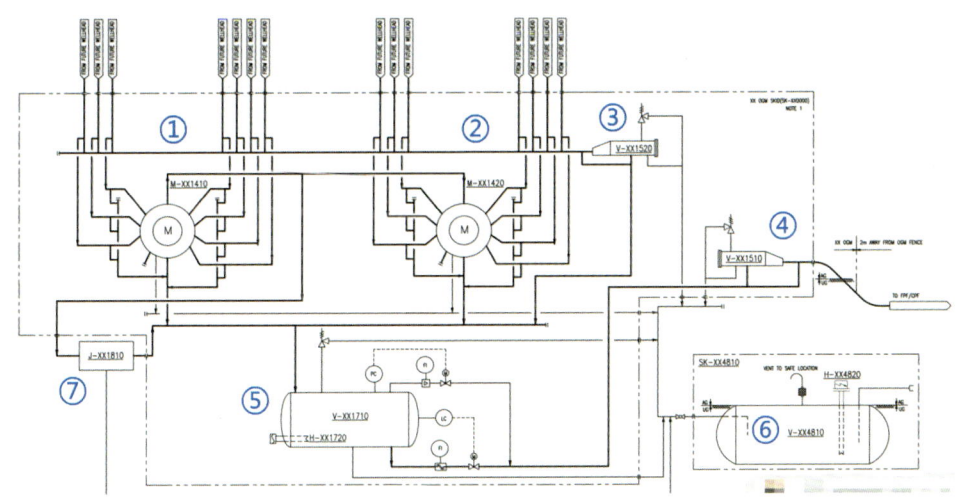

图 14-1-4　OGM 站标准化 PFD 设计
①②多通阀；③收球筒；④发球筒；⑤两相分离器；⑥排污罐；⑦多相流量计

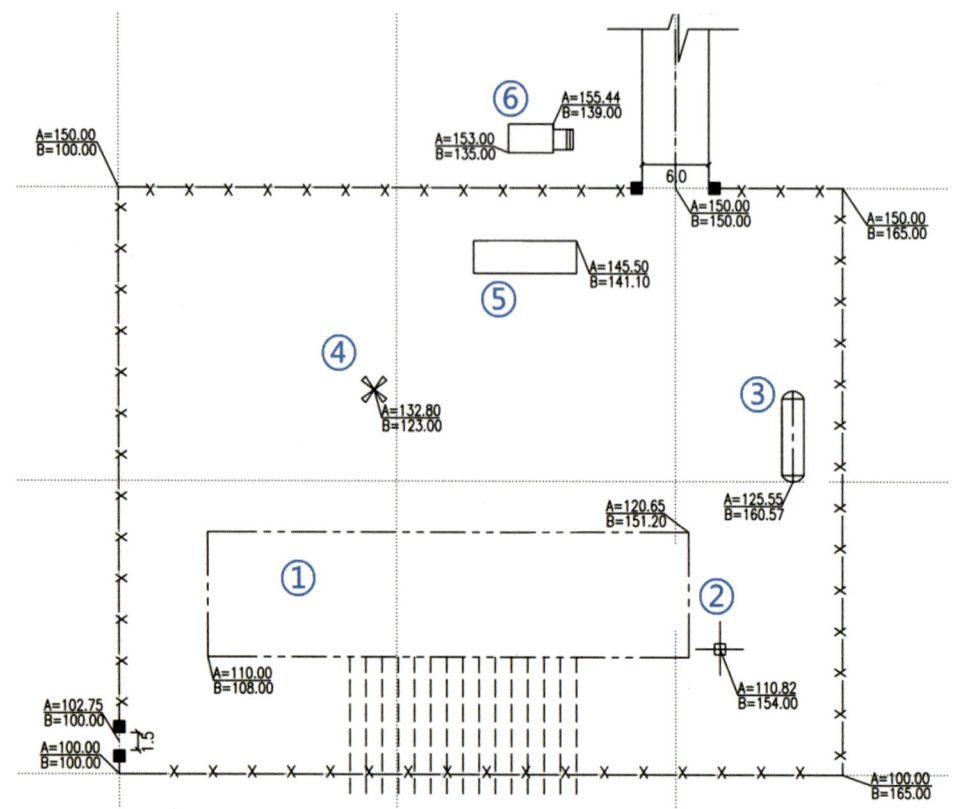

图 14-1-5　OGM 站标准化平面设计
① 进站阀组及设备模块区；② 多相流量计模块区；③ 排污罐模块区；④ 高杆灯；⑤ 综合设备间；⑥ 门卫室

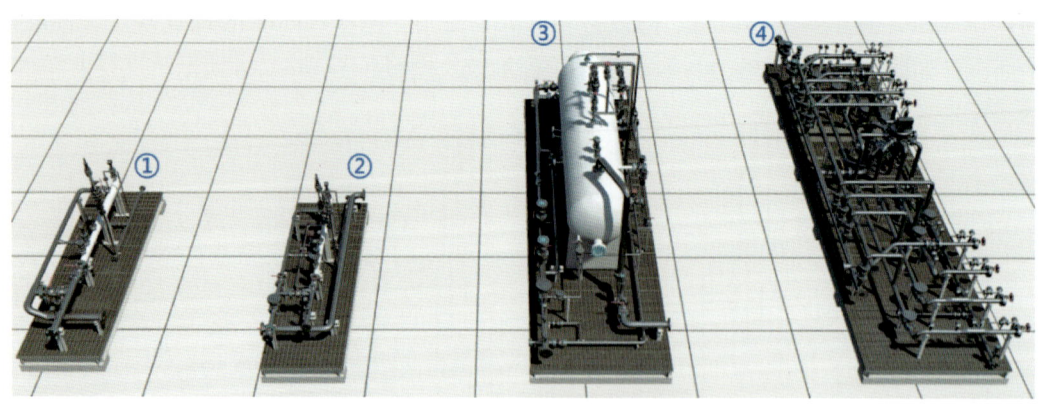

图 14-1-6　OGM 站标准模块模型
① 收球筒模块；② 发球筒模块；③ 两相分离器模块；④ 多通阀组模块

以上模块在工厂进行整体预组装后拆分，模块之间通过焊接或者法兰连接进行快速组装。在工厂完成模块内所有焊口和法兰口的强度试压和模块的单体调试。

OGM 站可以根据规模大小进行自由组装，以规模为三套多通阀组模块为例，各模块间的布置与连接如图 14-1-7 所示。

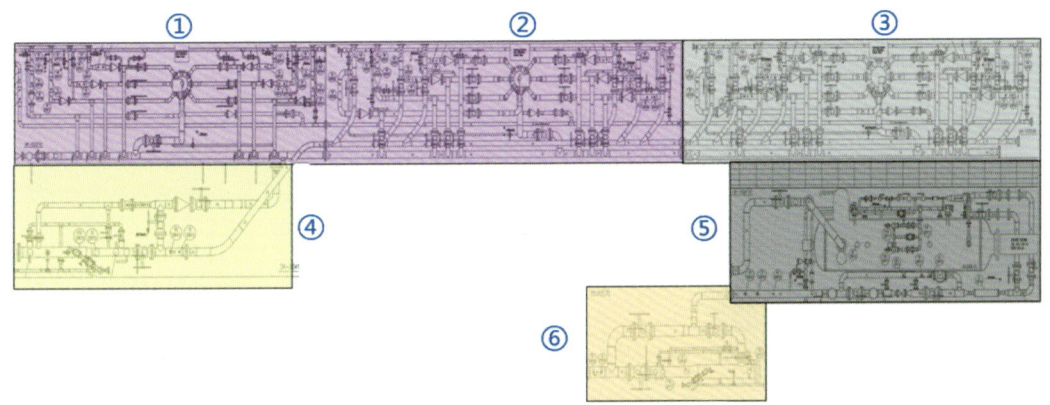

图 14-1-7 OGM 站模块化布置与连接
①②③多通阀组模块；④收球筒模块；⑤两相分离模块；⑥发球筒模块

第二节 三维设计与工厂加工图交互技术

一、技术描述

三维设计与工厂加工图交互技术是数字化设计和智能化建造的配套技术之一，该技术打破了传统模式下建造厂根据设计图纸再进行工厂加工图设计的模式。通过统一设计平台或者设计和建造统一接口，实现设计的 3D 模型直接转化为工厂的加工图，为建造厂的设计输入创造条件，可极大地缩短模块的建造周期。在设计阶段，设计模型信息可以直接流向建造流程中。在模块建造完成后，竣工信息（如实际的焊口信息）可以反向流转到设计模型中，实现信息在三维设计和工厂加工图之间的双向流转和交互，实现信息的全生命周期管理，如图 14-2-1 所示。

二、技术特点

（1）打破数字化设计和数字化施工的壁垒，保证数据的准确性和可追溯性。

三维设计与工厂加工图交互技术可实现设计图纸与工厂加工图的直接转换，节省时间，减少人工时的投入，保证数据的准确性和可追溯性。

（2）在项目执行过程中，可进行设计图纸和加工图的实时校核，从而保证数据从设计图纸到成品模块的准确性，如图 14-2-2 所示。

三、应用效果

三维设计与工厂加工图交互技术可以缩短模块建造周期，提高建造效率和建造质量，为数字化设计和智能化建造提供重要技术支持。在中东地区某项目中应用该技术后，模块加工图设计周期缩短 90% 以上，成品模块与设计符合率 100%。由于设计过程实时校核，建造过程实现了零变更。

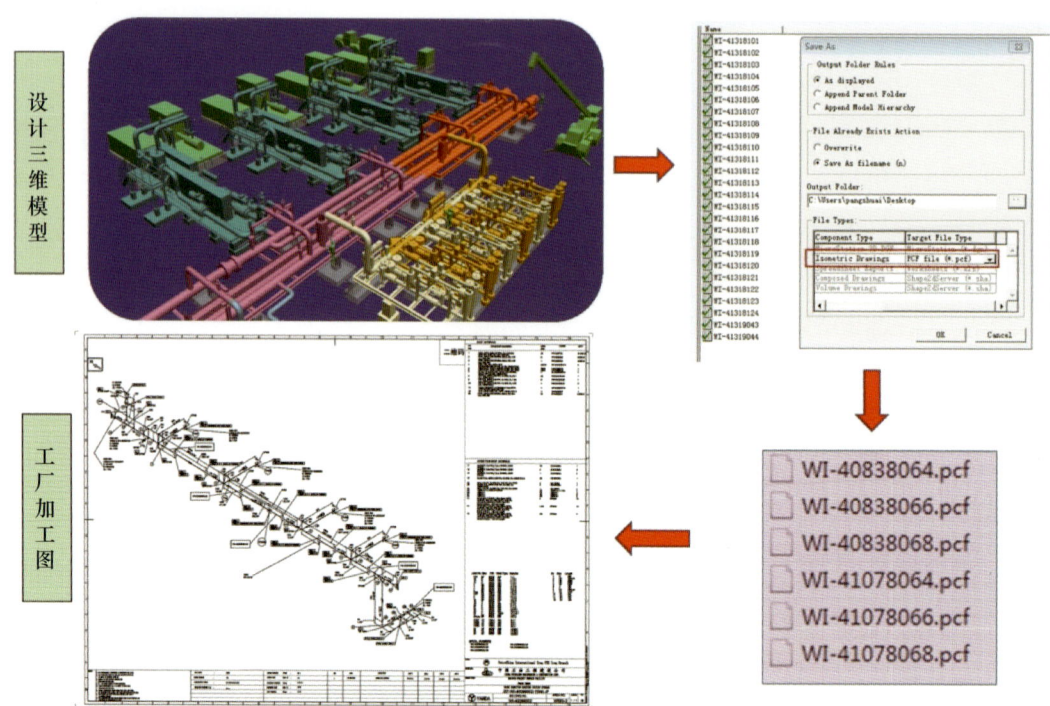

图 14-2-1　设计三维软件与工厂加工图交互

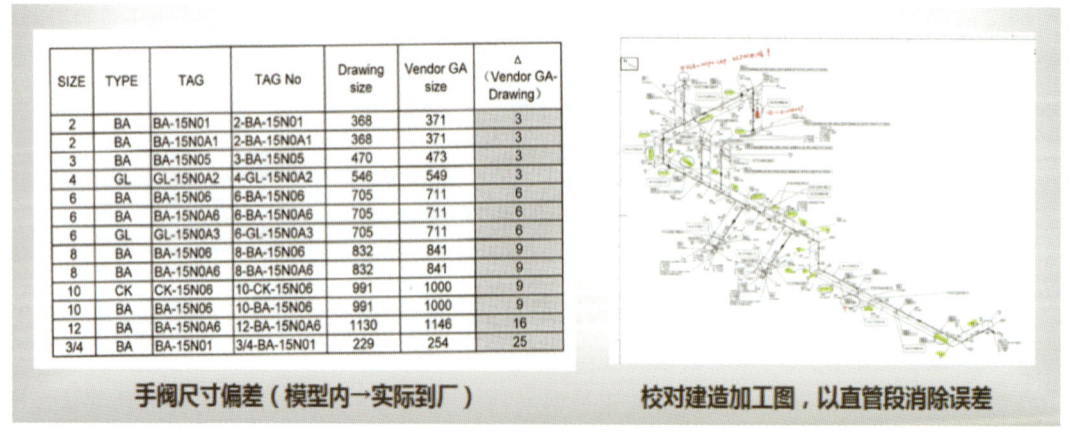

图 14-2-2　设计图与加工图实时校核

第三节　设计建造一体化技术

一、技术描述

设计建造一体化技术是指以设计为龙头，依托集成设计平台，统一材料编码，并将设计信息流转到采办、建造环节，将设计、采购、建造过程中产生的数据、文档、三维模型等建立关联关系，形成数字化工厂模型，实施模块化建设，是为最终实现数字化交付奠定基础的技术。

二、技术特点

设计建造一体化技术实现的前提是设计采用数字化设计、建造采用智能化施工。在设计阶段，采用集成设计方式执行设计工作，并利用国际通用三维建模软件进行数据集成。建数据库时，采用统一的材料编码，包括管道和非管道材料编码、实体管架等，这样可实现对于同一描述的材料只有唯一编码与之对应，所有设计信息通过材料编码向采办、建造环节流转，打通设计、采办和建造环节，实现全厂材料统一调拨，降低采购成本，提升库房管理效率，便于业主后期工厂的运维。

该技术要求需要共享和交换的数据发布到集成平台的数据库中，在集成平台上进行统一的管理和处理，供其他软件和专业共享和调用。这种技术可实现有效的数据版本控制，保证各种设计数据和文件的可追溯性。同时，对进入系统的数据可进行有效性检验。借助集成平台实现智能 P&ID 和三维模型的二维、三维校验，保证数据的一致性和准确性，为设计成果的高质量交付提供技术和管理手段。

各个专业相关设计软件可以通过集成平台正确地接收与本专业相关的上游专业的设计数据，保证数据的正确性和一致性。对于更新的数据可以直接传递到应用软件中，系统会自动更新本专业的相关的设计数据，无须手工再次输入，大大减少重复工作量，减少二次输入有可能带来的人为错误。

该技术覆盖工程建设全生命周期，集设计、采购、建造等各环节于同一平台，做到全区域、全方位、全面智能化管理，是实现数字化交付的基础。

三、应用效果

设计建造一体化技术已在中东和非洲地区建设项目上使用。采用该技术，以设计为龙头，依托集成设计平台和统一的材料编码，通过深度的标准化、模块化设计，实现规模化采购，在建设全过程采用信息化管理，并将设计信息流转到建造环节，最大限度地进行工厂化预制，实施模块化建设，为实现数字化交付奠定基础。这种技术的应用大大提高了工程建设的效率和质量，降低了采购成本，提升了库房管理效率。同时，该技术可以实现数字化设计和智能化施工之间的无缝衔接，从而大大缩短了建设周期。

第四节　管系及结构整体稳定性分析技术

一、技术描述

在海外油田地面工程中，模块需要经过长距离的陆海联运，并在现场进行复装。因此，在运输过程中的设备、管道、结构的稳定性分析、临时加固措施等显得尤为重要。为保证管系及结构的整体稳定性，须对模块进行陆海联运工况下的应力、抗振、强度、刚度、抗震设计及复核。

（一）结构整体稳定性分析

1. 在位分析：模型运行阶段的强度、刚度设计

与传统设计类似，模块结构需要进行子模块复装后的钢结构整体性分析，以确保结构强度及刚度并优化钢结构用量。此外，还要进行基础设计，简化基础种类，提高施工速度。结构整体稳定性分析如图14-4-1所示。

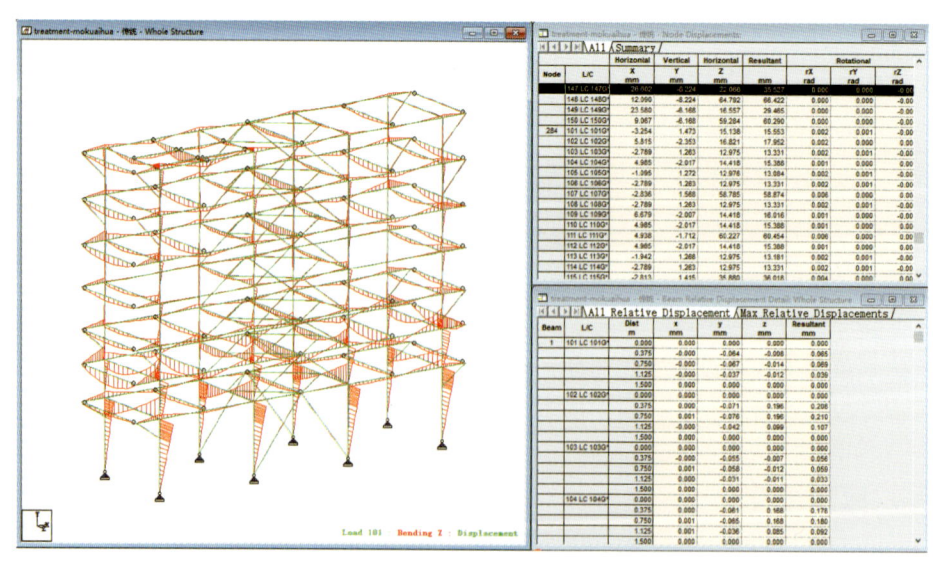

图 14-4-1　结构整体稳定性分析

2. 就位前分析：子模块就位前的陆运、海运、吊装工况的结构分析

在子模块就位前的陆运、海运和吊装工况中，需要对结构构件进行结构强度和变形分

析,以确保各子模块钢结构在各种工况中的刚度和强度满足要求。

在陆运工况中,需要计算模型钢结构在拖车或 SPMT 模块车陆运过程中在重力、惯性力、风荷载、摩擦力、绑扎力等作用下的结构强度及变形,以确保满足要求,如图 14-4-2 和图 14-4-3 所示。

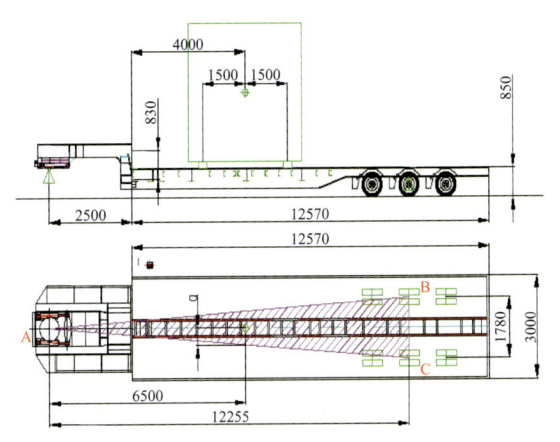

图 14-4-2　拖车陆运工况结构分析　　　图 14-4-3　SPMT 模块车陆运工况结构分析

在海运工况中,须按船舶实际堆载情况(图 14-4-4)模拟船舶运动时产生的浪涌、摇摆等荷载对模块结构的作用,确保结构构件及甲板能承担重力、惯性力等而不产生超限应力及变形,如图 14-4-5 所示。

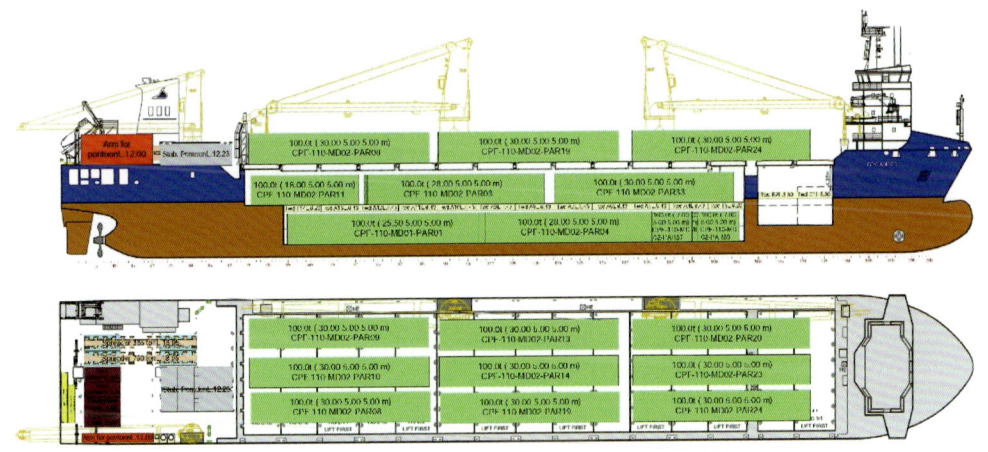

图 14-4-4　船舶实际堆载情况

在吊装工况中,需模拟子模块转移至运输车或驳船的各个阶段中,在各种起重机、索具、平衡梁作用下不产生超限应力及变形,如图 14-4-6 所示。

3. 装船分析

模块在进行装船分析时,需根据船舶状况、时间状况、港口限制、重吊大小、水深和天气情况等因素，选择不同的装船方式。常见的装船方式包括吊装装船、SPMT 装船、滑移装船等。

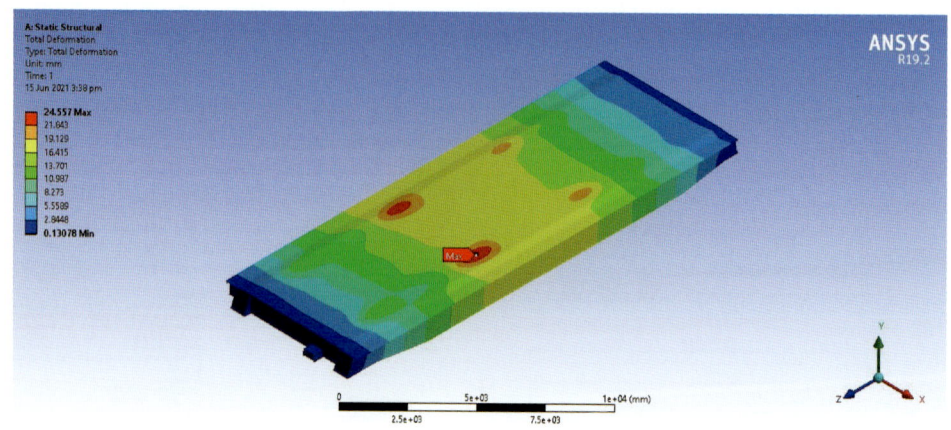

图 14-4-5　甲板变形云图

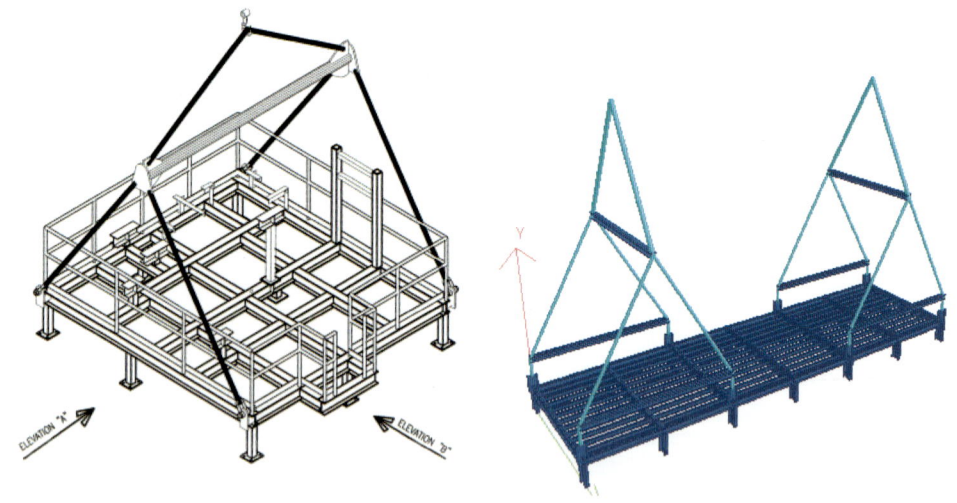

图 14-4-6　吊装工况结构分析

4. 绑扎系固分析

1）海运绑扎系固

在海运中，需要制订合理的绑扎系固方案，以保证甲板上或舱内的模块在外力作用下不产生滑移及倾覆等非稳定工况。加固与绑扎必须根据货件的具体情况和航行海区与季节以最恶劣的条件为依据来决定。可分为绑扎、支撑、焊接等方案，必要时可综合使用。

2）陆运绑扎系固

在陆运中，需要制订合理的绑扎系固方案，以保证模块在运输车上的捆绑牢固，索具、拉紧器强度足够；保证任何时候设备在设施上不发生任何位移；保证运输车辆稳定通过路段，无倾翻或者超载失稳现象。

5. 重心控制

重心控制包含制造阶段（空重）及就位前各阶段（陆运、海运、吊装工况）的模块的重量及重心位置。重量控制在就位前的各个工况中，需要准确考虑模块上的设备、管道、结构、通信、仪表、电气、空调、附属设置及包装加固构件的重量及位置，确保计算重心与实际重心位置在包络范围内，以保证模块在各个阶段的稳定分析的正确性。

（二）管系整体稳定性分析

管系或管道设计，除了强度和刚度设计之外，管道系统的稳定性、安定性问题也非常重要。模块在加工、运输、安装过程中，为了防止管道系统产生过大的振动而受到损伤，需要在管道设计中进行振动分析，对管道引起的振动数据进行原因分析并计算，提出减少和避免模块管道系统产生振动的有效方法和措施，使管道系统能够在外加载荷作用下，结构不被破坏、不变形，有足够的支撑或临时支撑，并为系统提供足够的安定性。

1. 静态分析

模块在运输过程中，管系除常规的垂直载荷支撑外，还要考虑吊装、运输等工况，包括吊装在位工况、陆路运输工况、海上运输工况等。通过应力分析软件 CAESAR Ⅱ，综合考虑承重、管口载荷等情况，增加足够的限制性支架，如 GUIDE、LINE STOP 等，最大限度地控制吊装、运输过程中的变形和载荷转移。

2. 动态分析

根据管道振动的理论分析，管道及其支架和与之相连接的各种设备或装置构成了一个复杂的机械结构系统，在有激振力的情况下，这个系统就会产生振动。管道振动时，通常有两个振动系统：一个是管道结构系统，即从结构研究的角度来确定结构对流体激发的响应；另一个是流体系统，即从流体的角度来确定流动的规律和它对结构的激发作用。压力管道的激振力可分为两大类：一是来自系统自身的，主要有与管道直接相连接的机器、设备的振动和管道内部流体的不稳定流动引起的振动，这是管道振动的主要诱因；二是来自系统外的，有风载荷、地震载荷等。振动对压力管道来说是一种交变动载荷，其危害程度取决于激振力的大小和管道自身的抗振性能。

模块吊装运输过程中，除了要考虑静力问题外，还要考虑动态问题，或者说振动问题，因为振动问题的破坏更强。通过对压力管道系统振动数学模型及振动方程的理论分析研究，得出要改变其管线系统的振动特性，可从激振力和质量、阻尼、刚度等方面考虑的结论。分析了引起管道振动的各方面的具体原因，并考虑相应的消除压力管道各种振动的有效措施。

二、技术特点

（1）通过在位、就位、装船、绑扎系固分析和计算重心控制，确保结构整体稳定性；
（2）通过应力、抗振、降噪设计，确保管系整体稳定性。

三、应用效果

管系及结构整体稳定性分析技术已在中东和非洲地区多个海外油田地面工程项目中应用。通过该技术，可以保证模块在长距离陆海联运过程中的管系及结构整体稳定性，保证模块在工程所在地的复装精度，实现了模块的顺利复装。

第五节　模块化价值分析评价技术

一、技术描述

项目实施模块化的必要性、模块化率及模块化深度，不同国家不同地区的差异很大，模块化建设在不同的背景下有不同的经济合理的平衡点。结合多年海外油田建站经验，研究挖掘出工程建设全生命周期中涉及的100余项价值分析评价影响因素，如国别地域、安全形势、社会依托、运输风险、安装条件、环保限制及相关规划等，并进行甄别、打分和量化，构建了模块化价值分析评价模型。

配套研发了海外背景的模块化经济指标数据库，该数据库划分为16个专业板块，具备国内和国外安装两种模式，模式间可自主切换，并能自主计算出国内与国外的费用差异。指标库另设7项调整因子，以适应不同地区、不同模块化率、不同汇率等多因素变化时的投资灵活调整。指标库可以实现：（1）输入工程量、设备材料费及定额后，自动返出运费、安装费及综合清单费用的功能；（2）同时算出国内、国外水平的清单费用的功能；（3）实现选取项目地区因子后，数据库自动选取出该地区的汇率、运费、国内外安装系数等相关因子的功能；（4）一键切换模块化率，快速计算不同模块化率水平下的工程费用的功能。

形成的模块化价值分析评价技术，实现了海外油田场站模块化建设模式的定量评价，为模块化建设提供科学决策依据。

二、技术特点

（1）实现模块化建设模式与传统建设模式量化对比分析。

模块化价值分析评价系统采用前后端分离技术，后台有强大的经济数据库，与前端价值分析因数进行连锁联动。通过模块化价值分析评价模型和配套经济指标数据库的关联运算，找到模块化建设最优的平衡点，实现海外油田场站模块化建设模式定量评价。

（2）自动形成价值分析报告。

该技术对模块化价值分析因数逐项构建数据模型后，可自动形成价值分析报告，包括文字、对比表、对比柱状图等。

三、应用效果

模块化价值分析评价技术已在中东和非洲地区多个海外油田地面工程项目中应用。该技术能够规范项目输入条件、实现海外油田地面工程模块化建设模式与传统建设模式的定量分析对比，并形成价值分析评价报告。这些报告可以用于业主或者 EPC 项目执行模式决策，帮助决策者更好地了解模块化建设的优势和不足，并确定最适合项目的模块化建设方式，实现项目的质量、工期和成本方面的目标。

参 考 文 献

［1］Gas Processors Suppliers Association，GPSA（ENGINEERING DATA BOOK），2012.
［2］中国石油天然气管道工程有限公司天津分公司．SY/T 0076 天然气脱水设计规范［S］// 石油工程建设标准化委员会．北京：石油工业出版社，2012.
［3］王兆堃，马军，韩卓，等．表面蒸发式空冷器翅片管结垢分析［J］．石油化工设备，2014，8.
［4］袁国清，王克巍，郭振东，等．油田地面工程设计安全风险分析指南［M］．北京：石油工业出版社，2021.
［5］马坤，梅业伟，等．海外油田地面工程电气设计安全分析［M］．北京：石油工业出版社，2020.
［6］Design and Engineering Practice. Selection of Materials for Upstream Equipment：DEP 39.01.10.11-Ger［S］. Hague：SHELL Global Solutions International B.V.，2017.
［7］樊学华，陆学同，谢成，等．酸性高含盐油田管道内腐蚀失效控制与材料选择［J］．油气储运，2016，35（08）：849-855.